本书是国家社会科学基金青年项目"儒家事功伦理及其现代价值"（12CZX058）的结项成果；并获得河北师范大学马克思主义学院著作出版基金资助

李雪辰◉著

# 儒家事功伦理研究

中国社会科学出版社

图书在版编目（CIP）数据

儒家事功伦理研究／李雪辰著．—北京：中国社会科学出版社，2021.10
ISBN 978 - 7 - 5203 - 8955 - 6

Ⅰ.①儒…　Ⅱ.①李…　Ⅲ.①儒家—伦理学—研究　Ⅳ.①B82 - 092
②B222.05

中国版本图书馆 CIP 数据核字（2021）第 173036 号

出 版 人　赵剑英
责任编辑　郝玉明
责任校对　张爱华
责任印制　王　超

出　　　版　中国社会科学出版社
社　　　址　北京鼓楼西大街甲 158 号
邮　　　编　100720
网　　　址　http://www.csspw.cn
发 行 部　010 - 84083685
门 市 部　010 - 84029450
经　　　销　新华书店及其他书店

印　　　刷　北京君升印刷有限公司
装　　　订　廊坊市广阳区广增装订厂
版　　　次　2021 年 10 月第 1 版
印　　　次　2021 年 10 月第 1 次印刷

开　　　本　710 × 1000　1/16
印　　　张　17.5
字　　　数　245 千字
定　　　价　96.00 元

# 目　　录

# 引　言

## 一　研究的目的和意义

　　儒家事功伦理思想兴于南宋，以陈亮和叶适为代表的浙东学派进行了系统的阐发，其思想主旨是务实事、求实功，反对儒者空谈道德性命和心性修养，主张积极投身救国济民之事，通过经世实践实现国富民强的社会理想。其实，经世济民一直是儒家高举的大旗，无论是孔子一生的政治实践，还是其弟子与后儒的政治热情，都充分展现了儒家积极入世的态度。但是，对于如何实现经世济民的社会理想，儒家阵营内存在不同意见，因此也造成了德性修养与事功追求之间的紧张关系。儒家经典《大学》中"三纲领""八条目"的确立，试图在内圣成德与外王事功之间搭起连接的桥梁，但以内圣为核心，由内圣开外王，将外王事业看作内圣的自然结果，似乎是孟子之后宋明儒学的主流思想。由此而观，从源头上探寻儒家事功伦理的基本概念、发展脉络、思想主旨与德性伦理之间的关系，对于儒家伦理思想在当前社会历史条件下实现创造性转化和创新性发展有积极的意义和价值。一方面，厘清中国传统伦理语境中的"事功"和"功利"概念与边沁、穆勒的"功利"概念的异同，有益于推进事功伦理的深入、系统地研究，也有助于更加全面准确地理解儒家伦理精神；另一方面，从经济发展的视角分析事功伦理对商品经济发展的促动作用，并将其与韦伯的新教工作伦理进行比较研究，可以更好地为社会主义市场经济实践提供伦理支持。同时，揭示事功伦理蕴含的民族精神、忧患意识、变革精神和现实品性对于当前国家治理和社会道德建设亦有重要的现实意义。

# 二 国内外研究现状

儒家事功伦理强调务实事、求实功，致力于外王事业的开拓，然而，在德性伦理的长期遮蔽下，国内外学术界对儒家事功伦理进行全面、系统的研究尚不多见。目前，学术界对事功伦理的研究成果，多集中于南宋浙东事功学派的相关研究。

首先，从国内的研究状况来看，对于事功伦理的研究主要集中在三个方面。一是对于浙东事功学派的界定研究。比如：何炳松在《浙东学派溯源》① 中认为南宋浙东学派从北宋二程那里继承了儒家的真精神；王凤贤指出，陈亮的事功之学虽然重视事功，却没有背离儒家道德的基本立场②。

二是以陈亮和叶适为中心的研究。比如：舒平将陈亮事功之学的特点概括为经世致用、重视实践、经史结合等几个方面③；王凤贤等人认为，叶适倡导修实德与建实功，坚持功利主义道德观，倾向于荀子的性恶论，在批判理学时，强调义利、理欲的统一性④；陈安金等人借助布迪厄的"文化资本"理论，论证了永嘉学派是温州经济社会发展背后的文化命脉⑤。这方面研究主要以浙江学者为代表，成果丰富且深入细致，现实感强，但对事功伦理的研究基本没有跳出南宋时期，缺乏对其在儒家伦理演进过程中所处地位的深入研究。另外，中国港台地区学者对陈亮、叶适的事功思想也做了一些研究，如：吴

---

① 参见何炳松《浙东学派溯源》，广西师范大学出版社 2004 年版。
② 参见王凤贤、丁国顺《浙东学派研究》，浙江人民出版社 1993 年版。
③ 参见舒平《陈亮事功之学的基本特点》，《浙江学刊》1984 年第 1 期。
④ 参见王凤贤、丁国顺《浙东学派研究》，浙江人民出版社 1993 年版。
⑤ 参见陈安金、王宇《永嘉学派与温州区域文化崛起研究》，人民出版社 2008 年版。

春山指出，陈亮较接近荀子一派，在《陈同甫的思想》一书中，他隐约勾勒出事功伦理的发展线索①；郑吉雄认为陈亮从儒家经典中归纳出了"事物"作为其学说的基本概念②；夏健文认为永康学派和永嘉学派思想的主旨是经世致用③；周学武将叶适思想概括为功利思想、"人为"主义和怀疑精神④。

三是关于朱熹与陈亮王霸义利之辨的研究。比如：侯外庐、邱汉生等人认为，朱陈之辩围绕对道的理解、王霸义利关系和理想人格三方面展开，其中王霸义利关系是双方争论的焦点⑤；王凤贤认为朱陈之辩属于儒学内部之争⑥；邓广铭则认为朱陈之辩起因是朱熹把陈亮的思想误解为"义利双行，王霸并用"，他认为，陈亮实质上并不主张王霸二元论，而是"王霸、义利一元论"者⑦。此外还有中国台湾地区学者的研究，如：郑吉雄将朱熹与陈亮辩论的主题概括为道的概念、三代与汉唐关系和义理与功利关系⑧；傅玲玲认为朱陈争议的实质在于价值观不同，朱熹以道德性命立论，陈亮则以历史事实的功用为出发点⑨。

其次，国外学者对永康学派和永嘉学派也有一些专题研究。美国学者田浩（Hoyt Tillman）和 Pu Niu、Ping-tzu Chu 等人，从文化论争的角度对陈亮及永嘉事功学派与理学之间的争论进行了研究，田浩明

---

① 参见吴春山《陈同甫的思想》，台北：精华印书馆股份有限公司 1971 年版。
② 参见郑吉雄《陈亮的事功之学》，《台大中文学报》1994 年第 6 期。
③ 参见夏健文《南宋永嘉永康学派之经世致用论》，新北：花木兰文化出版社 2009 年版。
④ 参见周学武《叶适研究》，博士学位论文，台湾大学中国文学研究所，1975 年。
⑤ 参见侯外庐、邱汉生、张岂之主编《宋明理学史》，人民出版社 1984 年版。
⑥ 参见王凤贤、丁国顺《浙东学派研究》，浙江人民出版社 1993 年版。
⑦ 参见邓广铭《朱陈论辩中陈亮王霸义利观的确解》，《北京大学学报》（哲学社会科学版）1990 年第 2 期。
⑧ 参见郑吉雄《陈亮的事功之学》，《台大中文学报》1994 年第 6 期。
⑨ 参见傅玲玲《从朱熹与陈亮之辩论论朱熹之价值观》，《哲学与文化》2005 年第 7 期。

确称陈亮为功利主义儒家。① 另外，在儒家伦理的现代转化方面，海外新儒家做了大量研究，比如杜维明区分了儒教中国与儒家传统，认为儒家传统是超越性（内在超越）与现实性的结合，由圣到王是儒学的真精神，因而儒学的现代转化应是儒家传统的创造性转化。②

儒家事功伦理思想虽以南宋事功学派为典型代表，但从一般意义上说，从先秦到明清，不同历史时期的儒家学者阵营中都存在着重视事功的思想，因此，在研究过程中，对于先秦孔子、荀子和北宋胡瑗、李觏、王安石及明末清初颜元、李塨、黄宗羲等人的事功思想亦多有阐发，并将其纳入事功伦理思想发展的链条之中。学界对于这些儒者的研究成果丰硕，本书研究多有借鉴，不再逐一赘述。

# 三　主要研究方法

本书在研究过程中主要运用了文献综述法、历史唯物主义方法和比较研究法。一是文献综述法。儒家事功伦理研究属于中国传统伦理思想史的研究范畴，涉及时间跨度大，需要对不同历史时期的许多儒者著作进行深入研读，因此，在研究过程中，立足于原始文献，通过上下文、不同文本之间的相互映照来理解、诠释文本，避免断章取义，同时注意思想家在不同时期的思想变化，从动态上加以理解。

二是历史唯物主义方法。社会存在决定社会意识，社会意识对社会存在具有反作用，是历史唯物主义的基本观点。儒家事功伦理的产生和发展离不开特定的时代环境和物质生活条件，因此，在分析儒家事功伦理的发展时，必须尊重历史发展的连续性和思想发展的承继性。事功伦理思想发展时隐时现，不同时代的事功派儒者之间的思想承继关系不太明显，只有坚持历史唯物主义的基本立场，才能对儒家事功伦理的发展脉络和不同时期事功派儒者的思想承继关系进行客

---

① 参见 ［美］田浩《功利主义儒家——陈亮对朱熹的挑战》，姜长苏译，江苏人民出版社1997年版。

② 参见 ［美］杜维明《儒教》，陈静译，上海古籍出版社2008年版。

观、深入的分析。另外，在研究事功伦理与经济发展的关系时，注重从经济生活中探寻事功伦理产生的原因，进而分析事功伦理对商品经济发展的积极影响。

三是比较研究法。儒家伦理的发展过程中，始终面临着德性修养与事功追求之间的紧张关系，特别是南宋事功学派系统阐述的事功伦理思想，是在批判理学及与朱熹的论战中发展起来的。因此，运用比较研究法，通过事功伦理与德性伦理的对比，才能更好地凸显事功伦理的独特价值。另外，事功伦理的"事功"概念与中国传统伦理思想中的"功利""经世"等概念，以及西方功利主义的"功利"概念有相似之处，但也存在诸多不同。对这些概念加以比较，有助于更加准确地理解事功伦理的理论实质。此外，从事功伦理与经济发展之间的关系看，儒家事功伦理与韦伯的新教工作伦理对于经济发展的影响也存在许多值得比较之处，通过二者的比较，也有利于更加全面客观地理解"韦伯命题"。

## 四 研究的难点、创新和不足之处

由于儒家事功伦理发展的时间跨度大、内容丰富，加之事功派儒者之间的思想承继关系并不十分清晰，在研究过程中容易发生偏差，这是研究的一大难点。另外，事功伦理与德性伦理、西方功利主义、新教工作伦理的比较，涉及中西方不同的伦理文化背景和浩如烟海的文献资料，以及伦理学、经济学、宗教学等多学科的内容，不易把握。尽管如此，本书研究力图实现一些创新，比如：对"事功"概念和中西方"功利"概念加以辨析；系统地梳理儒家事功伦理的发展脉络；对儒家事功伦理和韦伯新教工作伦理进行比较。当然，本书也存在一些不足之处：一是对不同时期儒家事功伦理思想的研究存在述多于论的倾向，特别是对清末事功伦理发展的研究不够；二是对于事功伦理与工作伦理的比较还不够深入。这些问题有待于在今后的研究中进一步改进。

# 第一章

# 事功伦理的相关概念及其与
# 西方功利主义的区别

　　任何一种理论体系和学术思想的建构大都需要以概念为基础，厘清了基本概念，才有可能建构起坚实而严谨的理论体系，因此，对于概念，特别是核心概念的理解尤为重要，它是进入整个思想体系的一把钥匙。儒家事功伦理思想体系中的"事功"的概念并没有被严格的界定，其主要原因大致有二。一是事功伦理的正式提出是在南宋，以陈亮和叶适为代表的浙东事功学派为批判当时儒者以沉迷心性修养而不务实事的风气，提出并阐发了以务实事、求实功为核心的事功伦理思想，因此，事功伦理以批判性见长，而理论体系的严谨性、圆融性不足。二是自孟子之后，儒家思想逐渐"内倾"，在追求内圣的道路上越走越远，而在外王方面的开拓明显不足。在许多儒家学者看来，以心性修养为主要内容的内圣工夫是儒者的第一要务，只要做好了内圣的工夫，外王事业自然会实现。所以儒者对"心""性"等概念的阐发较多，对"经世""事功"等问题的关注和研究不够，甚至将事功等同于功利，加以批判。因此，从源流上对儒家"事功""功利"和"经世"等概念加以考辨，并与近代西方的"功利"概念区别开来，将有利于更加准确地理解和把握儒家事功伦理思想的理论实质。

# 第一节　"事功"与"功利""经世"概念考辨

　　"事功"是中国传统哲学中的常用概念，出现频次较多，但没有严格的界定，经常与"功利""经世"等语词不加区别地混用。南宋浙东学派被称为事功学派，"事功"一词遂成为其思想理论体系的核心概念。但统观事功学派诸位儒者，从关注现实、理论较为粗豪的陈亮至永嘉事功之学的集大成者叶适，都没有明确地对"事功"概念的内涵进行分析、厘定。在这一意义上说，"事功"不是一个内涵、外延非常清晰的哲学概念，其主要意义在于标示南宋浙东学派重视实事实功的治学宗旨和理论特色。

## 一　"事功"概念与事功精神

　　在先秦典籍中，"事"和"功"是两个语词，依照《说文解字》的解释："事，职业，从史。"① "事"的原始含义指职业活动，在社会分工还不够细致的先秦时期，"事"多用来指称农事或政事，后来逐步发展为一般意义上的"事务"之义，如《国语》中有"百官御事"（《国语·周语上》）之说。《说文解字》将"功"解释为"以劳定国也"②。"功"字的含义有二：一是基本义，指结果、成绩、效果等；二是引申义，具有"公"的意涵，"功"即"国功"，《周礼》有云，"国功曰功"（《周礼·夏官·司勋》），致力于国事、公事，取得好的效果便是有"功"。由此可见，"功"的原始含义并不指向个人利益的实现与满足，而是强调行为要能够增进国家利益，具有整体主义的价值倾向。

---

　　① （汉）许慎撰，（清）段玉裁注：《说文解字注》，上海古籍出版社1981年版，第116—117页。
　　② （汉）许慎撰，（清）段玉裁注：《说文解字注》，上海古籍出版社1981年版，第699页。

"事功"作为一个语词，最早可见于《周礼》《商君书》等典籍中。《周礼》将"事功"解释为劳作，并与王功、国功、民功、治功、战功相并称，"王功曰勋，国功曰功，民功曰庸，事功曰劳，治功曰力，战功曰多"（《周礼·夏官·司勋》）。郑玄注云："以劳定国若禹。"像大禹治水那样致力于国事，勤勉工作，不辞辛苦，最终实现国家安治。贾公彦亦解释为"据勤劳施国而言"。据此判断，事功包含两层含义：一是辛勤劳作，体现为一种勤勉的职业态度；二是以国事为对象，为治理国家而操劳方能称为"事功"。《商君书》中有"民信其赏则事功成，信其刑则奸无端"（《商君书·修权》），认为只有获得百姓的信任，治理国家才能成其"事功"，取得好的效果。此处的"事功"一词的含义也指治国的实际效果。不过，此时的"事功"并没有明确的哲学或伦理学含义，只是表达了对治理国家的事业和功绩的一种追求和向往。《左传》中的"三不朽"之说，将事功作为人生目标，强调其社会价值，体现较为鲜明的伦理学色彩。"太上有立德，其次有立功，其次有立言，虽久不废，此之谓不朽。"（《左传·襄公二十四年》）所谓"立功"，即取得治国平天下的事功，它与高尚的德行、伟大的思想一样，可以垂范后世，具有永恒价值。

先秦诸子百家中，儒、墨、法三家都具有不同程度的事功倾向。儒家孔子倡导积极入世的精神，一生汲汲于挽救礼崩乐坏的社会危局，以实现"博施济众"的事功追求为最高理想。孟子和荀子进一步发展了孔子的思想，尽管他们二人的理论呈现重义与重礼的不同，但经世安民、兼济天下的事功理想却是共通的。

墨子站在小生产者的立场，主张"兴天下之利，除天下之害"（《墨子·兼爱下》），为实现这一社会理想，墨家不辞辛苦，摩肩放踵，但真正将事功精神发扬光大的，当属法家的商鞅和韩非等人。他们不但旗帜鲜明地阐发事功思想，还将其付诸政治实践，促成秦帝国的一统。"事功精神还以话语形式积淀为独到的理论形态，即商鞅和韩非颇具系统的事功思想。《商君书》中'功'字的使用计53次，

《韩非子》达260次。先秦诸子中唯独使用"事功"一词的，恰是高扬事功精神的商鞅学派。"① 当然，就儒家与法家的事功思想相比，呈现不同的特点。一是在价值优先性排序上，儒家强调德性与事功的统一，心性学派强调以德性为首，由修德而达至事功；法家则强调事功的价值优先性，甚至否定道德的价值，具有非道德主义倾向。二是在事功的实现方式上，儒家推崇王道，主张王霸并用或尊王抑霸；法家则旗帜鲜明地尊崇霸道。

随着社会的发展，儒、墨、法三家事功精神的发展呈现不同的走势，其命运也各不相同。儒家的事功精神在孟子和荀子那里保留下来，却并没有真正转化为现实的政治实践，上升为国家治理的指导思想。墨家则迅速衰落，其事功精神湮没在历史的长河里。唯有法家的事功精神在秦帝国一统天下的过程中发挥了重要作用。

王健对秦汉之际事功精神的转变做了较为客观的总结，他指出：

　　历史业已证明，儒家情怀企图以伦理塑造历史，只能是超历史的道德理想；秦人用事功精神去拥抱历史统一潮流，追求强国一统，最终梦想成真。在历史——伦理冲突中，秦事功精神有其切合历史维度的进步性。然而，秦王朝的丧钟也同时击碎了事功理念的自圆梦境，将其历史负面和局限诸如极端功利主义、非道德主义等予以充分曝光，引起后世思想家恒久的反思。在传统政治文化的历史语境下，事功诉求与德治原则之间如何保持必要的张力，无疑成为事功话语及其思想发展的新走向。汉代对秦事功及其精神遗产有继承有扬弃，从汉代儒学关切的修齐治平、内圣外王话语到人们习称的儒法合流，在深层上体现了寻求历史与伦理和谐、立功与立德互补的反思和努力。从此，传统事功精神步入了一个新阶段。②

---

① 王健：《事功精神：秦兴亡史的文化阐释》，《江海学刊》2002年第2期。
② 王健：《事功精神：秦兴亡史的文化阐释》，《江海学刊》2002年第2期。

　　中国文化的事功精神并没有随着秦帝国的灭亡而消失，而是逐渐融入了中华文化的血液中，形成了中华民族重实用的性格。冷成金对事功精神的发展做了精炼的概括，他指出："传统事功精神的未来发展有其深厚的历史基础。纵观中国文化的发展史，确实表现出其'实用'的性格。以宋代为例，中国固有的'入世'文化改造了极端'出世'的佛教，使其变成新的'入世'的禅宗，道教也在此时因全真教的'耕田凿井，自食其力'而具有了'入世'的性格。最有意思的是，唐宋两代自韩愈以来都是极力反对佛教的，然而，自晋至隋唐这七八百年间，中国人的精神归宿往往不归于释，即归于道，儒家要想夺回失去的精神阵地，就要另辟蹊径，于是，韩愈、朱熹等人入佛教之室而操其戈，终于建立了纯粹中国式的理学。"①

　　从宋儒复兴儒学的努力来看，如果说理学采取了援佛道入儒的路径，着力建构儒学形而上学体系的话，兴起于浙东地区的事功学派则采取援法入儒的立场，特别吸收了法家重视事功和追求实效的思想。以陈亮和叶适等人为代表的事功派学者在批判心性之学的过程中，以"事功"为核心，建立了较为系统的，以追求实事实功为特色的伦理思想体系，"事功"正式成为一个哲学或伦理学的核心概念。

　　南宋事功派学者对"事功"概念的界定不是自己的杜撰，而是源自儒家经典，是对原始儒家的经世致用精神和先秦法家事功精神的继承和改造。陈亮对"事功"概念的理解源自《尚书》，是对《尚书》中"立功立事"思想的阐发。② 陈亮的"事功"概念特别强调"事"或"物"的重要性，在《经书发题》中，陈亮指出，古代帝王十分重视对"事"和"物"的探究，在"明于事物之故"的基础上发言立政、治国安民。陈亮和叶适在界定"事功"概念时，既重视"事"，也强调"功"。所谓"事"，是经世致用之事，涉及政治、经济、军事、国防等方面，通过学习和掌握对治国安邦有实效的技能和

---

① 冷成金：《事功精神的新开展》，《人文杂志》1998 年第 4 期。
② 参见管敏义主编《浙东学术史》，华东师范大学出版社 1993 年版。

知识，积极投身政治实践，实现富国强兵的理想和抱负。所谓"功"，指行为的结果和效果，他们认为要根据实际效果来判断行为的合宜性，反对理学家以行为动机作为道德评价唯一标准的唯动机论。

概言之，陈亮和叶适以"事功"概念为核心的思想体系的形成，一方面是出于变革宋朝积贫积弱的社会现实的需要，另一方面在改造儒学的过程中，以批判理学日益空疏的流弊立论，他们特别强调实事实功，重视对实际事物的研究并追求实效，提出了务实事、求实功的救国之道，以对抗理学家开出的修德性、正人心、化民俗的治世之方。冷成金从历史发展的维度分析了事功精神的特质，他指出："所谓事功精神，应该是一个开放的、涵容性很广的概念。'哲学突破'时期的儒家学派所奠定的'实用理性'使其具有很强的现实活力，在汉代，儒家的仁学母体不仅在阴阳家和其他'小传统'的作用下逐渐社会心理化，还吸收了包括法家思想在内的许多其他派别的思想，不仅儒道互补，说儒法一体也不过分。理学家总是爱把讲求事功和社会改革的非理学家骂为法家，但真正的新的'法家'就诞生在理学的内部。"① 冷成金从中国文化传统的整体性着眼，依据儒、法、道相互融合、借鉴的特点，将事功精神作为中国传统文化的重要特质。

尽管心性之学批评事功之学背离儒学的基本立场，接近于法家，但倡导事功并非法家独有之论，在实际政治运行中，儒家亦吸收了法家的事功思想，形成了德法共治、道德与事功相互结合的社会治理模式，尤其是对外王事业的追求更是突显了强烈的事功精神。而从儒家内部来看，由于对待事功态度的不同，存在着德性与事功之间的紧张与对立，南宋朱熹和陈亮的王霸义利之辨以及明末清初经世实学对宋明理学的批判都集中体现了这种紧张关系。

南宋后期，朱熹理学被尊奉为官方哲学，心性之学日益兴盛，事功学派则走向衰落，不过儒家的事功精神却并未被湮灭，在元、明两

---

① 冷成金：《事功精神的新开展》，《人文杂志》1998 年第 4 期。

朝的文献中，"事功"一词频繁出现，其内涵也发生变化——南宋事功学派赋予"事功"的具体含义褪去，往往等同于"功利"的概念。明末清初的颜元十分推崇南宋事功学派的陈亮，他继承和发展了南宋的事功之学，提出"正其谊以谋其利，明其道而计其功"（《汉书·董仲舒传》）的口号，建立了具有鲜明事功特色的经世实学体系，以致张伯行称颜元之学"以事功为首"。颜元继承了陈亮事功之学的基本立场，但他对"事功"概念的理解与陈亮有所不同。陈亮的"事功"概念具有丰富的时代内容，包括发展经济、改革弊政、抗金复土等。颜元的"事功"概念以"六府""三事"和"三物"为核心，颜元认为："唐、虞之世，学治俱在六府、三事，外六府、三事而别有学术，便是异端。周、孔之时，学治只有个三物，外三物而别有学术，便是外道。"①

颜元所说的"六府"和"三事"均出自《尚书·大禹谟》。"六府"指水、火、金、木、土、谷，修"六府"是养民之本，因为百姓生活所用之资，离不开水、火、金、木、土这"五材"，谷为土所生，对人的生活尤其重要，故列在"五材"之后。"三事"指"正德""利用"和"厚生"，只有正己身之德才能"率下"，只有"利用"和"厚生"才能使财物富足，民得其养。"三物"来自《周礼·大司徒》，指"六德""六行"和"六艺"，"六德"是知、仁、圣、义、忠、和，"六行"是孝、友、睦、姻、任、恤，"六艺"则是礼、乐、射、御、书、数。

颜元和陈亮对"事功"之"事"的理解和阐述的不同与他们面临的时代环境和任务的差异有关，如果抽去"事功"概念所蕴含的时代内容，将"事功"视为一般意义上的伦理学概念，颜元与陈亮的"事功"概念并没有实质性的差异，其共同之处体现在两个方面：一是十分重视对"事"的界定，主张以务实事代替谈"虚论"，这与

① （清）颜元：《颜元集》，王星贤、张芥尘、郭征点校，中华书局1987年版，第685页。

他们批判理学的共同任务有关；二是注重从儒家经典中寻找"事功"概念的理论依据，显示出他们并未脱离儒家的基本立场。

### 二　"功利"概念的词源考辨

从中国伦理思想的发展来看，"功利"概念寓于义利关系的讨论之中，而对义利关系的思考始终是伦理学的核心议题。先秦诸子中，以儒家和墨家为代表，对义利关系做出了不同的回答。相较而言，儒家重视义，墨家则更为强调利，具有功利论的倾向。墨家的功利思想一度十分兴盛，故孟子有"杨朱、墨翟之言盈天下"（《孟子·滕文公下》）之叹。遗憾的是，墨家的功利论始终没有为统治者所采纳，上升为治国安天下的指导思想，而是随着墨学的衰落而逐渐消散。然而，对于"功利"的讨论并没有停止，无论是先秦法家，还是后世儒家都对这一问题给予了极大关注。

先秦时期，"功利"概念包含"功"和"利"两个语词。"功"一般指主体行为所取得的结果或效果。墨子将"志"和"功"作为一对概念范畴，来论述行为动机与结果的关系，他提出"合其志功而观焉"（《墨子·鲁问》），主张在道德评价中将动机与效果统一起来。"利"多指利益、物质需求或好处，与其相对的概念有"害""义"等。在中国伦理思想史上，人们常将"利"与"义"作为一对概念范畴加以讨论，《周易》以义释利，"利者，义之和也"（《周易·乾·文言》）。

从文字的起源来看，"利"字的出现很早，甲骨文写作"𥝌""𥝂"，金文写作"𥝌""𥝂"。其原始意思是喻刀之锋利，不过，依据其甲骨文中的字形，学者有两种不同解释：一是用刀收割庄稼，"象以刀割禾，所从之小点为禾秆飞屑，示刀之锋利"[1]；二是以犁耕地，"象以耒刺地种禾之形。'𥝌'上或有点乃象翻起之泥土"[2]。这两种

---

[1]　刘兴隆：《新编甲骨文字典》（增订版），国际文化出版公司 2005 年版，第 255 页。

[2]　徐中舒主编：《甲骨文字典》，四川辞书出版社 1989 年版，第 471 页。

对"利"的字形的不同解释并不影响对"利"的字义的共识。一是"利"的原始字义为锋利,最初并无道德含义。《说文解字》亦认为"利,铦也。刀和然后利"。二是"利"字的出现与农业生产关系密切,无论是以刀割禾还是以犁耕地,都是农业生产的一种形式。三是无论将"利"字解释为收获庄稼还是耕种,都是通过农业劳作而获取物质利益的一种形式,存在着由"锋利"转化为"获利"和"利益"等字义的内在倾向。禾是一种农业作物,它为人民提供基本的食物供给,关乎人们的生计,在早期农业社会中的作用十分重要,因此,将"利"解释为"以刀割禾"本身便具有收获利益的意义,即使从"利"字的现代字形来看,此解也仍然适用。

"功"字的出现较"利"字晚一些,甲骨文中尚未发现"功"字,其主要原因可能是它与人们的日常生产、生活的关系不是十分紧密。先秦时期,"功"字多见于《尚书》中,"利"字则多见于《易经》。据笔者统计,《尚书》中"功"字共出现56次,"利"字则只有9次;《周易》中"功"字出现的频率则较低,只有24次,"利"字则多达215次。吾淳认为:"'功'这一语词及其所包含的观念主要出现在《尚书》这样一个国家文献中,由此我们可以大致判断其与政治生活的密切关系。而'利'这一语词及其所包含的观念则主要出现在《易经》这样一个占卜手册中,由此我们也可以大致推断其与宗教或日常生活的关系。"[①] 由此可见,"功"和"利"这两个语词在先秦时期就已经被广泛使用,且有了确切的含义,只不过这两个语词指向的领域有所不同,"功"字多用于国家政治生活中,与国家治理关系密切,具有较为鲜明的政治色彩,故而"事功"一词多指向国家和社会的整体利益。

"利"字则多用于人们的日常生活,特别体现为人们的物质利益需求,其伦理学意义更为突出,所以后世学者把"义"与"利"作

---

① 吾淳:《中国哲学的起源:前诸子时期观念、概念、思想发生发展与成型的历史》,上海人民出版社2010年版,第489—490页。

为一对概念范畴，并将"利"多理解为个人私利。"总的来说，在春秋时期，'功'这一语词与哲学思考的关系不如'利'这一语词切近，这也是为什么后来'义利'关系问题或概念逐渐成为主流的哲学问题的原因。"① 随着"功""利"二字在先秦典籍的出现和广泛使用，"功利"这一语词开始出现。据笔者考察，它最早可见于《管子》和《荀子》等著作中。《管子》中共出现6次：

> 有不合于令之所谓者，虽有功利，则谓之专制，罪死不赦。(《管子·立政》)
> 非主令而行之，虽有功利，罪死。……夫非主令而行，有功利因赏之，是教妄举也。(《管子·任法》)
> 事不尽应，则功利不尽举。功利不尽举，则国贫。(《管子·版法解》)
> 有功利不得乡。(《管子·国蓄》)

上述所引"功利"语词基本都包含实效、成绩和利益的意思，但也有细微的差别，"事不尽应，则功利不尽举"中的"功利"实际指代功利之事。"有功利不得乡"则专指战功。从管子对功利的态度来看，他并不完全推崇功利，也没有把行为的效果作为判断其合理性的唯一标准，如果行事不合于"主令"，虽有功绩，亦不可以称善。但他也不否认、贬低功利的价值，认为追求功利是实现富国的重要方式，如果功利不能"尽举"，国家就会陷于贫困。

《荀子》中，"功利"一词共出现了4次：

> 事业所恶也，功利所好也，职业无分，如是，则人有树事之患，而有争功之祸矣。(《荀子·富国》)

---

① 吾淳：《中国哲学的起源：前诸子时期观念、概念、思想发生发展与成型的历史》，上海人民出版社2010年版，第494页。

> 挈国以呼功利，不务张其义，齐其信，唯利之求，内则不惮
> 诈其民而求小利焉，外则不惮诈其与而求大利焉，内不修正其所
> 以有，然常欲人之有，如是，则臣下百姓莫不以诈心待其上矣。
> (《荀子·王霸》)
>
> 故招近募选，隆势诈，尚功利，是渐之也；礼义教化，是齐
> 之也。(《荀子·议兵》)
>
> 若夫招近募选，隆势诈，尚功利之兵，则胜不胜无常，代翕
> 代张，代存代亡，相为雌雄耳矣。(《荀子·议兵》)

荀子在使用"功利"一词时，亦指实际功绩和利益，与管子并无区别，但是，荀子对待功利的态度较为谨慎。一方面，荀子不完全排斥人们的功利诉求，他指出："兼足天下之道在明分，掩地表亩，多粪肥田，是农夫众庶之事也。守时力民，进事长功，和齐百姓，使人不偷，是将率之事也。"(《荀子·富国》) 荀子从职业分工的意义上阐述了功利追求的合理性，认为只有处"下位"的"农夫众庶"辛勤劳作，追求耕种之利，处"上位"的"将率"使民以时，"进其事业，长其功利"，注重实际功效，方是国家富足之道。另一方面，荀子反对崇尚功利，认为过分追求功利，在治国强兵过程中，不仅会引起"争功"之祸，还会损害道义，诱发人们的"诈心"，必须用礼仪教化以"齐之"。在荀子看来，如果人们以追求功利作为行为的价值指向，必然会破坏职业之"分"，各个阶层、职业之间不专注于自己的分内之事，互相争利，不能很好地履行职业责任和义务，社会便会陷入混乱无序状态，因此，必须"张其义，齐其信"，用礼义规范人们的功利追求。

先秦诸子中，墨子和韩非更为重视功利。《墨子》书中基本没有出现"功利"一词，但对"功"和"利"的论述颇多。"利"是墨子思想的核心概念，墨子所谓"利"，常指"民之利"，即普通百姓的利益，而不是君主之利。"民之利"的实现，便是功，墨子说："功，利民也。"(《墨子·经上》) 由此来看，墨子的"功利"概念

虽然不排斥国家、社会的整体利益，但着眼点却是民之利。法家的韩非对"功利"的理解不同于墨子，主要体现在两个方面。首先，韩非从维护君主的利益出发，赋予"功利"以国家利益的内涵，他所谓的"功"常指富国强兵的实功实绩，"利"则主要用来指称君主之利而非普通百姓之利。其次，在道德评价上，韩非强调以行为的结果或功利的大小来评判其合理性。他说："夫言行者，以功用为之的彀者也。……今听言观行，不以功用为之的彀，言虽至察，行虽至坚，则妄发之说也。"（《韩非子·问辩》）韩非坚持以"功用"作为衡量言行是否合宜的标准，具有鲜明的唯效果论倾向，这与墨子"合其志功而观"的动机效果统一论大为不同。

在汉代典籍中，"功利"一词出现的频率相对较少，《汉书》中出现 6 次，《史记》中出现了 2 次。特别是汉武帝"罢黜百家，独尊儒术"，确立儒学的独尊地位之后，在思想和文化领域内，强调"正谊"和"明道"的道义论逐渐占据了主导地位，功利思想受到排斥。魏晋玄学和南北朝、隋唐时期佛教的兴盛，使功利思想更不为人们所乐道。直到宋代，儒家学者在批判佛老学说"空虚"的同时，试图对儒学加以改造，使其恢复原有的经世致用精神，于是，"功利"一词开始在这一时期的典籍中大量出现，特别是南宋事功学派的兴起及陈亮与朱熹的王霸义利之辨，使"功利"概念引起学者的普遍关注。

一般而言，"功利"与"事功"两个概念的内涵没有质的差别，都包含着重视实际功效和经济利益的内容，经常被不加区别地混同使用。南宋事功派学者强调事功，亦不否认功利的重要性，后世学者在评价他们的思想时，也常称之为功利学说。陈亮和叶适并不排斥功利，叶适认为，否定功利而空谈道义，便会沦为空虚无用之论，不仅于事无补，还会损害人们的德行："禹无功，何以成六府？乾无利，何以具四德？"① 不过，陈、叶二人对功利的肯定并不是指个人利益

———

① （清）黄宗羲：《宋元学案》，全祖望补修，陈金生、梁运华点校，中华书局 1986 年版，第 1850 页。

的满足，而是指国家之功利，具有国家功利主义的特征，体现了儒家一贯的整体主义价值立场。当然，事功派学者对于个人利益的满足持十分宽容的态度。如保护富人，反对国家对工商业的过度干预等，这在某种程度上会刺激和鼓励人们的求利行为，从而难以与世俗功利主义或唯利是图划清界限。事实上，在中国古代家国一体的社会结构之下，这种国家功利主义在实践中始终存在着走向个人功利主义，甚至滑入自私自利泥潭的危险，这也是理学家批评事功之学的重要原因。

如果对"功利"与"事功"概念的含义加以细究，二者亦有所不同。一般而言，"事功侧重主体对建功立业的追求。相比之下，功利的内涵比事功广，它在某种程度上包容事功意识，但其重点落在利欲、利益的'利'字上，所以不能简单地归结为事功"①。具体而言，这两个概念的差异主要体现在三个方面。

首先，从概念的内涵上看，"事功"不仅是一个具有哲学、伦理学意义的抽象概念，也包含着丰富的时代内容，比如陈亮、叶适和颜元对"事功"概念的理解，都有具体所指，并与其面临的时代任务密切相关，体现了鲜明的时代特色和印记；"功利"概念往往不包含具体内容，更具有普遍意义，作为一个哲学、伦理学概念，其抽象意义更为突出。

其次，从概念的构成和侧重点看，"功利"由"功"和"利"两个语词组合而成，二者的含义既各有侧重，又有相通之处，"功"指效果、成绩，"利"指利益、好处。做事如果取得实功，"利"亦在其中。无论"功"，还是"利"，都是从行为的结果或效果意义上进行考量，所以这两个概念具有某种程度的同质性。"事功"概念则不同，它由"事"和"功"组成，其完整的意义是"立于实事，求得实功"，所以，"事"和"功"并不是两个同质性的概念，而是构成一个动态的过程，即从务实事出发，以追求实际功效为目标。它的侧重点在于强调"事"的重要性，倡导事功的目的是唤起人们对实际

---

① 王健：《事功精神：秦兴亡史的文化阐释》，《江海学刊》2002 年第 2 期。

事务的关切，希望人们在现实生活中脚踏实地地做事，反对空谈虚论，以获得预期的功绩。其核心精神是"实"，无论做事，还是行为的后果——"功"，都要有实效，比如叶适将事功追求理解为"修实政、行实德"。实政是对朱熹理学以"正心诚意"为修身治国之根基的反对，实质是一种从做实事入手的治国之道。实德亦不同于儒家传统的仁政或德政，它不以德行教化为旨归，而是强调以财富民，民富而国强，如此便有"实功"。

最后，从概念所表达的感情色彩来看，理学家常常将"功利"一词与"道义"相对立，具有较强的贬义色彩。"事功"概念则相对"温和"，比较中性一些，不像"功利"概念容易与世俗的功利行为混淆，贬义色彩也不强烈。朱熹在与陈亮的辩论中，批评浙东事功之学为"功利之说"，没有使用"事功之学"来指称，也是为了突显其贬斥之意。他说："江西之学只是禅，浙学却专是功利。禅学后来学者摸索一上，无可摸索，自会转去。若功利，则学者习之，便可见效。"[1] 朱熹对事功之学的警戒态度也恰好反映了事功伦理注重实效的特点。从朱熹对心学和事功之学的批评来看：一方面，他基于道义论的立场，强调功利与道义的对立，将浙学（事功之学）认定为专言功利之学加以批判，认为它比江西之学（心学）更加危险；另一方面，朱熹也看到了浙东事功之学的吸引力——具有较强的实效性，"学者习之，便可见效"，尽管朱熹对这种实效性颇为不屑，但这恰恰是事功学派追求的目标。

在事功派学者看来，"功利"并不是一个贬义的概念，陈亮、叶适、颜元等人都不讳言功利，不过，他们所理解的"功利"概念与世俗的"功利"概念并不相同，这些学者也不是世俗生活中追求功名利禄的功利之士。元代学者刘壎在评价陈亮时认为，陈亮对于理学"固用心矣，岂徒曰功名之士"[2]。刘壎的这一评价比朱熹要中肯许

---

① （宋）黎靖德编：《朱子语类》，王星贤点校，中华书局1986年版，第2967页。
② （元）刘壎：《隐居通议》，商务印书馆1937年版，第20页。

多，作为"论敌"，朱熹对陈亮的批评难免过于尖刻，虽然他没有明确将陈亮与世俗的追名逐利之人相等同，但也没有将陈亮的事功思想与世俗的功利观念加以区别，而是认为陈亮的"功利之说"是在为世俗生活中追逐名利的行为辩护，无形中助长了功利之风，破坏了学术风气和社会风气，因而必须进行旗帜鲜明的批判。

事实上，无论东方还是西方，重视道义，贬抑功利的思想由来已久，严复说："大抵东西古人之说，皆以功利为道义相反，若薰莸之必不可同器。而今人则谓生学之理，舍自营无以为存。但民智既开之后，则知非明道则无以计功，非正谊则无以谋利。功利何足病。问所以致之之道何如耳，故西人谓此为开明自营。开明自营，于道义必不背也。"① 在严复看来，道义与功利之间的对立紧张关系是东西方古代伦理思想的共通之处。近代以来，随着资本主义市场经济的发展和社会转型，人们对待功利的态度发生了很大变化，不再讳言功利，特别是西方，对功利多持肯定态度，认为追求功利（确切地说是"合理的自我利益"）与道义原则并不矛盾，是可以相融的。在现代社会生活中，"功利"概念已渐渐褪去了贬义色彩，成为与"利益"差不多同义的中性词，甚至经过特别诠释，在一定程度上还具有了褒义色彩，如毛泽东倡导的无产阶级的功利主义或革命的功利主义，当然，这里所说的"功利"专指无产阶级或广大劳动人民的"利益"。

### 三 "经世"概念与经世之学

事功思想在传统语境中往往归于"经世"范畴，一般而言，"经世"是一种能对世俗社会产生具体影响的学问和淑世理想，范围十分广泛。从语词的产生来看，"经世"一词最早出现在《庄子》中："春秋经世，先王之志，圣人议而不辩。"（《庄子·齐物论》）主要有两种解释：一是所历时代，阅历世事，如"养生以经世，抱德以终

---

① 卢云昆编选：《社会剧变与规范重建——严复文选》，上海远东出版社1996年版，第338—339页。

年，可谓能体道矣"（《淮南子·俶真训》）；二是治理世事，如"故洪范而知箕子有经世之器，览九术而见范生怀治国之略"（《抱朴子·审举》）。出现这两种不同的解释大抵是因为对"春秋经世"中"春秋"的不同理解。

有学者认为"春秋"是一个时序概念，当作时代或四季更替之义。以成玄英为代表的许多儒者把"春秋"理解为经典文体——《春秋》，认为《春秋》一书是治世的大法，依照《春秋》来经划世务，这一解释实现了"援庄入儒"。就"经世"一词的字面意义来看，"经"作为名词，原指织布机上的纵纱，与纬线相对，引申为"常道""规范"之义。"经"作为动词有整理、条分缕析之义，引申为治理、管理、经营之义。"世"为名词，三十年称"世"，朝代也称"世"，家、国、天下、社会、众生亦称为"世"，它既是一个时间概念，也是一个空间概念。合而言之，"经世"即"治世"，大体等同于"经济"一词，如："以文章节行高一世，而尤以道德经济为己任。"（《宋史·王安石传》）有时又用作"经略""经纶"等，常为"经邦济世""经世致用""经世济民""经理世务""经略天下"等语词的简略词，其含义基本一致。从"经世"一词指称的范围来看，既指称一种心态、精神，也代表思想和学术形态，如经世之学，主要围绕现实世界中的事、势、物、权的关系，研究典章制度和历代治国经验、得失，以求有效地治世。经世思想在不同历史时期有不同的表现形式，有时强调个体的道德修养，有时强调治国平天下的外王事功，有时强调实行与实用，有时又趋向功利追求。

总体而言，在儒家思想的语境中，"经世"概念常与"致用"一词连用，与"出世"相对举，以区别于佛道思想，倡导儒者致力于国家治理、造福百姓，建功立业，既标示着儒家积极入世的精神，也在某种程度上具有实用主义倾向。不过，这种经世精神常因时势不同而呈现不同的价值取向。社会稳定繁荣时期，经世思想往往表现得比较内敛；当社会处于转型、变革或陷于危机之时，经世思想就会强势突显出来，提倡实学实用，在学风上表现出崇实黜虚的鲜明立场。

对于经世的理解，学者也多有不同观点，张灏将心性之学以成德教化世俗的学问也涵括在经世思想中，他把儒家的经世思想概括为三个层次：一是儒家入世的价值取向与淑世精神；二是透过政治，以求化人世；三是清代嘉庆、道光以降的"经世之学"。李纪祥不同意张灏的界定，他主张从内圣与外王领域的区分来判定经世之学，认为经世之学应当属于外王的范畴，至于宋明理学所追求的内圣成德之学，虽也主张教化世俗，但仍应归于内圣领域，与经世之学所表达的外向性关怀有所不同。他说："'经世'一词，不仅儒学可用，儒学之外的此类学术思想，无论是儒家的外王，或是实用的农田水利、经济、富国强兵方略……，皆可用此一名词来做指称。'经世'范畴与论域既如上述，乃得以言晚明儒学之变化。晚明儒学之所以变化，正是在由以内圣之学为基调的宋明理学——尤其是其'教化大业'，渐次朝向以经世之学为基调的转向时期。'经世之学'也可以说正是晚明学术发生变化中的一个重要新动向。"① 李纪祥从晚明学术发展的新动向来界定经世之学，将以内圣为基调的宋明理学与经世之学相对举，作为儒学的两种不同形态。特别是晚明《皇明经世文编》的成书，对经世学的发展具有十分重要的推动作用。

《皇明经世文编》由晚明文人陈子龙主编，是一部内容十分丰富的经世学巨著，涉及政治、理财、军事、科教、外交、水利等方面。书中收录的人物达四百多人，文章三千多篇，共计三百六十多万字。尽管所涉内容庞杂，但其表达的核心思想和精神是"经世"，它展示了明代学术思想发展的另一股动向，即除了阳明心学和朱子理学外，还有王廷相、吕坤等人为代表的经世思潮②，三者相互激荡、交融，展示了明代学术发展的全貌。

---

① 李纪祥：《明末清初儒学之发展》，台北：文津出版社1992年版，第7页。

② 韦政通认为，明代除了朱子学与阳明学之外，还有王廷相、吕坤等思想家，他们既不宗朱，也不宗王，甚至对二者都有批评。王廷相提倡经世之学为明末清初经世思想的先导，吕坤则重视事功与经验的学习，其反专制思想为清初批判专制毒害的先声。参见韦政通，《中国思想史》第四十章"明末清初思想的变化及其新趋向"，上海书店出版社2003年版，第881—888页。

清代的曾国藩亦分析了儒学的若干形态，认为经世之学系儒学之一支，他说："有义理之学，有词章之学，有经济之学，有考据之学。义理之学，即宋史所谓道学也，在孔门为德行之科；词章之学，在孔门为言语之科；经济之学，在孔门为政事之科；考据之学，即今世所谓汉学也，在孔门为文学之科，此四者缺一不可。"① 在曾国藩看来，经济之学大体就是儒家经世之学，最早源自孔子分科教学所列之政事科。他本人十分重视经世之学："经济之学，吾之从事者二书焉，曰会典、曰皇朝经世文编。"② "会典"指"典章会要"，记载官署职掌制度。《皇朝经世文编》成书于清道光年间，由贺长龄、魏源编辑而成，体例与晚明的《皇明经世文编》有所不同，但从书名和内容来看，二者的承继关系十分明显，俞樾在为《皇朝经世文续编》所做的"序"中指出："自贺藕耕先生用前明陈卧子之例，辑《皇朝经世文编》，数十年来，风行海内，凡讲求经济者，无不奉行此书为榘矱，几于家有其书。"可见，《皇朝经世文编》在晚清时期影响甚大，它不仅引起了曾国藩的重视，在士人当中亦有广泛影响。它开启了清中叶以后的经世风潮，随着时势的刺激和人们经世意识的增强，经世文编后来还有新编、续编成书，如1882年饶玉成编的《皇朝经世文新编》和1903的宝善斋主人编纂的《最新经世文编》等。

　　不过，从这一时期的经世思想来看，其内涵与传统儒家的经世思想相比发生了很大变化。特别是后期经世文编，收录的文章不再局限于时事策论文章，还包括许多西方自然科学的知识，如地理、天文、军事、器物等，经世的重点从中国的内政转向与西方世界关系的相关议题，也进一步对传统的天下观念提出了挑战——中国不再是世界的中心，而是与世界上许多国家并列存在的国家之一。所以，这一时期的经世关怀不仅仅限于如何解决民生、皇权、平乱等内政问题，而是

---

① （清）李瀚章编撰，（清）李鸿章校刊：《曾文正公全集》（一），中国书店2019年版，第272页。

② （清）李瀚章编撰，（清）李鸿章校刊：《曾文正公全集》（一），中国书店2019年版，第272页。

转向以强国为重心，思考如何使中国重新屹立于世界列强之林。

"经世学"的概念有广义和狭义之分，从广义上说，经世之学可以泛指儒学，包括心性之学和事功之学。还可以包括反对出世、积极入世、重视致用和救世的各家学说，如法家的"帝王之术"、道家的"黄老之术"、墨家的"兼爱非攻"、纵横家的"权事制宜"等，都可以用"经世"一词来指代。就儒家思想而言，其心性之学虽强调个体修养，但其为学的根本并没有否定经世，在心性派儒者看来，经世实质是内圣工夫的延伸和外王的实践。换言之，心性派的儒者亦希望通过修养心性实现"措之天下，润泽斯民"的经世目标，故可以将其归于经世之学。北宋的邵雍作《皇极经世书》，其子邵伯温对"皇极经世"做了具体解释，他说："至大之谓皇，至中之谓极，至正之谓经，至变之谓世，大中至正应变无方之谓道。"（《皇极经世绪言》卷首上"邵伯温经世四象体用之数图说"）邵雍对经世的理解具有心性之学的特征和倾向。以"至正"为经，实质上是教人如何为人，以修养心性为"正"，故"经"有正途、正道之义；以"至变"为世，是强调历史之变动，所以"世"即世变义。

从实现经世的途径看，心性之学与事功学派有很大不同：前者虽以淑世为理想，但重在个人德性的养成，体现为主观的、内聚的特点；后者则更加关注客观事物和实际有用的知识技能，敏锐地察觉现实世界的变化，对于心性修养的作用和价值则持怀疑态度。葛荣晋教授从实学研究的角度区分了"内圣型经世实学"与"外王型经世实学"，他指出，陆王心学和程朱理学都发挥了孟子修身治人的传统，虽致力于心性之学，但始终以经国济民为己任，坚持由实体而达用、由内圣而外王的路向，以"谈性命而辟功利"为主要特征，属于"内圣型经世实学"；以南宋陈亮、叶适为代表的事功学派和明末清初颜元、李塨等人的经世实学，继承和发挥了荀学传统，致力于外王事业的实现，提出"谈功利而辟性命"的主张，属于"外王型经世实学"。葛荣晋教授还指出，"经世"概念是一个具有多层含义的范畴，它至少包含三层意义。一是入世的人生价值取向，不同于佛道的

"出世"和俗儒的"逃世";二是"治体"或"治道",即经世的指导思想和基本原则,诸如尊王贱霸、民为邦本、内修外攘、因时变法等;三是"治法",即在某种"治道"思想的指导下,提出各种具体经国治人之法,如《皇明经世文编》所收集的文章、奏议和《皇朝经世文编》所讨论的各种典章制度和政策规范等问题。①

中国台湾学者林聪舜在《传统儒者经世思想的困境》中对经世的意义做了六个方面的概括。他指出:"经世的内容虽因各个时代的差异而有偏重道德途径或制度途径的倾向,但就经世的整体目标而言,是不应截然划分为两极的,而且不管大家对经世的意义作何解释,它绝对应该符合以下的原则:(1)不能是脱离现实,钻进故纸堆的学问;(2)不能是一意乞灵于古圣,忽视当代性、实效性的学问;(4)不能是忽视客观制度,以道德决定一切的学问;(4)不能是自我封闭于一个利益集团内的学问;(5)不能是一厢情愿期待圣君出现,最后落得慨叹道之不行的学问;(6)不能是心性工夫独大,压缩其他领域的学问。"② 林聪舜的这一解释比较全面,基本上可以囊括儒学经世事功的基本精神。

"经世"是一个十分宽泛且充满歧义性的概念,它既可以指称以功利或事功为特色的思想,也可以泛指一切有益于现实社会治理的学问。在一般意义上,事功学派的事功伦理无疑是经世思潮中非常重要的一股力量,经世之学却不能简单地归之于事功思想,因此,从二者比较的视角,分析经世的概念和经世之学的发展演变亦有助于进一步厘清和呈现事功思想的理论特质。

## 第二节 儒家事功伦理与西方功利主义之辨析

在中西伦理思想史上,都存在重视功利的学派及其理论体系。儒家事功伦理不能归于功利思想或功利学派,但其理论特点具有鲜明的

---

① 参见葛荣晋《论中国实学》,载中国实学研究会编《浙东学术与中国实学——浙东学派与中国实学研讨会论文集》,宁波出版社 2007 年版。

② 林聪舜:《传统儒者经世思想的困境》,《哲学与文化》1987 年第 14 卷第 7 期。

功利色彩则是不争的事实。西方的功利主义传统十分悠久，但其最成熟、最杰出的代表，当属近代英国的边沁和穆勒创建并完善的功利主义伦理思想体系。儒家事功伦理与英国功利主义根基于不同的文化传统，呈现完全不同的精神气质，似乎并不存在可比性，然而，它们作为中西方功利伦理思想传统的重要代表，都对社会生活和文化塑造产生了重要影响，因此，对二者加以比较，能够更好地呈现各自的精神内涵和理论特质。

### 一 "utility" 概念辨析

"utility" 一词源自拉丁文 "utilias"，其基本含义是功利、功用、效用、效益等，并不具有道德意义，这一语词被引入伦理学领域，并作为一个核心概念，始于近代英国思想家边沁（Jeremy Bentham，1748—1832 年）。边沁受休谟（David Hume）的启发，他自言，在读休谟的《人性论》时，发现了 "utility" 一词，"顿时感到眼睛被擦亮了"[1]。于是，边沁在 "utility" 基本含义的基础上，赋予其伦理学意义，并建立了系统的功利主义（utilitarianism）学说，他也因此成为近代西方伦理思想史上功利主义伦理学的创始人。不过，边沁与休谟对 "utility" 的理解有所不同，龚群教授认为："休谟仅是在德性的有用性上使用这一概念，并没有将它涵盖苦乐原理以及最大多数人的最大幸福原则。……边沁从休谟以功用为道德德性的标准的基本观点上，发现了他认为可以用来作为社会科学的基点，衡量德性以及法律的价值的通用标准。"[2] 休谟在使用 "utility" 时，并没有赋予其特殊含义，只是将其应用于伦理学的分析。边沁则将 "utility" 作为其构建功利主义思想体系的核心概念。

边沁在界定 "utility" 时，也没有放弃休谟所谓的 "有用性" 的一般含义，他比休谟更进一步，一方面，从快乐（pleasure）的意义

---

① ［英］边沁：《政府片论》，沈叔平译，商务印书馆 1995 年版，第 149 页，注 2。
② 龚群：《当代西方道义论与功利主义研究》，中国人民大学出版社 2002 年版，第301 页。

上理解"utility"，甚至将二者作为同义语；另一方面，"utility"不仅是边沁伦理学的核心概念，也是衡量人们行为合理性的唯一标准。他说："功利是指任何客体的这么一种性质：由此，它倾向于给利益相关者带来实惠、好处、快乐、利益或幸福（所有这些在此含义相同），或者倾向于防止利益有关者遭受损害、痛苦、祸患或不幸（这些也含义相同）；如果利益有关者是一般共同体，那就是共同体的幸福，如果是一个具体的个人，那就是这个人的幸福。"① 边沁将"utility"视为一种能够带来利益或好处的有用性，如果某一事物带给人们的快乐越多，那么其功利也就越大。

穆勒继承和发展了边沁的功利主义思想，但他对"utility"的理解与边沁并不完全一致。穆勒认为，功利原则之所以受到批评和排斥，是因为人们误解了它的含义，因此，他在修正和发展边沁的功利主义时，首先厘清了"功利"（utility）的含义。功利主义的批评者往往将"utility"简单地理解为感官的愉悦或快乐，穆勒认为这是不恰当的。事实上，无论是快乐主义者伊壁鸠鲁还是功利主义的创始人边沁，都认为"utility"与快乐没有什么不同，功利就是愉悦的获得或痛苦的免除，穆勒也同意这一点，但他并不主张把愉悦或快乐作为功利的唯一特性，快乐之所以具有价值，是因为其具有实用属性或价值。因此，在穆勒看来，"utility"的真正含义是实用价值，而不是它所具有的美感或给人愉悦、快乐的特质。

穆勒进一步指出，人类的某些需求和所具备的官能，绝不仅仅限于感官及其欲望的满足，感官层次的快乐属于较低级的快乐（lower pleasures），心灵的愉悦则属于比较高级的快乐（higher pleasures）。穆勒坚信，人们绝不会满足于低层次的感官快乐而放弃更高级的快乐。所以，依照功利原则，如果某种快乐的价值更高，便更值得人们追求。也就是说，人们在衡量事物的价值时，不仅要考虑量的多少，

---

① ［英］边沁：《道德与立法原理导论》，时殷弘译，商务印书馆 2000 年版，第 58 页。

更要注重质的高低，做到质与量兼顾。在区分快乐的质与量的基础上，穆勒提出了"幸福"的概念，"utility"的最大化就是幸福的最大化。

边沁只关注对快乐的量的计算，没有对快乐的质加以区分，因而被人批评为"全然卑鄙并堕落的学说，只配给猪做主义的"①。穆勒看到了边沁"utility"概念的不合理之处，认为快乐不仅有量的大小之分，还有质的高下之别，相较而言，快乐的质比量更为重要，"这种品质上的优胜超出分量的方面那么多，所以相形之下，分量就成为微小不足道的条件了"②。显然，穆勒更加重视快乐的质，他说："做一个不满足的人比做一个满足的猪好；做一个不满足的苏格拉底比做一个傻子好。"③ 在修正边沁快乐论的基础之上，穆勒将幸福作为衡量"utility"的标准。当然，穆勒以幸福来解释"utility"并没有背离边沁，只是对边沁快乐论的一种补充和修正。幸福是一个整体性概念，包括对美德、金钱、权力、名望、音乐、健康的欲望以及个性自由发展的需求，快乐只是幸福的必要组成部分。

近代以来，在西学东渐的思潮中，边沁的功利主义学说传入中国。然而，对"utility"的理解和翻译却存在不同观点，时至今日，学界在这一问题上的分歧仍然存在。梁启超和胡适等人主张将"utilitarianism"译为"乐利主义"，梁启超在《乐利主义泰斗边沁之学说》一文中指出，边沁的功利学说在日本被译为快乐派、功利派或利用派，"utility"的英文原意为利益，因此，他认为"utilitarianism"应译为"乐利主义"④。这一译法突出了"utility"包含的利益之义，"乐利"一词也比较准确地反映了"utilitarianism"的基本价值取向，另外，中国传统伦理学中常常将"义"与"利"对举，"乐利"的译法切合中国伦理学的语境，较好地体现了本土化的风格和话语特色。

---

① ［英］约翰·穆勒：《功用主义》，唐钺译，商务印书馆1957年版，第7页。
② ［英］约翰·穆勒：《功用主义》，唐钺译，商务印书馆1957年版，第9页。
③ ［英］约翰·穆勒：《功用主义》，唐钺译，商务印书馆1957年版，第10页。
④ 梁启超：《饮冰室合集》，中华书局1989年版，第2册，第30页。

但是，将"utility"理解为利益，"乐利主义"不能很好地体现"utilitarianism"在道德评价中重视结果和功效的特点，故而后来学者多不采用此种译法。

唐钺在翻译约翰·穆勒的 *Utilitarianism* 一书时，将书名译为"功用主义"。牛京辉在《英国功用主义伦理思想研究》中同意采用唐钺的译法，认为边沁的功用主义与中国传统的功利论存在一些基本的不同。由于长期受儒家道义论传统的熏陶，日常语境中往往将"利"与"义"对立起来，这也使得"功利"一词带有贬义色彩，如果将"utility"译为"功利"，很容易造成人们的误解，相比之下，"功用"一词含有事功和效用的意思，其客观性意味较强，更符合边沁"utility"一词的原意，因此，牛京辉认为把"utility"译为"功用"更为恰当。①

中国港台学者大都主张将"utility"译作"效益"或"效用"，中国台湾学者盛庆琜指出："哲学家对'utility'一词并无明确的界说；经济学家的'utility'指物品对个人的主观效用；决策理论家的'utility'则指金钱对个人的主观效用。"② 据此，盛庆琜主张这三个领域的学者所指称的"utility"在译名上应该统一为"效用"。

无论是将"utility"译作"功用"还是"效用""效益"，都各有优劣。"功用"一词可能比较符合"utility"的原意，在中国传统伦理学中很少使用这一语词，所以便于将边沁的功利主义与中国传统的事功伦理和功利思想区别开来，但是，"功用"一词虽包含利益诉求在内，但在强调结果或效果的同时，对"利"在"utilitarianism"的地位和作用没有很好地体现出来。盛庆琜等中国港台学者的译法的长处是既符合"utility"的原意，也能使伦理学、经济学等不同学科的译法相统一，缺点是经济学的色彩较重而伦理学的意味淡了一些。所以，目前国内大多数学者不太使用这两种译法，而是将"utility"译

① 牛京辉：《英国功用主义伦理思想研究》，人民出版社 2002 年版，第 13 页。
② 盛庆琜：《功利主义新论——统合效用主义理论及其在公平分配上的应用》，顾建光译，上海交通大学出版社 1996 年版，原作者中译本序，第 1—3 页。

为"功利"，相应地将"utilitarianism"译作"功利主义"。这一译法借用了中国传统伦理中的"功利"一词，既体现了功利主义重视功效和实际利益的特点，又契合中国伦理的话语体系。需要指出的是，边沁、穆勒的"utility"与中国传统的"功利""事功"概念具有较高的相似度却又不尽相同。

如前所述，"功利"一词由"功"和"利"两个语词合成，包含功效和利益两方面内容。"事功"一词则包含实事和实功的具体内容。在中国传统伦理学中，事功和功利思想都强调追求利益的合理性，在道德评价中具有明显的唯效果论倾向，这一点与边沁的"utilitarianism"是一致的。但是，中国传统伦理中的"事功"和"功利"概念与"utility"也存在明显的差异，主要体现在三个方面。

首先，"事功"和"功利"概念中所指称的"事""功"和"利"都是客观性概念，其价值大小有比较客观的衡量标准，与个人的主观偏好基本没有关系，主要通过社会价值的实现程度来加以判断。"utility"则体现为较强的主观性特征，无论是将其理解为快乐，还是幸福，都与行为主体的体验和情感密切相关，因此，"utilitarianism"实质上属于一种基于个体情感体验的感性幸福论。边沁也注意到"utilitarianism"存在的主观性缺陷，他提出了衡量快乐大小的一系列指标，试图去除快乐的主观性和不确定性，使其能够量化。边沁认为，衡量快乐大小的计算标准有七个：快乐的强度、持续时间、确定性或不确定性、邻近或偏远、丰度、纯度和广度。① 尽管如此，基于心理体验的苦乐感所具有的主观性特征并不能完全消除。

其次，在道义论占据主流的中国传统伦理语境之下，功利往往带有贬义色彩，事功伦理也常被混同为功利思想而受到道义论的批判，并且，这种批判并不局限于一般的学术观点的质疑与争论，经常升级为一种道德批判，似乎倡导事功或功利是一种动机不纯、败坏风俗、导致道德沦丧的邪妄之说。在近代西方伦理思想的语境中，"utility"

---

① 参见［英］边沁《道德与立法原理导论》，时殷弘译，商务印书馆 2000 年版。

是"一个具有道德正值意义的概念"①，以追求"最大多数人的最大幸福"为目的的功利原则并不被人们视为社会道德的沦丧的祸根。虽然功利主义也遭到道义论和其他学术流派的质疑和批评，但都是基于观点和立场不同而展开的学术争论，并没有上升为道德批判。

最后，"utility"是一个有特定含义的伦理学概念，"utilitarianism"是一个系统完整的伦理学理论体系。边沁将"utility"与祸害相对立，认为"utility"指一种"导向幸福的趋向性"，他说："所谓功利，意即一种外物给当事者求福避祸的那种特性，由于这种特性，该外物就趋于产生福泽、利益、快乐、善或幸福（所有这些，在目前情况下，都是一回事），或者防止对利益攸关之当事者的祸患：痛苦、恶或不幸（这些也都是一回事）。假如这里的当事者泛指整个社会，那么幸福就是社会的幸福；假如具体指某一个人，那么幸福就是那个人的幸福。"② 边沁和穆勒都赋予"utility"了确切含义（边沁强调"快乐"，穆勒更倾向于"幸福"），并将其作为构建伦理思想体系的基础。

相比之下，中国传统伦理的"功利"和"事功"概念都没有十分确切的含义，尽管事功学派赋予了"事功"以具体含义，但其准确性和指向性不强，同时，中国古代的事功、功利思想虽发端于先秦时期，呈现纷繁多样的姿态（墨家和法家均有不同的功利思想），却没有形成像"utilitarianism"那样体系完备、逻辑严密、一以贯之的思想体系。即使事功学派在对抗理学的过程中试图构建自己的理论体系（比如南宋浙东学派的集大成者叶适），但与宋明理学、"utilitarianism"相比，要逊色得多。客观而言，功利主义以其鲜明理论特色而产生了广泛的社会影响，却也饱受批评。尽管存在理论上的不完善，甚至缺陷，但它保护个体权利以及实现人人平等的诉求，对近代伦理思想的发展和社会进步具有重要意义和价值。

---

① 龚群：《当代西方道义论与功利主义研究》，中国人民大学出版社 2002 年版，第268 页。

② 周辅成主编：《西方伦理学名著选辑》下卷，商务印书馆 1987 年版，第 212 页。

## 二 务实求功与功利原则

边沁、穆勒的功利主义旗帜鲜明地倡导以功利原则作为衡量行为结果的唯一标准，在《道德与立法原理导论》中，边沁对功利原则做了界定，"功利原则指的是无论我们对任何一种行为予以赞成或不赞成的时候，我们是看该行为是增多还是减少当事者的幸福；换句话说，是看该行为增进或者违反当事者的幸福为准"①。这一原则的优点在于简单明确、容易量化，在道德实践中具有较强的可操作性，主要体现在两个方面。一是在道德评价方面，功利原则摒弃了个人的价值偏好，坚持非私人的立场（impersonal standpoint），即对于行为所产生的功利或效益的大小的计算，不能任意而为，必须是理性的、客观的，根据其为社会带来的实际好处进行公正的评判。二是坚持功利最大化原则。行为可能既会产生快乐（善），也不可避免地产生一定量的痛苦（恶），因此，功利主义认为，在对行为结果进行考察时，必须选择那些能够带来最大量的快乐（善），同时具有最少痛苦（恶）的行为。换言之，道德的行为，就是在所有可能的行为选择当中，能够带来最大量的善的行为。

儒家事功伦理以事功之大小作为行为合理性的评价标准，与边沁、穆勒的功利主义一样，都坚持了效果论的基本立场，消解了动机在行为道德评价中的地位和作用。"在行为意义上，中国传统的'功利'概念中的'事功'概念就与西方功利论的效果论或后果论强调行为效果的意义是一致的。同时，中国的事功概念又有着强调社会实利的意义，这与西方的功利论强调最大幸福有实质上的重合。并且，中国传统的'利'的概念，具有实利与私利的内涵，这也与西方功利论中强调个人幸福的意义具有实质的一致性。"② 然而，儒家事功伦理与西方功利主义的道德评价方式亦有所不同："事功"概念的核

---

① 周辅成主编：《西方伦理学名著选辑》下卷，商务印书馆1987年版，第211—212页。
② 龚群：《当代西方道义论与功利主义研究》，中国人民大学出版社2002年版，第268页。

心内涵是"实"，事功伦理的主要意图是以"实"黜"虚"，强调从务实事出发，追求现实事功，彰显了儒家的务实精神。所以在一定意义上，事功伦理是一个过程性概念，体现了一种行动主义的特征。它批判的对象是心性之学，反对心性之学从心性涵养入手，以内圣作为外王事功实现前提的做法。功利主义以行为结果的好坏作为唯一的评价标准，它所强调的不是行为发生的动机、起点和过程，而是行为的结果，也就是说，获得最大多数人的最大幸福或快乐是其终极目的，而通过何种途径、方式来实现，则无关紧要。因而，在某种程度上功利主义具有行为主义或结果主义的特征。

边沁、穆勒的功利主义坚持以效益作为评判行为善恶的标准，存在着将德性工具化的危险，亦有可能产生荒谬的结果，因而招致德性伦理学的许多批评。麦金太尔认为，如果将功利原则作为衡量行为后果的唯一标准，虽没有否定德性的价值，但在实际生活中，德性修养很可能会成为实现其效益最大化的阻碍，在这种情况下，行为者依据功利原则必然要放弃对美德的追求转向现实功利，或者说，人们之所以选择追求勇敢、诚实等美德，是因为德性能够带来最大的好处和效益，反之，美德便失去存在的意义和价值。

穆勒也意识到了将功利原则绝对化带来的潜在危险，在《功利主义》一书的第二章中，他也试图在效益原则之下为德性寻求合理的位置。首先，穆勒区分了行为本身与行为者之间的差异。他指出，正确的行为并不必然显示一个具有德行的人格，受谴责的行为则时常出自备受赞誉的人格特质。在穆勒看来，功利主义的批评者常常混淆了行为者与行为本身，批评者所关注的对象是行为者而非行为本身，功利主义所关注的对象则是行为本身而非行为者，因此，功利主义与其批评者之间并不存在根本性矛盾。

其次，从德行与幸福的关系来看，穆勒认为二者也是统一的。功利主义的批评者指出，一些品行高尚的人在行为选择过程中并不考虑利害权衡，亦不以追求幸福为最终目标，甚至会为了他人与社会利益而放弃自己的幸福。因此，德行与幸福之间并不存在必然联系。穆勒则认为，这一批评恰好体现了德行与幸福的一致性："这种自我牺牲必定是为了某种目的。自我牺牲本身并非目的；如果有人告诉我们，自我牺牲的目的不是幸福，而是比幸福更好的美德，那么我就要问，如果英雄或烈士不相信自我牺牲会让别人免于类似的牺牲，他还会做出这样的自我牺牲吗？"① 穆勒通过区分个体幸福与他人、社会之幸福来解释自我牺牲行为。在他看来，德行高尚之人表面上会为了维护他人利益而舍弃自我幸福，但实际上是以社会之整体幸福为目标，其德行与个体幸福之间存在矛盾，但与社会幸福的实现则具有内在一致性。穆勒的这一解释坚持了功利主义的一贯立场，由行为所带来的效果界定德行的价值，亦契合"最大多数人的最大幸福"原则。但是，穆勒的解释仍然没有摆脱将德行工具化的倾向，即德行仍然有可能被当作为实现社会幸福的一种手段，在道德判断中依然只是一种次要的考量。

当代德性伦理学的代表人物麦金太尔肯定了穆勒的贡献，认为穆勒发展了边沁的快乐概念，进一步区分了快乐的量和质的差异，更加强调快乐或幸福的质的重要性，这一区别类似于内在善与外在善的区分，降低了将德性工具化的可能性。尽管他依然批评穆勒的功利主义没有对德性给予充分重视，但相较于对边沁的批评，则温和得多，这在某种程度上也映衬出穆勒对功利原则加以修正，以调和德性与功利之间冲突的努力。

穆勒在心理层次上没有将德性作为一种工具，他认为，品德之所以成为品德，是因为它们能促进最大幸福的追求。穆勒不反对美德所具有的价值，但是，如果追求美德的方式不是把美德看作目的本身，那么，这样的追求就不会实现"最大多数人的最大幸福"。也就是说，在功利原则之下，德性的地位和价值仍然取决于效益或幸福的大小。穆勒认为，道德规范应当遵循功利原则，如果一个行为能够促进人类幸福的最大化，这个行为就是正确的、合理的，比如：有甲和乙

---

① ［英］约翰·穆勒：《功利主义》，徐大建译，商务印书馆 2014 年版，第 19 页。

两种行为所产生的效果相同，然而甲在实现预期效果的过程中，违反了诚信原则，乙则信守合约，履行承诺，依照功利原则，甲乙两种行为都可以被接受，且具有同等价值，因为二者的结果相同。至于甲行为中违背承诺的做法，功利主义者认为是可以接受和容忍的。所以，在功利主义伦理思想体系中，德性在逻辑上仍然是一种工具，甚至可以忽略，不可能如德性伦理学那样，获得功利原则之外的独立价值，这也是功利主义备受争议的原因之一。在日常生活中，行为者的动机应当是衡量行为道德的重要依据，如果一个人出于坏的动机，即使其行为产生好的效果，实现了"最大多数人的最大幸福"，我们依然无法认同。所以，道德判断的标准不仅在于行为能够取得最大功利，还应结合动机的合道德性加以考量。

儒家事功伦理对待德性的态度与穆勒的功利主义有所不同，首先，它并不否认德性的价值原则。事功派学者主张把行为所获取的事功大小作为行为合理性评价的重要标准，但是它并不同意把道德作为一种实现事功的工具或手段来看待，坚持儒家仁、义等道德原则是事功派学者和心性派学者的共识，所不同在于：心性派学者主张摒弃功利之心和世俗的牵绊，专心涵养心性，使内心"纯乎天理"，如此才能成就一个人的德行；事功派学者则认为一个人的德行不是通过涵养心性而获取的，应当包含着事功内容，即在不违背儒家价值原则的前提下，在世俗生活中取得经国济世的功绩才是真正的道德。换言之，事功派学者理解的道德是包含事功内容的"实德"，心性派学者所谓的道德则是除去了事功追求，更加纯粹的道德。

其次，在处理德行与事功的关系时，事功伦理强调德行与事功的统一性。一方面，事功的获取要合乎社会基本道德规范，事功派学者反对为达目的不择手段的做法，在行为的动机上，要以追求经国济民的事功作为行为的出发点，凡事不必以"义"作为个人行为的标准。另一方面，事功追求中包含着道德的内容，或者说，其道德诉求主要体现为一种社会道德而非个体道德。从这个意义上说，儒家的事功伦理近似于一种社会伦理或国家伦理，当然，在实现这一伦理目标时不可避免地会与个体道德产生冲突，事功派学者认为在这种情况下可以对个体的德行要求适当放宽，不加细究，即个人之私德属于"小德"，经世济民的事功是"大德"，个人私德偶有瑕疵并不影响对其事功成就的评价，正所谓瑕不掩瑜。因此，在价值优先性上，事功伦理表现为家国事功优先，而个人德行的价值则从属于事功追求。

### 三 整体主义与个人主义

儒家事功伦理与边沁的功利主义生长于中西两种不同的文化土壤之中，受生产方式、社会结构和文化的影响，表现出不同的价值取向：儒家事功伦理坚持国家、社会利益的优先性，具有整体主义的价值倾向；边沁和穆勒的功利主义则深受西方自由主义传统的浸染，特别是西方启蒙运动和近代资本主义发展的影响，在追求"最大多数人的最大幸福"时，依然坚持个人主义的基本立场。儒家事功派学者对心性之学持激烈的批判态度，但其并未脱离儒家的基本立场，仍然坚持以治国平天下作为最高理想，在处理个人利益与国家、社会整体利益的关系时，毫不犹豫地将国家、民族利益置于首位，体现了整体主义的价值诉求。一方面，"事功"概念蕴含着整体主义的价值取向。如前所述，"事功"概念中的"功"字大量出现在先秦时期的《尚书》中，与国家政治生活关系密切，体现了鲜明的政治色彩。"事功"一词更多指向社会生活，尤其是政治领域，基本与个人事务和私人利益没有关联性。另一方面，儒家伦理思想在其漫长的发展过程中从未改变其整体主义的价值诉求。从先秦到两宋，以至于明清之际，儒家学者在追求事功的过程中，都是以济世安民为目标的，外王事业和追求时隐时现，却从来没有沉迷于个人事业的成功。其间，儒家心性之学虽然强调个体道德修养的重要性，甚至视为儒者第一要务，但其正心诚意，追求个体道德完满的最终目的，不是实现和维护个人利益或个体幸福，而是为了实现治国平天下的伟大事功。

这种整体主义的价值取向根植于中国的文化传统之中，成为中国传统伦理的一大特色。① 不仅儒家的事功伦理如此，先秦时期墨家、法家的功利论也没有将个人利益的满足置于优先地位。无论个人的私利是否正当合理，他们所追求的事功或功利，都明确指向了国家之公利或社会大众的整体利益。牛京辉指出，中国传统的功利论，"一般来说，都没有放弃诉诸整体性，对国家、民族、王朝的整体利益有着强烈的关注，这决定了他们（包括康有为、梁启超等近代学者的功利主义思想）的立论根基和理论视野都不可能超出整体主义的范围"②。儒家的义利之辨中，无论是贵义贱利的道义论，还是义利并重的事功派，对待个人利益的态度有分歧，但都不否认公利的价值优先性，甚至以公利为义。

在儒家事功派学者阵营中，南宋的陈亮是最为激进的一个，他的事功思想也是以追求国家强盛、百姓富庶为目标的，尽管他不反对追求个人利益，甚至明确提出公私合一的主张，但也只是在不损害国家、民族利益的前提之下对个人私利予以满足，一旦个人利益与国家利益发生矛盾，个人利益就必须做出让步，优先满足国家利益。所以，儒家事功伦理实质具有国家功利主义的特征。墨子倡导"兴天下之利，除天下之害"，毫不避讳对利益的追求，不过，墨子对"利"的理解与儒家有所不同，他以"利"释"义"，认为"义，利也"（《墨子·经上》）将"利"作为"义"的内含，对人有利便是义之所在，于人不利便为不义。墨子基于小生产者的立场，其功利论表达了社会下层劳动人民的利益诉求，他没有明确将国家利益置于首位，而是强调劳动人民利益的满足，具有大众功利主义或社会功利主义的特征，其价值取向依然是整体主义的。

先秦法家的功利论更为鲜明，以韩非为主要代表，把维护君主的利益放在首位，为达到这一目的甚至可以不择手段，体现了非道德主义

---

① 先秦时期的杨朱一派是例外，杨朱的思想没有留传下来，散见于先秦的著作中。杨朱"拔一毛而利天下，不为也"，强调贵己重生，有个体主义的价值倾向。他以保全个体生命作为宗旨，反对人们去做任何损害生命的事，即使对天下人有利也不行。
② 牛京辉：《英国功用主义伦理思想研究》，人民出版社2002年版，第12页。

倾向。实际上，韩非将君主的个人利益与其代表的国家利益等同起来，维护君主利益的目的，实质上并不是满足君主个人之私利，而是维护以君主为代表的国家利益，其整体主义的价值取向与儒家事功伦理并没有本质区别，所不同在于，事功伦理坚守儒家的道义原则，而法家的功利论或事功主义认为，在追求事功的过程中，可以不受道德原则的束缚，完全以成败论英雄，这一点与功利主义的效果论更为接近。

边沁以强调个体感性快乐为特征的功利主义源于古希腊以来的感性幸福论。德谟克利特以是否获得快乐作为个体的行动指南，他说："快乐和不适构成了那'应该做或不应该做的事'的标准。"① 苏格拉底进一步发挥了德谟克利特的感性幸福论，将快乐和痛苦作为判断行为善恶的依据，在与普罗泰戈拉辩论中，他认为善就是快乐，恶就是痛苦。古希腊最著名的快乐主义者当属伊壁鸠鲁，他继承并发展了德谟克利特的感性快乐论，系统阐述了快乐主义思想。他认为，趋乐避苦是人的本性，追寻快乐不仅是人们一切行为的动机，也是行为的最终目的。

中世纪的欧洲处于基督教禁欲主义的笼罩下，上帝在人们的精神世界里占据了主导地位，成为生活价值的源泉和依据，人完全迷失在上帝的光环之中，一切感性欲望丧失了道德合理性。直到文艺复兴运动的兴起，人们关注的焦点从天国开始转向人世，从以上帝为中心转向以人为中心，重新认识和肯定了人的世俗情欲和感性需求。这一时期的许多思想家对感性快乐的道德合理性进行了论证，有效地瓦解了中世纪的禁欲主义传统，为近代功利主义的形成奠定了坚实的理论基础。在边沁提出系统的功利主义学说之前，英国的霍布斯、洛克、孟德威尔、哈奇逊、休谟、亚当·斯密和法国思想家卢梭、爱尔维修、霍尔巴赫等人，都从不同角度表述了各自的功利理论，对边沁功利主义思想形成产生了不同程度的影响。

边沁深受近代西方个人主义思想传统的影响，其"最大多数人的

---

① 周辅成主编：《西方伦理学名著选辑》上卷，商务印书馆1964年版，第73页。

最大幸福"原则虽有整体主义的价值取向，但也没有因此忽视对个体利益的维护。边沁在阐述功利原则时指出，功利原则适用的行为"不仅包括个人的每一个行为，而且也要包括政府的每一种设施"①。一方面，边沁把追求个人快乐和增进社会幸福的行为都考虑在内，试图兼顾个人利益与社会利益，将二者统一起来。另一方面，将政府作为行为主体，虽然强调其在维护社会幸福方面的职能，但实质上边沁更重视政府如何通过法律、制度等手段保障个人幸福的实现。

在理解个人与社会关系时，边沁认为个人才是最真实的存在，社会只不过是由个人组成的虚构的团体，个人利益是唯一现实的利益，人格化的社会利益只是一种抽象，它实质上是个人利益的总和。在边沁看来，只要充分保障个体对快乐或幸福的追求，"最大多数人的最大幸福"自然会实现。相反，如果为了增进他人和社会的幸福而牺牲某一个人的幸福被视为正当，那么牺牲第二个人、第三个人，以至于无数人的幸福也是正当的，这显然是边沁不能同意的。因此，以追求"最大多数人的最大幸福"为主旨的功利原则，表面上看表达了对社会整体利益的诉求，但在价值优先性上，并未像儒家事功伦理那样将国家和社会整体利益完全置于个人利益之上。一旦个人合理正当利益与国家、社会利益发生矛盾冲突，其维护个体利益的个人主义的立场便暴露出来。

牛京辉指出了功利主义在个人主义与整体主义立场之间的摇摆和矛盾，"从理论实质上看，功用主义伦理思想具有鲜明的个人主义特征；从逻辑角度推论，这一特点必定会导致行为上的利己主义观点，但是功用主义又以最大幸福主义作为主要理论标志和最终目标，应当说，功用主义为在这两者之间架设桥梁而作的努力并不是很成功的"②。边沁试图通过将社会公益还原成个人利益之和的做法，强调个人利益与社会利益之间的一致性，试图消解二者之间存在的矛盾，

---

① 周辅成主编：《西方伦理学名著选辑》下卷，商务印书馆1987年版，第211—212页。

② 牛京辉：《英国功用主义伦理思想研究》，人民出版社2002年版，第12页。

虽有其合理性，但也存在明显的局限：以追求"最大多数人的最大幸福"为旨归的"公益合成论"在现实生活中往往沦为实现个人利益的幌子，并不能真正弥合个人与社会、利己与利他之间的鸿沟。边沁明确指出："不了解个人利益是什么，而侈谈社会利益，是无益的。一件事物如果趋于增大某个人的快乐总和，或者减少他的痛苦之总和，那么我们就说它是增进那个人的利益或者有补于那个人的利益的。"[①] 恩格斯也指出了边沁功利主义的利己主义本质，他说："葛德文还把功利原则完全一般地理解为：公民的义务就是应当轻视个人的利益，只为普遍福利而生活；边沁则相反，他进一步阐释了这一原则的根本社会本性，他和当时全国的倾向相一致，把单个利益当作普遍利益的基础；边沁在人类的爱无非是开明的利己主义这一论点中承认，单个利益和普遍利益是同一的，而且还用最大多数人的最大幸福代替了'普遍福利'，后来这个论点由他的学生穆勒进一步发展了。……最初他说普遍利益和单个利益是不可分的，后来他就仅止于片面地谈论赤裸裸的单个利益……"[②] 在恩格斯看来，边沁将维护公共利益庸俗地化为对个人利益的追求，使整体服从于部分，颠倒了社会与个人的关系，将个人利益作为行为的目标，最终割裂了社会利益与个人利益的统一关系。概言之，边沁的功利主义以实现"最大多数人的最大幸福"为归宿，但其理论出发点仍是个人而不是社会。

在个人的自我牺牲是否合理、必要的问题上，穆勒修正了边沁的观点，认为如果能够促进"最大多数人的最大幸福"的实现，自我牺牲是一种必要的、道德的行为，他指出："功利主义的道德承认，人具有一种力量，能够为了他人的福利而牺牲自己的最大福利。"[③] 在大多数情况下，个人利益与社会利益具有同一性，个人没有必要也不需要牺牲一己之幸福，"只有当世界的安排处于一种很不完善的状

---

① 周辅成主编：《西方伦理学名著选辑》下卷，商务印书馆1987年版，第212页。
② 《马克思恩格斯全集》第3卷，人民出版社2002年版，第545页。
③ ［英］约翰·穆勒：《功利主义》，徐大建译，商务印书馆2014年版，第20页。

态时，绝对牺牲自己的幸福才会成为增进他人幸福的最好办法，可是既然这世界就是这样地不完善，所以我完全承认，准备作如此的牺牲是在人身上所能见到的最高美德"[①]。穆勒不但视个人自我牺牲为一种必要行为，还赋予其崇高的道德价值。当然，穆勒并不把自我牺牲作为一种常态，仅是一种特殊情形下的权宜之计。"大多数的好行为不是要利益世界，不过要利益个人。"[②]可见，穆勒将自我牺牲作为一种美德，没有像边沁及其之前的快乐主义者那样持反对态度，更好地维护了"最大多数人的最大幸福"原则。但是，他并没有因此而动摇个人主义的基本立场，追逐个人幸福和利益的最大化在穆勒的功利主义体系中仍然占据首要地位。面对个人利益与社会利益之间的矛盾冲突，穆勒的态度具有折衷主义倾向，其功利主义思想实质上是一种较为温和的利己主义。

边沁认为每个人的快乐具有同等的道德价值，在快乐的量的计算中，每个人的快乐和幸福都必须给予平等的考虑，没有一个人的快乐和幸福可以多于其他人。穆勒也认为，分配的公平已经包含在功利原则之内，一个人的幸福假设为程度上的相等，与别人应当完全一样计算。功利主义在追求利益最大化的过程中，并没有因社会整体利益而侵害个人利益，而是在最大限度上保护了个人自由和权利，"每个人只计算一份"的利益计算原则实际上也体现了个体人格的平等、基本人权的自由和政治权利的平等，这在当时无疑是十分进步的。罗尔斯在《正义论》中也认为每个人的权利都有一种基于正义的不可侵犯性，即使以社会整体利益之名也不可以。他据此对功利主义加以批判，认为功利主义将个人的快乐、幸福简单相加，追求其最大化，却忽视对于利益分配的公平考量。也就是说，功利主义并没有很好地解决功利原则与正义原则之间的冲突，以功利原则为唯一标准，极有可能损害个体和社会对正义的期望。

---

① ［英］约翰·穆勒：《功利主义》，徐大建译，商务印书馆2014年版，第20页。
② ［英］约翰·穆勒：《功用主义》，唐钺译，商务印书馆1957年版，第17页。

总之，儒家事功伦理与边沁、穆勒的功利主义的形成、发展离不开中西方的伦理传统，体现了不同的价值取向和理论特质。前者在价值取向上具有鲜明的整体主义特征，个人利益必须绝对服从于整体利益的实现；后者以个人的苦乐感作为最大多数人最大幸福的来源和基础，在追求"最大多数人的最大幸福"的同时，并没有放弃维护个人合理正当利益的努力，实质上具有个体主义的价值取向。

儒家事功伦理与边沁功利主义的历史命运也大为不同。功利主义虽植根于西方的快乐主义伦理传统，但其作为一种成熟的伦理学理论形态，却是近代经济社会发展的产物，特别是边沁将其系统化、体系化，穆勒进一步予以修正、完善，使得这一理论在经济、公共决策，甚至市民生活等领域产生了广泛而深远的影响。直到 1903 年摩尔《伦理学原理》发表之前，功利主义一直是英国社会的主要伦理学理论。[1] 摩尔对包括功利主义在内的传统伦理学进行了系统批判。他认为，人们追求利益是一个实然性问题，追求"最大多数人的最大幸福"是应然性问题，而应然性命题不能从实然性命题中推导出来，所以功利主义犯了自然主义的谬误。在他看来，幸福不仅仅是快乐的获得和痛苦的避免，在计算"最大多数人的最大幸福"时，除了考虑快乐，还应包含美德和爱等。

尽管功利主义在人们的批评和质疑中逐渐消隐，但是，"功用主义伦理学的影响并未完全消除，美国实用主义理论发展了它的理论。在英国受到冷遇的功用主义伦理学理论，在美国获得了另一种意义上的延伸"[2]。20 世纪五六十年代，沉寂了半个世纪的功利主义开始复兴，并逐渐占据现代道德哲学的中心地位，正如斯坎伦（Scanlon）所说："功用主义在道德哲学中所占据的地位，竟使人们若想回避就必须去反对它。"[3] 这一时期的功利主义一般被人们称为新功利主义，

---

① 参见牛京辉《英国功用主义伦理思想研究》，人民出版社 2002 年版。
② 牛京辉：《英国功用主义伦理思想研究》，人民出版社 2002 年版，第 147 页。
③ ［美］斯坎伦：《一种契约论理论》，载［美］德马科、［美］福克斯编《现代世界伦理学新趋向》，中国青年出版社 1990 年版，第 50 页。

主要有行为功利主义、准则功利主义和社会契约功利主义三种形式，它们的理论侧重点有所不同，但都秉承了边沁功利主义的基本立场和关注现实生活的实践品性，对现代道德生活产生了广泛的影响。

儒家事功伦理在南宋时，经浙东事功派学者的大力倡导和系统阐述，以一种较为完整的理论形态呈现在世人面前。从时间上看，比边沁的功利主义要早600多年，但其后的发展却远没有边沁的功利主义那样顺利。随着朱熹理学在宋理宗时被定于一尊，事功学派走向衰落，事功伦理也日渐式微。直到明末清初以黄宗羲、顾炎武、颜元等人为代表的经世实学的兴起，事功伦理才又重新焕发生机。然而，随着清初实施意识形态控制的一系列措施，如大兴文字狱等，倡导经世致用的实学再受打击，代之以清代考据学。自清中叶开始，经世实学重新获得发展，特别是清末西方列强入侵，在强烈的亡国灭种的社会危机面前，以经世事功为主要诉求的经世之学再度引起人们的重视。从儒家事功伦理发展演进的总体态势来看，其发展轨迹呈现大起大伏、波浪式前进的特征，即使在其兴盛之时，也没有为统治者所接纳，成为国家治理的指导思想。因而，事功伦理没有像边沁功利主义那样对经济社会发展产生更大影响。

近代以来，出于救亡图存的需要，知识界开启了向西方学习的思潮，在西学东渐的过程中，边沁的功利主义被翻译、介绍到国内，随即引起了学者的极大关注。与儒家的事功伦理相比，边沁功利主义的现代性特征鲜明，与现代经济社会发展的契合度更高，对于中国的社会发展亦具有较强的借鉴意义和价值。但是，功利主义毕竟是诞生于西方社会的伦理思想，带有浓厚的西方文化色彩，与中国的伦理传统和国情存在较大差异，因此，在学习和借鉴西方功利主义时不能奉行简单的"拿来主义"，而应当将其与中国传统的功利思想，尤其是儒家事功伦理结合起来，实现创造性改造和创新性发展，使之更好地服务于现实社会，这也是对儒家事功伦理和边沁的功利主义进行比较研究的真正意义所在。

# 第二章

# 儒家事功伦理的发展脉络

儒家思想在漫长的发展过程中，一直强调道德修养和个体美德的养成，即使在政治实践中，也明确倡导德政，就此而言，将儒家伦理视为一种德性伦理是恰当的。然而，德性修养不是儒家伦理的最终旨归，能够在现实社会中建功立业，成就经邦济世的卓越事功才是儒者最高的价值目标。伴随着儒家德性伦理一脉的发展，儒家事功伦理经历了曲折的进程，从儒学的创立者孔子对事功的重视，到之后随着儒学的分化，事功精神逐渐被德性伦理遮蔽，宋初又借儒学复兴运动而渐起，在南宋事功学派与理学的论辩中得以较为完整地阐发。南宋后期，随着理学的兴盛，事功伦理一度走向衰落，直至明末清初经世之学的兴起而再度复兴。

## 第一节 从孔子的"仁""圣"思想到 内圣外王之道的确立

作为儒家思想的创立者，孔子在强调德性修养的同时，并未忽视事功的重要性或将二者割裂开来。如果说"修己"是偏重于内省式的道德自律的话，"安人""安百姓"便是经济天下、博施于民的外在事功。

### 一 "仁"的事功含义

从已有的文献资料来看，"仁"字在甲骨文中没有出现，最早出现在儒家经典《易》中，如："昔者圣人作易也，将以顺性命之理。是以立天之道，曰阴曰阳；立地之道，曰柔曰刚；立人之道，曰仁曰义。"（《易·说卦》）以仁义为核心的人伦之道是圣人模拟天道所设立的，因此，圣王必须以"仁"治民，顺应天地大德之生，才能保守其大宝之位。从《易》中"仁"的含义来看，"仁"从一开始便被确立为圣王立身处事的价值原则，既是人伦之道的价值标尺，也体现了经邦济民的事功追求。

孔子十分重视对"仁"的阐发，构建了以"仁"为核心的伦理思想体系。"仁"是一个具有层次性的概念。在较低层次上，它是与"义""礼""智""信"并列的德目；在较高层次上，它又是"全德之名"，作为全德的总纲、衡量是非善恶的标准来统摄其他德目。在境界上，"仁"接近于"圣"，是人之为人的最高标准和处世的道德准则。孔子有言："苟志于仁矣，无恶也。"（《论语·里仁》）既然"仁"如此重要，仅"志于仁"还不够，应当积极地践行"仁"，那么，怎么做才能称得上"仁"呢？在与子贡和颜渊的对话中，孔子给予了不同的回答。

> 子贡曰："如有博施于民而能济众，何如？可谓仁乎？"子曰："何事于仁，必也圣乎！尧舜其犹病诸！夫仁者，己欲立而立人，己欲达而达人，能近取譬，可谓仁之方矣。"（《论语·雍也》）

孔子以"己欲立而立人，己欲达而达人"作为"为仁之方"，说明孔子并没有把"仁"拘泥于个体道德修养的层面，在"立己"的同时还要"立人""达人"，从人伦关系的协调来看，它是立身之道；从经国济世的要求来看，它是实现外王事功的重要途径。

"颜渊问仁，子曰：克己复礼为仁。一日克己复礼，天下归仁焉。"（《论语·颜渊》）孔子以"克己复礼"来解释"仁"，大体包含两方面的内容：一是在德性修养方面的"克己"工夫，尽管后世儒者对"克"字有不同的理解，有的释为"约束"，有的释为"胜"，但总体而言，大致相当于内圣的层面；二是在齐家治国中的"复礼"工夫。孔子十分看重"礼"在社会治理中的作用，礼制存，则家国兴，礼制废，则家国亡。春秋时期社会之所以陷入动荡，在孔子看来，根本原因是周王室的衰落，礼乐制度崩坏。因此，孔子对当时社会上僭礼的行为十分痛心，"八佾舞于庭，是可忍，孰不可忍"（《论语·八佾》）。他本人亦以恢复周代的礼乐制度为己任，认为只有做到"复礼"的工夫，才能"天下归仁"，实现国家善治的伟大事功。从这一意义上说，孔子的"仁"中包含着明确的事功内容。

孔子在与子贡、颜渊二人关于"仁"的对话中，给予"仁"以不同的解释，看似不一致，但实则并无矛盾。一方面是由于孔子在教育学生中坚持"因材施教"的原则，对于同一问题，常常根据学生自身的资质差异给予不同的回答，这一点在《论语》中多处可见。另一方面体现了孔子"仁"概念含义的丰富性和复杂性，既有德性修养的内涵，也有政治事功的内容；既关乎个体人格的完善，也关系着家国治理、天下太平的功业。

孔子在品评人物时也坚持了德性与事功相结合的原则，称许管仲为"仁"。管仲因其个人品行与儒家的价值标准存在许多相悖之处，受到儒家学者的批评，子路、子贡就管仲是否称得上"仁"而请问孔子。以个人品性修养而论，孔子批评管仲"器小"，"不俭"，"管氏有三归，官事不摄，焉得俭？"（《论语·八佾》）站在尊"礼"的立场，孔子批评管仲不知"礼"，认为："邦君树塞门，管氏亦树塞门。邦君为两君之好，有反坫，管氏亦有反坫。管氏而知礼，孰不知礼？"（《论语·八佾》）但是，对于管仲辅佐齐桓公建立的卓越事功，孔子毫不吝啬地称赞其为"仁"。"桓公九合诸侯，不以兵车，管仲之力也。如其仁！如其仁！"（《论语·宪问》）为了进一步表明自己的立场，孔子十分坚定地说："管仲相桓公，霸诸侯，一匡天下，民到于今受其赐。微管仲，吾其被发左衽矣。岂若匹夫匹妇之为谅也，自经于沟渎而莫之知也？"（《论语·宪问》）从孔子对管仲的褒贬可以看出，孔子对"仁"的内涵的理解并不完全是德性主义的，事功也是必不可少的构成要件。

管仲不知礼，有违个体私德之规范，特别是在桓公和公子纠的政治斗争中，作为公子纠的幕僚，在公子纠失败后，没有效"死忠"，反而投靠桓公，助其成就霸业，在世人看来，这是不忠不义。但是，管仲能以和平的方式"九合诸侯"，建功立业，使百姓免于战争之苦，孔子认为他仍然契合"仁"的要求。康有为十分赞同孔子对管仲的评价，他在《孔子改制考》中指出："圣人论事，重功不重德，有能救世全民者则光之。"另外，孔子对齐桓公的评价也没有因其私德不佳而否认其事功，在私德方面，齐桓公淫诸姑姊妹七人而齐大灾，无可称道；在政治事功方面，桓公能够称霸诸侯，普济百姓，故孔子仍许之以贤。叶岗在《论原始儒学中的内圣与外王》一文中指出：

> 原始儒学将个人道德与政治事功分开，以政治事功为评价人物的重要标准，不像宋明理学纯以个人的心性道德为评价人物之唯一标准；甚至，在乱世之际，政治事功的意义要远大于个体成德。于此似可发现，孔子所开创的原始儒学认为个体生命与政治实践无关，善人可行恶政，恶人可行善政，此与写于后世的《大学》所力倡的三纲领八条目之方式并不一致，也是后儒对儒学创始人的曲解。①

另外，从孔子本人一生的政治实践来看，他对于事功的重视并没有停留在思想层面上，作为一个身体力行的儒者，他一生周游列国，颠沛流离，仍然矢志不移，目的就是实现经济天下的社会理想。

---

① 叶岗：《论原始儒学中的内圣与外王》，《学术月刊》1999年第6期。

## 二 "圣"的事功标准

"圣"字在甲骨文中就已出现，许慎在《说文解字》中将其解释为"圣，通也，从耳呈声"。应劭《风俗通》亦循此解："圣者，声也，通也。言其闻声知情，通于天地，条畅万物也。"可见，"圣"的原始语义为听觉功能之精通。圣人即为精通某项技艺者，如"书圣""茶圣"等，其引申义为聪明，如《尚书·洪范》中"睿作圣"。在春秋以前，"圣"的基本含义多指"聪明"，只要智力超过常人，便称为"圣"，如《诗·小雅·小旻》中所言"人之齐圣，饮酒温克"。饮酒虽醉，仍能自我克制，即为齐"圣"。《诗·邶风·凯风》亦有言："母氏圣善。"因母氏有睿智之善，人们便给予"圣善"之名。与"圣"相对称的概念是"狂"和"愚"。《尚书》中有"圣罔念作狂，惟狂克念作圣"（《尚书·多方》）。《诗经》中亦有"维此圣人，瞻言百里；维彼愚人，覆狂以喜"（《诗·大雅·桑柔》）。可见，此时的"圣"的概念还没有明确的道德含义，也没有神圣性的意思。

自孔子开始，"圣"的内涵有了极大的拓展，开始具有明确的道德意味和事功内容，并赋予其神圣性，甚至具有某种神秘主义的色彩。在《论语》中，"圣"字共出现 8 次。孔子对"圣"的论述不多，也未勾勒出清晰的圣人图像，却将"圣""圣人"置于极高的地位，他慨叹："圣人，吾不得而见之矣；得见君子者，斯可矣。"（《论语·述而》）在孔子眼中，能够称得上"君子"，已然十分不易，他本人从不轻易以"君子"许人，更别说比君子高出一个层级的圣人了。

孔子认为，当世之中还没有哪个人能够称得上"圣人"。既然孔子高高悬置了圣人这一崇高目标，那么，怎么才能达到圣人的境界呢？"子贡曰：'如有博施于民而能济众，何如？可谓仁乎？'子曰：'何事于仁，必也圣乎！尧舜其犹病诸！'"（《论语·雍也》）子贡与夫子的这一问答，表达了两层意思。一是"圣"的境界更为高远，如果能做到"博施济众"，远超出"己欲立而立人，己欲达而达人"（《论语·雍也》）的道德境界——"仁"。二是圣的内涵不仅包括个体道德修养方面"善"的要求，还要取得经邦济世的事功成就。后者在孔子看来，即使是尧舜这样建立丰功伟业的人，与自己心中的圣人相比，也要逊色许多。正如中国台湾学者胡正之所言，"以'圣高于仁''圣人为人最高境界''圣人必有博济之功业'为孔子对'圣人'之定义，如无大谬，则持此三者与春秋以前相较，可知'圣人'于孔子手中地位大为提高，内容愈加丰富。以地位而言，自聪明睿智至尧舜犹病诸之至高无上；以内容而言，则增加功业（博施济民）之要求"①。

孔子将圣人置于理想人格的最高级，或许是因为这一境界太高了，达到的可能性太小，所以，孔子没有对圣的内涵加以具体阐释。孔门弟子子贡在评价自己的老师时，认为孔子配得上"圣人"的称号："学不厌，智也；教不倦，仁也。仁且智，夫子既圣矣。"（《孟子·公孙丑上》）子贡以"仁"和"智"作为圣人的两个基本条件，大体上仍然包含着道德和事功两方面内容："仁"是就个人的道德品性而言的，"智"尽管没有明确的表达事功内容，但若要在世俗生活中获取事功成就，没有相当的聪明智慧，是绝不可能实现的。就子贡本人而言，他在问学、政事、外交、经商等方面的才能十分突出，在孔门弟子中，子贡之"智"恐怕是最为出色的了。孔子也毫不掩饰对这位弟子才能的欣赏，称赞他"告诸往而知来者"（《论语·学而》），孔子弟子众多，能得到老师的如此夸赞并不容易。

司马迁在《史记》中记述了子贡非凡的外交才能，并且用墨颇多："故子贡一出，存鲁，乱齐，破吴，强晋而霸越。子贡一使，使势相破，十年之中，五国各有变。子贡好废举，与时转货赀。喜扬人之美，不能匿人之过。常相鲁卫，家累千金，卒终于齐。"（《史记·仲尼弟子列传》）子贡经商理财的天赋也非常高："赐不受命，而货

---

① 胡正之：《儒家圣人观念在战国之发展》，《辅仁国文学报》2006 年第 22 期。

殖焉，臆则屡中。"（《论语·先进》）鲁国的大夫叔孙武叔甚至认为"子贡贤于仲尼"（《论语·子张》）。尽管这一评价可能有夸大的成分，但子贡的才能和事功确有过人之处。荀子甚至将子贡和孔子并称为"不得执者"之圣人。"圣人之不得执者也，仲尼、子弓①是也。……圣人之得执者，舜、禹是也。"（《荀子·非十二子》）综合孔子和子贡对圣人的理解来看，圣人应当兼备德性与事功两方面的能力，应当是无疑的。

对于比圣人低一层级的君子，孔子依然坚持道义与事功相结合的评价标准。"子路问君子，子曰：'修己以敬。'曰：'如斯而已乎？'曰：'修己以安人。'曰：'如斯而已乎？'曰：'修己以安百姓，修己以安百姓，尧舜其犹病诸。'"（《论语·宪问》）孔子在强调个人道德修养——"修己以敬"的同时，还强调"修己以安人""修己以安百姓"，在他看来，个体的道德修养只是起点，是君子之道的一个方面，"安百姓"才是终极目标。

值得注意的是，《论语》中孔子两次谈到"尧舜其犹病诸"。在与子贡的对话中认为尧舜也未必能做到"博施济众"，与子路的对话则认为尧舜也不一定能做到"安人""安百姓"。可见，孔子对于儒家的理想人格——无论是可望而不可即的圣人，还是现实生活中可以触及的君子，都没有局限于道德品性的修养，而是提出了较高的事功要求。

"君子喻于义，小人喻于利"（《论语·里仁》）是孔子对义利关系的经典表述，这句话常常被视为他重视道德修养，贬低利益诉求的证据。其实，这是对孔子这一命题的误读，其症结在于对"君子"内涵的理解不够准确、全面。在古代，"君"和"子"系两个语词，"君"一般指国君，有时也指卿和大夫；"子"则是对男人的尊称，如孔子、曾子等。在《周易》《诗经》《尚书》等典籍中，最初的

---

① 焦国成教授在《儒家经世学派考原》（《中州学刊》2014 年第 12 期）一文中认为，子弓当为子贡。

"君子"一词并不具有道德意义，基本是就其职位而言的，指大夫以上的贵族。后来，随着贵族阶层的没落，作为指称贵族阶层的专门用语逐渐淡出人们视野，作为对人的美称的语义成为"君子"的主要内涵。另外，从先秦的典籍来看，大凡"君子"与"小人"对称时，其含义基本上是指王公贵族等在位者。如：

> 小人用壮，君子用罔。（《周易·大壮九三》）
> 童观，小人无咎，君子吝。（《周易·观初六》）
> 硕果不食，君子得舆，小人剥庐。（《周易·剥上九》）
> 君子所依，小人所腓。（《诗经·小雅·采薇》）
> 君子所其无逸。先知稼穑之艰难，乃逸，则知小人之依。

（《尚书·无逸》）

孔子"君子喻于义，小人喻于利"一语中的"君子"和"小人"应当从"德""位"两方面来理解。其一，在道德层面上，道德高尚的君子行事应当坚持道义原则、遵守道德规范，相反，小人则往往为了追逐利益不择手段。其二，在职位或职业本分的意义上，居上位的国家统治者、王公贵族应当依照义的原则，恪守为官之道，把国家治理好，使百姓丰衣足食，而不能只顾及一己之私利。处于社会下层的普通百姓——"小人"，在从事生产经营活动时，则应当积极追求物质利益，种田的要问收获，经商的要追求获利，这是职业本分，利在其中。就后者可见，孔子对于现实生活中的功利追求并没有一概反对，他所担心的只是统治阶级与民争利或因私利而侵害社会公利的问题，故而告诫统治者要"喻于义"，在今天看来，这一劝诫依然有其积极意义。

孔子之后，儒家开始分化，有"儒分为八"之说。孟子和荀子都以圣人作为儒者最高的理想人格和典范，孟子视圣人为"人伦之至"，荀子也认为圣人是"人道的极致"。在对"圣"的内涵的理解上，孟、荀既有同也有异。两人的共同之处在于：孟子和荀子都认为圣人既仁且智，"仁智合一"。孟子称赞孔子："学不厌，智也；教不倦，仁也；仁且智，夫子既圣矣。"（《孟子·公孙丑上》）荀子更是经常"仁""智"连用，将"圣"界定为"仁智之极"（《荀子·君道》），他称颂孔子"仁知且不蔽"（《荀子·解蔽》），"是圣人之不得势者也"（《荀子·非十二子》）。二人对圣人理解的差异在于：孟子强调了圣人内涵中的"仁"的要求，只要能尽"人伦"，便可为圣人，有德无位并不妨碍成圣，关键在于内在的德性修养。在讨论伯夷、伊尹和柳下惠三位圣人时，孟子说："居下位，不以贤事不肖者，伯夷也，五就汤、五就桀者，伊尹也。不恶污君，不辞小官者，柳下惠也。三子者不同道，其趋一也，一者何也？曰：仁也。"（《孟子·告子下》）伯夷、伊尹和柳下惠三人或"清"或"任"或"和"，成圣的类型有所不同，但其共同之处是都趋于"仁"，在德性修养方面符合儒家"仁"的要求，故而享有圣人之名，可见，孟子以德性修养的水平而非外在事功作为成圣的前提条件。

荀子在圣人的德性与事功孰本孰末的问题上与孟子意见不同，他认为"无置锥之地，而王公不能与之争名，在一大夫之位，则一君不能独畜，一国不能独容，成名况乎诸侯，莫不愿以为臣，是圣人之不得势者也"（《荀子·非十二子》）。荀子不反对圣人应当具有高尚的德性，但更为看重圣人在治国安邦中的事功才能。荀子还对圣人的事功做了具体描述："百姓之力，待之而后功；百姓之群，待之而后和；百姓之财，待之而后聚；百姓之势，待之而后安；百姓之寿，待之而后长。父子不得不亲，兄弟不得不顺，男女不得不欢。少者以长，老者以养。故曰'天地生之，圣人成之'，此之谓也。"（《荀子·富国》）故而有学者指出："孟子的圣人是践形、尽性以企于'大而化之'的化境，偏于仁德意义说圣。荀子的圣人则是'尽礼'，以极于'能虑''能固'的操守，具有'三至'的特质，乃由才能事功，智虑明达的意义说，是偏于才智意义说圣。"[1]

---

① 王季香：《先秦诸子之人格类型论》，博士学位论文，台湾中山大学，2004年，第85页。

由此而言，孔子之后，儒家后学对圣人的理解的分歧肇始于孟子与荀子，并对后世儒学的发展路向产生了重要影响。一方面，成圣的难度大大降低了，圣人由高高在上，带有神秘主义色彩的可望而不可即的理想人格逐渐降格为现实生活中鲜活的具体人物，孟子甚至发出"人人皆可以为尧舜"的成圣宣言。孔子眼中连尧舜都难以称得上圣人，到孟、荀这里，不仅孔子本人被尊为圣人，伯夷、伊尹和柳下惠等人也配享圣人之名，甚至还有"圣臣"的说法。另一方面，圣人的评定开始有了具体的标准——"仁"和"智"。但由于对"仁"与"智"在圣人评价中重要性的认识不同，是坚持心性标准还是智识标准，是以德性修养为重还是以外在事功为重，这种分异在某种程度上加剧了儒家的分化。

　　概言之，从评判圣人的德性标准和事功标准的分歧来看，孔子之后的儒学传统可以大致分为两脉：一是以颜渊、曾子、孟子等人为代表的一派，重视德性修养，追求道德理想，传承了儒家的德性伦理传统；二是子贡、荀子等人走了一条现实主义的路子，在坚持和发展儒家德性原则的基础上，更加强调经验和实际知识的重要性，关注现实，追求事功。

### 三　内圣与外王之道

　　孔子并没有对内圣、外王及其关系进行系统论述，在孔子看来，个体的道德修养（内圣）与政治事功（外王）是两个相对独立的领域，相互之间的关联性不大，也没有因果联系。换言之，个人品德的好坏，并不是其政治事功的前提条件，并不影响其在事功方面的作为，特别是在社会政治失序时，事功往往成为儒者关注的焦点，这一倾向在前述孔子对管仲和齐桓公的评价中得到充分体现。

　　自孟子提出"性善论"和"四端说"后，儒学偏向内圣的倾向开始显露。到了汉代，以"通经"之人为儒，与孔子所说的能够"安人""安百姓"的儒者已经相去甚远。《大学》一书系统地阐述了儒家的"大学之道"，基本确立了儒家由德性达至事功的德治之路：

由"明明德"的内在德性养成到"止于至善"的外在事功。特别是格物、致知、诚意、正心、修身、齐家、治国、平天下的"八条目"正式确立了"以修身为本"的成德进路,将德性修养作为实现事功的起点与基础,开辟了儒家由内圣成德到实现外王事业的路径,儒学重内圣而轻事功的倾向越发突显。

"大学之道,在明明德,在亲民,在止于至善。"(《礼记·大学》)"明明德"是大学之道的基础,也是儒者进行内在德性修养的过程,大体相当于内圣的工夫,"亲民"是目标,是由"明明德"推展出来的外在事功,"止于至善"是终极的政治理想,也是德治的最高境界,只有得道、得位、得势的天子才能达到。

> 古之欲明明德于天下者,先治其国。欲治其国者,先齐其家。欲齐其家者,先修其身。欲修其身者,先正其心。欲正其心者,先诚其意。欲诚其意者,先致其知。致知在格物。物格而后知至,知至而后意诚,意诚而后心正,心正而后身修,身修而后家齐,家齐而后国治,国治而后天下平。(《礼记·大学》)

从"八条目"确立的次序来看,大致沿袭了孔子推己及人的理路,如果说格物、致知、诚意、正心属于个体内在道德修养的范畴,齐家、治国、平天下便是外在的事功追求。前者属于"内修",后者则是"外治",这与孟子"穷则独善其身,达则兼济天下"(《孟子·尽心上》)的思想基本一致。做好内修工夫,至少可以独善其身,实现外王事功,便能兼济天下。

修身是联结内圣工夫与外王事业的中间环节,也是由内圣成德向外王事功转化的关键。"自天子以至于庶人,壹是皆以修身为本,其本乱而末治者否矣。"(《礼记·大学》)上至天子,下至普通百姓,每个人都必须从修身做起,这是儒者立身处世的根基,根基不稳固,一切无从谈起。从一般意义上说,修身可以包括许多内容,道德修养仅是其中非常重要的一个方面,如果将道德修养视为修身的唯一内容,便与先秦时期"以六艺为法"(《史记·太史公自序》)的儒者有很大不同。

后世儒家所谓内圣或修身，大都就个体道德心性之至善完满而言，外王事功以内圣成德之至为根本，由内圣直接推衍出外王事功。当代新儒家代表人物牟宗三指出："讲内圣必通着外王，外王是内圣的通出去。但以前的人讲外王是由内圣直接推衍出来。……如是，外王只成了内圣之作用，在内圣之德之'作用表现'中完成或呈现。"①在牟宗三看来，以内圣为基点"通出去"，实现外王功业，这一路径自然不错，但怎么个"通"法，却有不同，传统儒者的讲法是"直通"，实践证明这一路子走不通，至少不能推出现代的科学和民主政治，应该走"曲通"的路子，方能"尽外王之极致"。

《大学》的内圣外王之道以儒家经典的方式正式确立了内圣与外王、德性与事功的先后次序，后世儒学，无论是宋明儒学，还是当代新儒学，大都奉内圣外王之道为圭臬。特别是在朱熹等理学家的努力之下，理学在南宋被定于一尊，《大学》升格为儒家经典"四书"之一，被确定为历代科举考试的经典文本，对儒家学者和社会政治产生了深远影响。

由内圣成德到外王事功进路的确立，成为儒者人生追求的理想阶梯。然而，这一进路以修身养性作为儒者第一要务，致使一些儒者在自己的人生实践中过分强调身心修养而忽视了对外王事功的追求，丧失了先秦儒者在追求事功过程中所体现的勇武气质和务实精神。特别是后世儒者对修身的理解大多局限于道德修养方面，不太注重对于专业知识、实际技能和器物制度等经邦济世的实际才能的学习，越来越走向心性修养的内圣方面，使得外王事功的追求成为镜花水月，看似美丽，实则无法在现实社会中落实，在某种程度上打破了德性与事功之间的平衡，也没有有效地搭建起由内圣成德通往外王事功的桥梁，这也成为之后儒学发展过程中始终难以解开的问题。

---

① 牟宗三：《政道与治道》，广西师范大学出版社 2006 年版，第 48 页。

## 第二节　北宋的通经达用之风到南宋
## 事功学派的兴起

　　西汉武帝时经"罢黜百家、独尊儒术"，儒学被定于一尊，正式成为官方正统哲学。就德性与事功的关系来看，德性并未居于领导地位，而是多以政事治平的考量为导向，孟子在儒家传道谱系中的地位也没有突显出来。汉儒尊崇周公和孔子，常以"周孔"并称。直到唐代中期，这种情况才开始变化。韩愈有感于佛教和道教的兴盛对儒学正统地位的挑战，而极力反对佛教，复兴儒学。他从恢复儒家道统入手，正式将孟子列入儒家传道谱系，将孟子作为孔子之后儒家思想的正统继承者，此后开始"孔孟"并称，儒家所关注的问题，也逐渐转向德性修养。

　　北宋时期，儒学复兴运动走向高潮。诸家儒者都努力摒弃汉人的章句之学，代之以义理之学，直接从先秦儒家经典出发，不守旧说，勇于疑经，阐发经学之义理，试图重新恢复儒学的活力。儒者从理论上探索经学——"通经"的同时，特别重视对专业知识和具体事物的研究，重实际，务实效，并积极投身于社会实践，形成了"通经达用"的学术思潮，使得一度被心性之学遮蔽的事功伦理得以彰显。

　　北宋时期的儒家学者大都讲求事功，主张学问的经世致用。胡瑗、李觏、王安石、曾巩等人都致力于从先秦儒家经典中寻找复兴儒学的思想资源，以期革除时弊，实现经世事功。就连理学的代表人物二程也十分重视学问的"用"，主张通经与致用结合起来："百工治器，必贵于有用。器而不可用，工不为也。学而无所用，学将何为也？"① 可见，强调学问的实用性，恢复儒学固有的经世精神，成为宋初儒者的基本共识。钱穆先生指出："北宋学术不外经术政事两端。大抵荆公新法以前，所重在政事；而新法以后，则所重尤在经术……

---

① （宋）程颢、程颐：《二程集》，王孝鱼点校，中华书局2004年版，第1189页。

迄乎南宋，心性之辨愈精，事功之味愈淡。"① 当然，北宋儒者重经世、重事功的思想占据主流既是改造儒学，重新焕发其思想活力的需要，也体现了当时儒者变革内忧外患的社会局面的迫切要求。

## 一　胡瑗的"明体达用"论

北宋的通经达用思潮肇始于"宋初三先生"之一的胡瑗。胡瑗是宋代学术的重要开创者，他批评当时学术的浮华之风，主张将探究儒学经义与时务相结合，提出"明体达用"的治学宗旨。"明体"是治学之本，即通过深研儒家经典，探明六经经义；"达用"指学问的经世致用，即儒家圣人之道要能付诸实践，见诸事功，以经世济民为旨归。

胡瑗特别重视对实用型人才的培养，在教学实践中创立了"苏湖教法"，分设"经义斋"和"治事斋"，"经义斋者，择疏通有器局者居之；治事斋者，人各治一事，又兼一事，如边防、水利之类"②。胡瑗在教学实践中将传授儒家经义与学习军事知识、科技知识视为同等重要，在讲授儒家经典的同时，要求学生学习诸如边防、水利等专业知识，明确把民、兵、水利等教学内容正式纳入官学教学体系中，使之与儒家经典获得同等地位，这种分斋教学制度是胡瑗对中国古代教学制度的一大革新。

胡瑗还根据学生兴趣爱好和专业知识的不同，组织学生分别学习，"故好尚经术者、好谈兵战者、好文艺者、好尚节义者，皆使之以类群居，相与讲习"（《五朝名臣言行录》卷十之二"李覯书"），把学生培养成通经、治事的有用之才，以实现"润泽斯民"的治世目标。据《宋史》所载："安定胡瑗设教苏、湖间二十余年，世方尚词赋，湖学独立经义治事斋，以敦实学。"（《宋史·选举志》）可见，胡瑗在教学中将学习儒家经义与追求事功相结合的做法，在当时颇具

---

① 钱穆：《中国近三百年学术史》，商务印书馆 1997 年版，第 5 页。

② （宋）朱熹：《朱子全书》，刘永翔、朱幼文校点，上海古籍出版社、安徽教育出版社 2002 年版，第 318 页。

新意且影响广泛。

胡瑗倡导的"明体"与"达用"并重的思想体现了原始儒家"体用并重"的精神，刘彝在《宋元学案》中充分肯定了其师胡瑗将讲经与治民、御寇、水利之事并重的做法。"圣人之道，有体、有用、有文。君臣父子，仁义礼乐，历世不可变者，其体也；诗书史传子集，垂法后世者，其文也；举而措之天下，能润泽斯民，归于皇极者，其用也。"（《宋元学案·安定学案》）刘彝所谓"措之天下，润泽斯民"，即儒家之外王事功，系儒者经世的最终目的。

胡瑗提出"明体达用论"并付诸教学实践，可以说开启了宋儒经世致用思想的先河，不仅影响了两宋的经世事功思想的发展，对明末清初的经世实学也有重要影响。明末清初倡导"学以事功为首"的颜元，对胡瑗十分推重，甚至认为宋代儒者中只有胡瑗得孔子之学的真传。"惟安定胡先生，独知救弊之道在实学不在空言，其主教太学也，立经义、治事斋，可谓深契孔子之心矣。"① 他还特别称赞胡瑗苏湖设教的做法，"程、朱当远宗孔子，近师安定。以六德、六行、六艺及兵农、钱谷、水火、工虞之类教其门人，成就数十百通儒"②。颜元认为胡瑗分斋教学之法与孔子有相通之处：一方面，二人都重视教育，着力收徒讲学，培养人才；另一方面，教学内容十分丰富、全面，既有德性修养的内容，也注重实用知识和技能的培养。他批评程朱过于重视心性修养的做法，认为他们应当向孔子和胡瑗学习。当代学者对胡瑗在儒学经世思潮发展中的历史地位亦给予了高度评价，朱义禄说："经世致用意识在社会上真正产生影响的，可上溯到北宋著名学者胡瑗那里。"③ 因此，胡瑗对于宋儒经世致用精神的阐扬，实有首倡之功。

---

① （清）颜元：《颜元集》，王星贤、张芥尘、郭征点校，中华书局1987年版，第75页。

② （清）颜元：《颜元集》，王星贤、张芥尘、郭征点校，中华书局1987年版，第40页。

③ 朱义禄：《颜元 李塨评传》，南京大学出版社2006年版，第101页。

## 二　李觏的"重礼乐利论"

北宋经世思潮中最为旗帜鲜明地主张经世致用的学者当属李觏。李觏生于宋真宗大中祥符二年（1009），从思想的承继关系来看，他不重师承，不守一家，吸收并撷取众家思想之所长，董仲舒、王充、韩愈都是他师事的对象。李觏特别重视对《周礼》的研究和阐释，"重礼""乐利"是一大特点。从孟子和荀子思想的分殊来看，孟子重义，荀子重礼。李觏不喜欢孟子，针砭孟子所倡导的义利之分及其只重心性所致的弊端，极力倡明孔子的致用之道，反对时儒重视孟子超过六经的现象，他慨叹道："呜呼！今之学者雷同甚矣。是《孟子》而非六经，乐王道而忘天子。吾以为天下无《孟子》可也，不可无六经；无王道可也，不可无天子。故作《常语》以正君臣之义，以明孔子之道，以防乱患于后世尔。人之知非我利，人不知非我害，悼学者之迷惑，聊复有言。"① 李觏认为欲明孔子致用之道，必须从原始儒家的经典著作入手，才不至于有所偏失，故而作《礼论》，通过对《周礼》的阐释，论述其治国富民的思想。

李觏论"礼"，既远绍荀子，又与稍晚的王安石多有契合。夏长朴指出："李觏特别重视人事，他的《礼论》数篇和欧阳修的《本论》三篇，都主张用礼乐政刑四术来成就事业。这和王安石重视礼乐政刑，要以四者来成就人道的意见如出一辙。"② 李觏和荀子都以人的欲求为出发点讨论礼的起源，荀子重视"礼"对人的教化和约制作用，从"人生而有欲"的角度，强调"以礼养情"的重要性。李觏亦认为人生而便有"欲"，须以礼节之，循礼而行。李觏和王安石皆以礼为内圣外王的基础，强调实用，重视礼、乐、政、刑等法制，特别是礼对治国安民的重要性。

由此来看，李觏继承了荀子礼论的现实主义特色，具有强烈的用

---

① （宋）李觏：《李觏集》，王国轩校点，中华书局1981年版，第518—519页。
② 夏长朴：《李觏王安石研究》，台北：大安出版社1989年版，第174页。

世精神和浓厚的实用色彩，主要体现在两个方面：一是李觏在深研原始儒家经典的基础上，致力于解决当时社会的诸多弊病，形成了一套较为完整的、可行的社会改革方案；二是他并没有把自己的改革方案搁置在书房里，而是积极地向当时有影响力的官员、士大夫推荐他的方案和论著，希望得到变革社会的实践机会。近人陈钟凡认为，李觏的学说"以礼制为立国之大经，富强为行政之埻的。吾国先儒，自孟子以言利为非，董仲舒以谋利计功为戒，直至李氏，始起而昌言矫正之。不可谓非政论上一大进步也"①。可见，李觏的"重礼乐利"思想所表达的积极用世精神在当时儒者中是极有特点和影响力的。

李觏十分重视实功、实利，他本人毫不讳言利的重要性，认为"人非利不生，曷为不可言？"②这样直白地宣告利益可求的观点，在当时的儒者群体中无疑具有振聋发聩的作用。对于一些儒者贵义贱利、重道德仁义而耻言财利的思想，李觏认为这是本末倒置。他说："愚窃观儒者之论，鲜不贵义而贱利，其言非道德教化则不出诸口矣。然《洪范》八政，'一曰食，二曰货'。孔子曰：'足食，足兵，民信之矣。'是则治国之实，必本于财用。"③李觏矫正了孟子、董仲舒等重义轻利的倾向，一反儒家由内圣开外王的路子，将富民强国之道奠基于"财用"，力图驱散笼罩在外王事业上的道德迷雾，明确表达了他的事功追求并指出了实现事功的途径。需要指出的是，李觏在肯定追逐功利合理性的同时，并没有排斥道义原则，认为对利欲的追求过度也会招致祸害。

李觏对两宋的经世思潮有十分重要的影响。可惜的是，后世学者并没有给予足够的重视，也没有给予其恰当的评价和地位，或许是因为他对孟子的激烈批判，为尊崇孟子的宋明理学家所抑。朱熹把宋代学风之变归之于"宋初三先生"——胡瑗、孙复、石介，而忽略了李觏在经世思潮中的地位和作用。全祖望等人在编《宋元学案》时，

① 陈钟凡：《两宋思想述评》，东方出版社1996年版，第168页。
② （宋）李觏：《李觏集》，王国轩校点，中华书局1981年版，第326页。
③ （宋）李觏：《李觏集》，王国轩校点，中华书局1981年版，第133页。

也没有把李觏单独设案，而是编入《高平学案》。

直到近代，李觏深刻的社会批判思想、救治时弊的改革思想、名重一时的道德文章才受到学界的推崇和称赞。胡适注意到了李觏的学说与王安石思想之间的密切关联，称李觏是"一个不曾得君行道的王安石"，"是王安石的先导，是两宋哲学的一个开山大师"，"他的根本主张，也就是王安石新法的根本主张，故最可注意"。因此，"我们可以说，李觏是熙宁、元丰新法的哲学家，他的政治哲学是新法的学理的背景"。① 后来学者大都延袭了胡适此说，将李觏和王安石并称为"李王"。实际上，李觏不仅对王安石变法产生了重要影响，他与宋初三先生——胡瑗、孙复、石介三人"皆客范仲淹门"，关系亦十分密切。晚李觏十二年的王安石本人亦谈到李觏对他的影响，"书称欧阳永叔、尹师鲁、蔡君谟诸君以见比。此数公今之所谓贤者，不可以某比。足下又以江南大夫为无能文者，而李泰伯、曾子固豪士，某与纳焉"②。足见王安石对李觏和当时另一位注重经世的思想家曾巩颇为欣赏并在思想主张上多有接纳。

### 三　王安石"精理致用论"

王安石和李觏的思想有诸多相通之处，二者都具有鲜明的经世色彩。在治学路向上，王、李二人都恪守儒家经典和基本教义，通过自己对儒家经典的所学、所悟、所释，同时结合宋代政治时局，提出系统改革主张和实用性策略，从而引领了当时儒者在学术、政治上的变革之风。尽管王安石与李觏在对待孟子和佛教的态度上有所不同，但在重视经世事功方面，王安石与李觏的许多主张若合符契，比如：在讲求实用、主张权时而变的观念上，两人都重视学习与教化的重要性；在治国理政方面，两人都不讳言利，以理财作为富国的基础；在治军方面，李觏所提出的强兵意见和王安石变法中的保甲法也基本相

---

① 姜义华主编：《胡适学术文集·中国哲学史》，中华书局1991年版，第954—958页。

② （宋）王安石：《王安石全集》，秦克、巩军标点，上海古籍出版社1999年版，第75页。

同。所以，后世学者往往将李觏和王安石视为北宋儒者中经世事功特色最为突出的思想家。

王安石继承了孔子关于内圣修养与外王事功并重的思想，对《大学》由内圣而外王的理路做了进一步阐发。在《致一论》中，他明确表达了在成圣过程中由精理入神到致用经世的先后次第。

> 苟能致一以精天下之理，则可以入神矣。既入于神，则道之至也。夫如是，则无思无为寂然不动之时也。虽然，天下之事固有可思可为者，则岂可以不通其故哉？此圣人之所以又贵乎能用者也。①

王安石所谓的"致一"，即学习上的专一及立身处事的坚持和一贯。通过"致一"的工夫，体察天下万事万物存在变化的道理和规律，便可以达到"入神"的"至道"境界，即为圣人。然而，"致一"的工夫并未因达到"道之至"的境界而止，还须向外发用，将通贯万物之理的智慧与心得施之于"天下之事"，最终实现"致用"的经世理想。可见，王安石不仅将儒家的圣王事业分作崇德修身的内圣工夫和经世致用的事功追求两部分，还认为二者之间存在先后次序——经世致用的事功追求必须以崇德修身的内圣工夫为基础，先崇德、修身，然后再致用于天下，实现经世事功的圆满。

李祥俊对王安石由内圣成德到外王事功的进路做了准确的概括："王安石认为致用的顺序是先安身、崇德，然后再致用于天下。安身的方法是行仁义等善事而弃绝不仁不义等恶端，而最重要的是要讲求生存智慧，即要'藏器于身，待时而动'，这是一种重智性的人生价值。"② 对"器"和"时"的重视，体现了王安石在内圣外王问题上的全面性与灵活性：强调"藏器于身"，表明王安石的内圣工夫并未

---

① （宋）王安石：《王安石全集》，秦克、巩军标点，上海古籍出版社1999年版，第254页。

② 李祥俊：《王安石学术思想研究》，北京师范大学出版社2000年版，第244页。

只关注德性修养，而是强调德行与智识兼修，即在修养身心的同时，还要学习治国安邦的实际知识，培养实用的才干；主张"待时而动"则体现了王安石对于实现经世致用目标的外在条件和时机把握的灵活性，在王安石看来，身既安，德既崇，还要等待实现经世致用的契机，时机不成熟，只能"困于命"，一旦时机成熟，便可趁势而起，实现经邦济民的事功理想。

王安石兼顾德性与事功，内圣与外王并重的思想是对大学之道的一次系统阐发，不仅为有效地推进其变法实践奠定了理论基础，也对北宋儒学的复兴和发展产生了重要影响。

王安石通过重新阐释儒家经典，为其经世致用思想和社会变革的主张寻找理论依据。他和李觏一样，十分重视《周礼》，特别对《周礼》中的理财思想加以阐释，强调了理财对于实现治国平天下的外王事功的重要性。他指出："理财乃所谓义也。一部《周礼》，理财居其半，周公岂为利哉？"① 在他看来，实现儒家治国平天下的外王事功，不能仅仅从心性修养和道德治理入手，必须以理财为中心，从农业、水利、兵制、科举等方面，务实事、求实功。王安石十分重视培养经国济世的实才，他说："苟不可以为天下国家之用，则不教也；苟可以为天下国家之用者，则无不在于学。"② 诸如诗赋章句这类不能为治国富民之用的知识，都应在"不教"之列。

王安石发展了荀学重实事、重时变的进步思想，但其论礼，却与礼学大师荀子多有不同，甚至批评荀子"不知礼"，因为荀子主张"圣人化性而起伪"，王安石则认为"礼始于天而成于人"，礼是本于人的天命之性而加以人为的，荀子犯了只"知人"而不"知天"的错误。尽管如此，王安石的经世主张与荀子重视外王的现实精神是一致的。张曙光指出："尽管王安石一生服膺孟子而从未推崇荀子，还批评了荀子的性恶说和关于礼的见解，但王安石的新学与荀学外王经

---

① （宋）王安石：《王安石全集》，秦克、巩军标点，上海古籍出版社1999年版，第73页。

② （宋）王安石：《王安石全集》，秦克、巩军标点，上海古籍出版社1999年版，第3页。

世取向显然是一致的。"①

追求经世事功的用世精神在北宋诸儒中影响颇大，除李觏、王安石外，欧阳修、范仲淹、曾巩等人亦相互唱和，共同促进了经世致用学风的兴盛。特别是欧阳修、李觏、王安石、曾巩等人都出自江西，以王安石为中坚，共同孕育了江西经世致用之风。另外，他们不仅在思想上同调，政治实践上相互支持，在师承、交往和私人关系等方面的联系也非常密切。曾巩是欧阳修最得意的弟子，《宋元学案·庐陵学案》亦将王安石列在欧阳修门下，《宋元学案·高平学案》则把李觏列于范仲淹门下，又将曾巩列于李觏门下。王安石、曾巩与欧阳修三家之间还存在姻亲关系。以王安石为代表的北宋经世儒者不仅从理论上阐扬儒学通经达用精神的合理性，还积极从事政治实践，先有范仲淹主导的庆历新政，后有王安石主持的熙宁变法。不过，范仲淹的庆历新政仅推行一年便失败，王安石主持的变法也以失败告终，致使宋初以来儒学的务实精神和事功追求在政治实践领域遭受重大挫折，这在某种意义上阻碍了儒家事功伦理精神的传承和光大。

二程、张载在参与王安石变法后，便选择了一条与王安石外王路线不同的道路，其根本原因在于他们认为王安石变法的失败在于内圣之道的不明确，甚至错误。此后理学家开始向内收缩，专注于内圣方面的建设，奉《孟子》一书为经典，着力于宇宙论、形而上学的论证，试图为社会道德秩序奠定精神基础。这一努力到南宋理学集大成者朱熹那里方得以完成。客观而论，以朱熹为代表的理学在儒家心性修养方面的理论建树值得称道，但由于朱子理学沉迷于心性修养的内圣之道而忽视了外在事功的开拓，引起了陈亮和叶适等浙东事功派学者的不满，他们继承了北宋李觏、王安石等人的事功思想，高举务实事、求实功的事功旗帜，与朱熹展开了激烈的辩论。

南宋时期，以朱熹为代表的理学逐渐兴盛，将儒学的经世途径转向了内圣一面，以讲学论道代替政治实践，力图通过对儒家伦理的重

---

① 张曙光：《外王之学：荀子与中国文化》，河南大学出版社 1995 年版，第 161 页。

新论证来解救时弊、维护封建统治。以陈亮、叶适等人为代表的浙东事功学派继承了北宋以来"通经达用"的学风，旗帜鲜明地树起了事功伦理的大旗，并与朱熹就王霸事功等问题展开了激烈的辩论。陈亮和叶适的事功思想，从旨趣上看，继承了儒学一贯的经世精神，既远绍先秦儒学，有向孔子思想回归的倾向，也是对北宋复兴儒学过程中的经世致用思潮的发展。从师承来看，陈亮和叶适都无明确的师承关系，多靠自学成才，叶适的学术渊源可以追溯到二程，亦深受薛季宣、陈傅良等永嘉学人的影响。

### 四　陈亮的"王霸义利论"

南渡之后，与朝廷在军事上节节败退不同，南宋学术界呈现学派林立、思想纷呈的繁荣景象。除以朱熹为代表的理学外，还有以陆象山为代表的心学，以吕祖谦为代表的金华学派，以张栻为代表的湖湘学派，以及以陈亮、叶适、陈傅良、薛季宣等人为代表的浙东事功学派。各家学派风格不同，为学路径不一，虽然多有抵牾，但大略不出儒学之域。出自永康的陈亮，是众多学者中较为特殊的一位，他言辞激烈地批判理学为空疏无用之学，大力倡导务实事、求实功的事功思想，在学术界独树一帜，其学亦多被称为"事功之学"或"永康之学"。

陈亮"事功之学"的产生得益于南宋浙江地区特殊的地理环境和困顿的时局。一方面，南宋都城临安属浙江地区，浙江一带受战火波及较少，相对和平安定的环境加上江南粮食、茶叶、丝绸等丰富的物产，促进了经济的发达和社会的繁荣，也滋养了浙江人民重商业、务实效的性格。另一方面，靖康之耻未雪，金人在军事上步步进逼，朝廷抗金不利，一些王公大臣却苟且偏安、不思进取，过着醉生梦死的奢华生活。陈亮忧心于内外交困的时局，认为理学推崇涵养道德性命，只能培养出内倾、主静为性格特征的"醇儒"，毫无救世之能，即使有救国之志，也只能"临危一死报君王"。而要完成抗金复土的艰巨任务，必须要有"推倒一世之智勇，开拓万古之心胸"的英雄人物。因此，重视实用、重成效、关注现实问题成为陈亮事功思想的主要诉求。

在实现儒家外王事功的手段上，是坚持儒家的王道，还是诉诸霸道，或是王霸并用？陈亮与朱熹各持己见。朱熹尊崇王道、贬抑霸道，从是否有"利心"的动机论出发，认为"才有一毫利心，便非王道，便是伯者之习"①。由此，朱熹视三代为王道政治的典范，批评汉唐所行之道为霸道。陈亮则坚持以事功为评判标准，认为刘邦、李世民凭借过人的才智，开创了汉唐盛世，并未从根本上违背儒家的王道，与三代的圣人一样值得称赞。他指出："王霸可以杂用，则天理人欲可以并行矣。"② 朱熹据此批评陈亮"王霸并用"。陈亮则认为朱熹误解了自己的思想，进一步解释说："诸儒自处者曰义曰王，汉唐做得成者曰利曰霸，一头自如此说，一头自如彼做；说得虽甚好，做得亦不恶：如此却是义利双行，王霸并用。如亮之说，却是直上直下，只有一个头颅做得成耳。"③ 陈亮认为，王道与霸道不是决然对立、互不相容的，王道之中有霸道，霸道之中亦有王道，二者可以"杂用"并不代表二者在国家治理中占据同等地位，并非两个"头颅"，"谓之杂霸者，其道固本于王也"④。陈亮明确表示自己并不是一个王霸二元论者，所谓"一个头颅"指王道，只不过陈亮所理解的儒家之王道内涵并非心性涵养之"道"，而是经国济世的事功之"道"。

陈、朱王霸之辩体现了二人义利观的差异。在朱熹的理学体系中，义与利常常被作为相互对立的概念，义是儒者应当追求的价值目标和行为准则，"利"则往往代表负面的价值。在道德实践中，朱熹从察识人"心"——动机出发来判断行为的道德价值。当"心"（动机）循着义的要求行事时，便是行"王道"；反之，如果一"心"向

---

① （宋）黎靖德编：《朱子语类》，王星贤点校，中华书局1986年版，第629页。
② （宋）陈亮：《陈亮集》（增订本），邓广铭点校，中华书局1987年版，第354页。
③ （宋）陈亮：《陈亮集》（增订本），邓广铭点校，中华书局1987年版，第340页。
④ （宋）陈亮：《陈亮集》（增订本），邓广铭点校，中华书局1987年版，第340页。

利，以追求利益为行为动机，便沦为"霸道"，因此，义、利不能并行并用。陈亮则认为义与利并不是对立关系，义是使人的情欲合理合宜的法则，与利的追求、实现并不矛盾，两者是一贯的关系，义本身蕴含着人的利益诉求。

陈亮与朱熹义利观分歧的根源在于二人所持的价值观不同。陈亮以事功论价值，他说："禹无功，何以成六府？乾无利，何以具四德？"[①] 像禹这样的圣人也要追求事功和利益，何况普通人呢？陈亮以事功成败评判历史人物，推崇刘邦、李世民是有"大功大德"的人物，因为二人以其宏大开廓之本领，建立震动一世之功业。朱熹以道德作为人性的价值所在，将义利之说视为"儒者第一义"[②]。他批评陈亮推崇汉唐的做法："尝谓'天理''人欲'二字，不必求之于古今王霸之迹，但反之于吾心义利邪正之间。……老兄视汉高帝唐太宗之所为而察其心，果出于义耶，出于利耶？出于邪耶，正耶？"[③] 可见，朱熹在品评汉唐时并不考虑其事功的成败，而是从动机是否合于义为标准来判断，与陈亮大相径庭。

陈亮从现实需要着眼，主张以经天纬地的英雄人物为榜样，培养、重用具有实际治国才能的"实才"，改变南宋朝廷内外交困的局面，实现中兴大业。对于朱熹所倡导的以心性修养为宗旨的醇儒人格，陈亮不屑一顾，他批评朱熹标榜的醇儒夸大了"儒"的范围和地位，忽视了先秦儒家的"成人"之道。他认为，"人"可涵括"儒"，反之则不可，"学者学为成人，而儒者亦一门户中之大者耳"[④]。如果说"人"有君子和小人的区分，则"儒"中亦有贱儒和醇儒之别，"儒"未必比"人"更崇高。所以，陈亮认为人生的理想

---

① （清）黄宗羲：《宋元学案》，全祖望补修，陈金生、梁运华点校，中华书局1986年版，第1850页。

② （宋）朱熹：《朱子全书·晦庵先生朱文公文集》，刘永翔、朱幼文校点，上海古籍出版社、安徽教育出版社2002年版，第1082页。

③ （宋）陈亮：《陈亮集》（增订本），邓广铭点校，中华书局1987年版，第360—361页。

④ （宋）陈亮：《陈亮集》（增订本），邓广铭点校，中华书局1987年版，第341页。

应当是"成人",做个有"推倒一世之智勇,开拓万古之心胸"的"英雄",而不是成为一个只知空谈道德性命的醇儒。

从朱、陈之辨中二人所坚持的理论基础来看,如果说朱熹理学的理论基础是"理"的话,陈亮事功之学的基本概念则是"事物",他说:"夫盈宇宙者无非物,日用之间无非事。古之帝王独明于事物之故,发言立政,顺民之心,因时之宜,处其常而不惰,遇其变而天下安之。"① 在陈亮看来,宇宙之间的万事万物是最重要的,"道"或"理"存在于具体的"事物"之中,不能脱离"事物"而独立存在,因此,帝王要想治理好国家、安民立政,必须从研究实际事物入手,务实事才能见实功。陈亮与朱熹之辨对后世影响甚广,明清之际浙江学者朱舜水十分欣赏陈亮的事功之学,他说:"仆谓治民之官与经生大异,有一分好处,则民受一分之惠,而朝廷享其功,不专在理学研穷也。晦翁先生以陈同甫为异端,恐不免过当。"② 朱舜水站在经世致用的立场,对朱熹视陈亮的事功之学为异端的做法给予了批评,也体现了陈亮事功之学在明末清初儒者中仍然有十分重要的影响。

## 五　叶适的崇义养利论

与激烈地批判理学的陈亮不同,永嘉事功派的叶适更为注重从理论上阐发事功之学,强调德性与事功的统一性,认为二者缺一不可。他说:"读书不知接统绪,虽多无益也;为文不能关教事,虽工无益也;笃行而不合于大义,虽高无益也;立志不存于忧世,虽仁无益也。"③ 叶适不赞成朱熹道统说所列的传道谱系,但他认为儒者应当知道"接统绪",从儒学的传承中把握儒学的内在精神。因此,在批判朱熹道统说时,他并不否认儒家传道谱系的存在,认为唐虞之道自尧开始,依次传至孔子,这与朱熹的道统说基本一致,他反对的是朱

---

① （宋）陈亮:《陈亮集》（增订本）,邓广铭点校,中华书局1987年版,第103页。
② （清）朱舜水:《朱舜水集》,中华书局1981年版,第386页。
③ （宋）叶适:《叶适集》,刘公纯、王孝鱼、李哲夫点校,中华书局1961年版,第607—608页。

熹将曾子、子思、孟子列入传道谱系而把儒家其他学者排除在外的做法。他说："以为曾子自传其所得之道则可，以为得孔子之道而传之，不可也。"① 叶适认为，孔子弟子众多，其所学各有所长，每位弟子所学很难说能够代表孔子之道的全部精髓，仅是孔子之道的一部分而已，朱熹道统说的错误在于把曾子作为孔子之道的唯一继承人。这样一来，叶适便否定了曾子在儒家道统谱系中"一枝独秀"的地位。总体来看，叶适对朱熹道统说的批判，并不是要彻底推翻或否定朱熹理学的道统说，也不是在儒学之外另起炉灶，创立新说，其目的是在儒学范围内为事功伦理争取一席之地，或者说是为作为儒学一脉的事功之学的合法性进行辩护。

　　叶适与永嘉薛季宣和永康陈亮的治学理路稍有不同，薛、陈二人的事功之学，多以史立论，注重从历史经验中寻找事功之学的合理性依据，在学理上难免显得"粗豪"；叶适则更加注重以经立论，通过对儒家经典的诠释，将事功思想建基于儒家经典理论的基础上，提倡经义与事功相结合，建立了更加圆融、细密的理论体系，从而一洗诸儒专言功利之弊。在《习学记言序目》中，叶适对儒家经典逐一做了细致的研究和考证，把儒家的仁义与事功结合起来，他批评董仲舒的"仁人正谊不谋利，明道不计功"之说，他认为："此语初看极好，细看全疏阔。……后世儒者行仲舒之论，既无功利，则道义者乃无用之虚语尔。"② 叶适的这一论断，体现了鲜明的事功特色，不过，这一经典表述也成为信奉朱子理学的儒者所着力批判的对象。在考察儒家经典的过程中，叶适特别重视实际事物，努力将义理与人事结合起来，认为"道"不能离开具体事物，缘"事"求"道"，才能实现儒者所追求的"圣贤经世之业"，"古诗作者，无不以一物立义，物之所在，道则在焉……非知道者不能该物，非知物者不能至道；道虽广大，理备事足，而终归之于物，不使散流，此圣贤经世之业，非习

　　① （宋）叶适：《习学记言序目》，中华书局1977年版，第188页。
　　② （宋）叶适：《习学记言序目》，中华书局1977年版，第324页。

文辞者所能知也"①。强调从实际事物的把握入手，探求经济天下的事功之业，系事功学派立论的主旨，陈亮、叶适等人的事功之学均持此论。

叶适的永嘉事功学在当时影响甚大，南宋著名学者刘宰对叶适讲学的盛况给予了生动的描述："乾道、熙淳间，东莱先生在婺，晦庵先生在建，之游者常数百人。……其后，杨慈湖在四明，叶水心在永嘉，户外之履常满。"② 可见，叶适倡导的永嘉事功之学在当时颇受士人青睐，其影响力不逊于朱熹和吕祖谦。

宋末思想家黄震对南宋思想界诸位学者做了逐一评论，他说："乾、淳间正国家一昌明之会，诸儒彬彬辈出，而说又各不同。晦翁本《大学》格物致知，经极于治国平天下，工夫细密；而象山斥其支离，直谓'心即是道'；陈同甫修皇帝王霸之学，欲前承后续，力柱乾坤，成事业，而不同纯驳；至陈傅良则又精史学，欲专汉唐制度立制之功；其余亦各纷纷，而大要不出此四者，不归朱则归陆，不陆则又二陈之归；虽精粗高下，难一律其，而皆能自白其说，皆足以使人易知。独水心混然于四者之间，总言统续，病学者之言心而不及性，似不满于陆；又以功利之说为卑，则似不满于二陈；至于朱，则忘言焉。水心岂欲集诸儒之大成者乎？"③ 黄震对叶适的地位评价甚高，在他看来，叶适之所以能够称为南宋儒学之"集大成者"，主要有两点理由：一是叶适继承了永嘉学派的事功思想，并为事功之学进行了系统论证，夯实了理论根基，使永嘉事功学获得较为完备的理论形态；二是叶适坚持"根柢六经，折衷诸子"的治学方略，从儒家经典文献出发，对朱陆两家学说进行了较为全面、系统的批判，对于倡导功利的陈亮和陈傅良的学说亦有修正。

陈亮和叶适的事功思想是在内忧外患的时局和理学空疏之风的双重刺激下形成、发展起来的，事功伦理的阐发也基本上离不开与理学

---

① （宋）叶适：《习学记言序目》，中华书局1977年版，第702页。
② （宋）刘宰：《漫塘集》卷十九，上海古籍出版社1987年版，第540—541页。
③ （宋）黄震：《慈溪黄氏日抄分类》卷六十八，光绪年慈溪冯氏耕余楼刻本。

的相互批评、辩难。尽管他们之间的相互批判有时十分严厉，朱熹斥责陈亮的事功思想为"功利之说"，对个人、国家危害甚大。但从思想实质上，陈、叶的事功伦理并未背离儒家思想的基本立场，事功学派与理学同属儒家内部不同的学术派别，对理学的批判实质上是儒学内部的自我批判。事实上，陈亮和朱熹是很好的朋友，即使是二人通过书信往来进行激烈的学术辩论时，亦没有伤及他们的友情。从叶适与朱熹思想的分歧来看，也没有势同水火，决然对立，比如朱熹十分赞赏叶适向皇帝上书荐士的做法，他说："承谕正则（叶适）自以为进，后生可畏，非虚言也。想已相见，必深得其要领，恨不得与闻一二。"① 另外，朱熹遭兵部侍郎林栗弹劾时，叶适挺身而出，为朱熹辩护，针对林栗指责朱熹本无学术，以朱熹聚徒讲学为乱，以道学为罪，叶适逐一加以批驳。可见，南宋诸儒之章尽管在学术主张上有分歧，但他们解决面临的时代问题时，都秉持了对于孔子以来儒学传统的价值共识。

事功学派在南宋兴盛一时，其倡导的事功伦理产生了广泛的学术和社会影响，但随着理学被确定为官方哲学，事功之学没能战胜理学，逐渐走向衰落。到了明代，王阳明的心学占据了学术思想的中心舞台，以致钱穆先生说："其实明代学术，只须举王守仁一人作代表，其他有光彩有力量的，也都在守仁后。"② 有明一代，阳明心学的确盛极一时，但细加分析，则发现明代学术并非仅阳明一人而已。清代编纂的《四库全书》对明代学术的发展做了概括："朱、陆二派，在宋已分。洎乎明代，宏治以前，则朱胜陆，久而患朱学之拘。正德以后，则朱、陆争诟。隆庆以后，则陆竞胜朱。又久而厌陆学之放，则仍伸朱绌陆。讲学之士，亦各随风气以投时好。"③ 可见，明代学术

---

① （宋）朱熹：《朱子全书·晦庵先生朱文公文集》，刘永翔、朱幼文校点，上海古籍出版社、安徽教育出版社 2002 年版，第 1595 页。

② 钱穆：《宋明理学概述》，九州出版社 2010 年版，第 194 页。

③ （清）纪昀等纂：《武英殿本四库全书总目》，国家图书馆出版社 2019 年版，第 27册，第 132 页。

以朱子理学和陆王心学为主流，二者的地位和关系在不同时期虽有变化，它们占据学术的中心舞台却是不争的事实。

需要指出的是，在主流的朱子学、阳明学之外，明代亦存在以王廷相、吕坤等人为代表的重视经世事功的一股思潮。韦政通指出："明代思想除了这个主流之外，还有些思想家，既不宗朱，也不宗王，甚至对二者都有批评，其中之一，即与阳明同时的王廷相（1474—1544 年），他提倡经世之学，为明末清初经世思想的先导，重'习'的思想，后来成为颜习斋实用主义的核心理论……当王学盛行的时代，还有位独立的思想家吕坤（1536—1618 年），他的思想路向类似王廷相，重视事功与经验的学习，主张气一元论，反对迷信。他的反专制思想为清初痛斥专制毒害的先声。"① 不可否认，韦政通对明代学术思想的认识比较全面、细致，特别是关于王廷相的经世之学和吕坤重视事功经验的思想对明末清初经世实学影响的分析，值得重视。

## 第三节　明末清初的经世之学到清末
## 儒者的经世实践

南宋陈亮、叶适等浙东学人倡导"务实而不务虚"的事功精神，把经术与政事结合起来，力主改革政事、抗金复土，使北宋李觏、王安石以来经世致用的学风得到恢复。到了清初，黄宗羲、王夫之、顾炎武、颜元等人继承和发扬了儒学的经世致用精神，在总结和批判宋明理学与王学末流空谈误国的潮流中，提倡经世实学，倡导学问的经世致用，儒家的事功伦理精神也随之得以重光。主张经世的诸学者各自立论，但其治学要旨，大都秉持"崇实黜虚"、追求"经世致用"，将学问与事功相结合。其实，经世思想从原始儒家开始，就成为儒学的内在精神，亦是儒家一以贯之的传统，为历代儒者实现其价值目标和道德理想的内在动力。与之前的儒学不同，明清之际的经世思潮提

①　韦政通：《中国思想史》，上海书店出版社 2003 年版，第 878 页。

倡经世致用、实学实用，从学风、学术上呈现新的特点和风尚，体现了社会变革与进步的方向，亦符合时代发展的要求。

清初经世学派思想的主要特色是经世致用，诸家学者对政治、经济、教育、习俗、学术思想等领域，无不关心，在治学宗旨上，都极力主张"学术与事功相结合"，在实践中培养能"经纬天地，立功建业"的通儒。从各家学者思想的分异来看，当时倡导经世事功思想具有代表性的有两派：一是以颜元、李塨师徒为代表的颜李学派，他们批评董仲舒以来儒者不谋利、不计功之说，主张追求事功，提出"正其谊以谋其利，明其道而计其功"的口号；二是以黄宗羲、万斯同等人为代表的浙东学派，重视史学研究，以史学为根据，而推之于当世之务为治学特色，认为学术源于经术，而后不为蹈虚，必证明于史籍，而后足以应务。本书分别撷取以黄宗羲为代表的浙东学派和以颜元、李塨为代表的颜李学派，析论明清之际事功伦理的发展概貌。

## 一 清初浙东学派的经世论

以黄宗羲等人为代表的明末清初浙东学派继承和发展了南宋浙东事功学派的事功思想，在治学宗旨上虽有所差异，但他们都十分注重"事功""经世"，秉承了浙东学术一贯的事功传统。陈训慈指出："近世浙东之学，渊源深，永嘉金华之先哲，自不无导扬先路之功。"① 可见，永嘉叶适之事功思想对清初浙东学派通经务实精神产生了重要影响。黄宗羲在评价朱熹与陈亮的王霸义利之辨时，充分肯定了事功的价值与意义，认为三代与汉唐均有事功，时代不同，事功亦有差别，不能离开具体的历史条件判断事功的优劣，由此，他不赞成朱熹以三代的是非标准评判汉唐而得出汉唐不如三代的结论。"昔朱子、陈同甫义利王霸之辨，不能归一。朱子既不能绌同甫，同甫亦终不能胜朱子。同甫所以不能胜朱子者，必欲以天理全然付于汉唐之

---

① 陈训慈：《清代浙东之史学》，《史学杂志》1931 年第 2 卷第 6 期。

君，不以汉唐之臣实之也。汉唐之君，不能如三代；汉唐之臣，未尝无三代之人物，以天理把捉天地，故能使三光五岳之气，不为庞裂，犹如盲者行路，有明者相之，则盲亦为明。朱子谓汉唐专以人欲行其间，有与天理暗合者。谓盲者为暗合则可，谓明者为暗合则不可。汉唐以下之人臣，明者无代无之，此七公者，则醇乎其醇者也。百炼之金，芒寒色正，而可谓之暗合乎？"① 黄宗羲站在事功之学的立场上批评朱熹不应将汉唐之君批驳得一无是处，认为朱、陈二人在辩论中只注意到汉唐之君的作用，没有注意到汉唐之臣的作用，从而将朱、陈论辨的重心转向了君臣关系问题。黄宗羲还充分肯定了永嘉事功之学，认为其"言之必使可行，足以开物成务"②，批评那些闭眉合眼、蒙瞳精神，以道学自居的学者，完全不知时势的变化，于世毫无所用。

黄宗羲重视和肯定事功，并未背弃儒家的道义原则，主张将仁义与事功统一起来："自仁义与事功分途，于是言仁义者陆沈泥腐，天下无可通之志；矜事功者纵横捭阖，龂舌忠孝之言：两者交讥，岂知古今无无事功之仁义，亦无不本仁义之事功。"③ 黄宗羲慨叹儒学之仁义与事功的分离甚至对立，他批评一些儒者只知倡言仁义以独善其身，全无兼济天下之志："道不能达之事功，论其学则有，适于用则无，讲一身之行为则似是，救国家之急难则非也：岂真儒哉！"④ 道德与事功实为一事，必不可分，失去事功追求的仁义，必流于空虚之论，反之，脱离仁义原则的事功，将混为功利主义。黄宗羲批评那些只重事功而不讲仁义的"矜事功者"，却不知"事功而不出于道，则机智用事而流于伪"⑤。在黄宗羲看来，道德与事功都本于儒家之"道"，正所谓："夫道一而已，修身则为道德，形于言则为艺文，见

---

① 沈善洪主编：《黄宗羲全集》，浙江古籍出版社 2005 年版，第 1 册，第 193—194 页。
② （清）黄宗羲：《宋元学案》全祖望补修，陈金生、梁运华点校，中华书局 1986 年版，第 1696 页。
③ 沈善洪主编：《黄宗羲全集》，浙江古籍出版社 2005 年版，第 10 册，第 485 页。
④ 沈善洪主编：《黄宗羲全集》，浙江古籍出版社 2005 年版，第 10 册，第 607 页。
⑤ 沈善洪主编：《黄宗羲全集》，浙江古籍出版社 2005 年版，第 10 册，第 607 页。

于用则为事功名节。"① 显然，黄宗羲在处理道德与事功的关系时要比陈亮温和许多，没有陈亮那般激烈的言辞，而是更加强调以仁义为核心的道德与事功皆由"道"派生而来，具有内在的一致性，修道于身为道德，寓道于用则为事功。

黄宗羲的弟弟黄宗炎有感于宋明儒者专注于性命之学，割裂圣人之德与行、道德与事功的关系，更加旗帜鲜明地阐发了道德与事功合一的思想。

> 上古之人，道全德备者，多为天子，次之者为相、为群后，又次为卿士、百执事；其下蚩蚩黎庶，皆奉行上焉者之教化，而莫敢异同者也。是以道德、事功，合而为一。……降及衰周，至于夫子，备圣人之德而莫能试用，始有瓠传道之叹，而道德、事功于此分矣！然其所以分者何也？亦即尧、舜、禹、汤之所行，遇夫子而不得行之学问也；使夫子而得行之，其成功、文章，更有盛于如天之治也！非云'尧舜事功之麤迹、夫子道德之精微'也；非云'平章、洽和，尧舜之事功；峻德、执中，尧舜之道德'也；非云'暮月、三年，夫子之事功；性天，夫子之道德'也。有道德者必发为事功，有事功者必本诸道德；惟释氏以入世为烦恼，止欲见性证觉，鄙夷诸色向，后儒因之，道德、事功遂判然而不可合！（《周易象辞·释乾九五》）

黄宗炎以得诸身心，谓之"德"；以错诸事功，谓之"行"，认为德与行本为一事，不可分而视之。在他看来，上古之世，居上位的统治者德行完备，教化万民，居下位的普通民众则遵从上之所教，上下一心，所以道德与事功能合而为一。周衰之后，孔子出，虽有圣人之德，可惜却没能见"用"于世。自此，道德与事功开始分离。特别是后儒仿效释氏，"以入世为烦恼"，只知见性证觉，志于性命之学，

---

①　沈善洪主编：《黄宗羲全集》，浙江古籍出版社 2005 年版，第 10 册，第 134 页。

专主"明心性、闻天道",奉为正统,又囿于门户之见,"稍有异同,不啻如寇仇"。导致道德与事功的分歧越来越大,判若两途。黄宗炎明确表达了自己道德与事功合一的思想,即"有道德者必发为事功,有事功者必本于道德"。

黄宗羲批评以空谈义理作为儒者本业的说法:"儒者之学,经天纬地。而后世乃以语录为究竟,仅附问答一二条于伊、洛门下,便侧儒者之列,假其名以欺世。治财赋者则目为聚敛,开阃扞边者则目为粗材,读书作文者则目为玩物丧志,留心政事者则目为俗吏。徒以'生民立极,天地立心,万世开太平'之阔论,钤束天下。一旦有大夫之忧,当报国之日,则蒙然张口,如坐云雾。世道以是潦倒泥腐,遂使尚论者以为立功建业别是法门,而非儒者之所与也。"① 在黄宗羲看来,儒学本质上是经世济民之学。追求事功,能够建功立业是儒学的应有之义,并非旁门左道。那些平日里只知高谈阔论,满口仁义道德而没有实际才干的儒者,在时局危急,需要他们挺身而出,扶危济困,报效国家时,却茫然不知所措。

## 二 颜元与李塨的经世实学

明末清初,以经邦济世为主旨的经世思潮蔚然而兴,以颜元和李塨师徒为代表的颜李学派以事功为首,倡导实习、实用、实学,反对重道统、讲心性的宋明理学,注重实践和经世致用,产生了广泛影响。

颜元承袭了北宋的经世思潮和南宋的事功之学,对王安石和陈亮推崇备至,对理学、心学给予激烈批判。笃信朱熹理学的张伯行认为颜元"不程朱,不陆王,其学以事功为首。……如此人者,不用则为陈同甫,用则必为王安石,是大乱天下之道也"(《正谊堂文集》卷九《论学》)。颜元尊称胡瑗为"胡子",认可胡瑗重视实事实教的思想,"秦汉以降,则著述讲论之功多而实学实教之力少。宋儒惟胡子

---

① 沈善洪主编:《黄宗羲全集》,浙江古籍出版社 2005 年版,第 10 册,第 433 页。

立经义、治事斋，虽分析已差而其事颇实矣"①。颜元还借鉴并发展了胡瑗创立的分斋教学制度，晚年在规划漳南书院时，分设文事、武备、经史、艺能、理学、贴括六斋，致力于培养具备多方面才能，能够经世致用的通儒。

对于王安石，颜元更是大加赞赏，常自称为"孔门道脉学宗之安石"②，认为"孔庙无经济之儒"③，对陈亮的事功之学，颜元引为同调，"陈同甫谓人才以用而见其能否，安坐而能者不足恃；兵食以用而见其盈虚，安坐而盈者不足恃。吾谓德性以用而见其醇驳，口笔之醇者不足恃；学问以用而见其得失，口笔之得者不足恃"④。在评价朱熹与陈亮的论辨时，他旗帜鲜明地站在陈亮一边。陈亮以推倒一世之智勇、开拓万古之心胸的英雄为理想人格，颜元亦是如此，他甚至称赞陈亮为"大圣贤""大英雄"，"如陈龙川谈'经世大略，合金、银、铜、铁为一器'，此一句最精，最真，是大圣贤、大英雄镶鏀乾坤绝顶手段，却将去与书生讲，犹与夏虫语冰矣"⑤。李塨传承颜元之学，对陈亮亦十分赞赏，尝谓："陈亮，盖世奇才也。中兴诸论，字字石画，乃不惟举朝迂儒以为狂怪，天亦促其年，宋之日颓，岂气数使然耶？"⑥ 颜元主张，真正的儒者应当"习动"而不是"习静"，只知"安坐而感动之"的儒者，无论对个人身心修养，还是对经世济民的外王事功都是有害无益。为使自己的观点更具说服力，颜元请出了孔子，他说，"孔子与三千人习而行之，以济当世，是圣人本志本功"⑦。圣人尚且如此，后世学者更应以圣人为榜样，身体力行，不能做个学通"六艺"的全才，做个"精一艺"的专才也可以，只要能落实"千百事功"，便可成就圣人理想。

① （清）颜元：《颜元集》，王星贤、张芥尘、郭征点校，中华书局1987年版，第43页。
② （清）颜元：《颜元集》，王星贤、张芥尘、郭征点校，中华书局1987年版，第313页。
③ （清）颜元：《颜元集》，王星贤、张芥尘、郭征点校，中华书局1987年版，第263页。
④ （清）颜元：《颜元集》，王星贤、张芥尘、郭征点校，中华书局1987年版，第747页。
⑤ （清）颜元：《颜元集》，王星贤、张芥尘、郭征点校，中华书局1987年版，第269页。
⑥ （清）李塨：《李塨集》，陈山榜等点校，人民出版社2014年版，第1199页。
⑦ （清）颜元：《颜元集》，王星贤、张芥尘、郭征点校，中华书局1987年版，第157页。

　　"学以事功为首"的颜元在思想旨趣上与陈亮同调，但对"事"和"物"的理解与陈亮有所不同，其事功之学以"六府""三事""三物"为核心，"六府""三事"出自《尚书·大禹谟》。"六府"指水、火、金、木、土、谷。百姓的生活日用都离不开这六者，故"六府"为养民之本。"三事"指"正德""利用"和"厚生"。"三物"指《周礼·大司徒》中的"六德"（知、仁、圣、义、忠、和）、"六行"（孝、友、睦、姻、任、恤）和"六艺"（礼、乐、射、御、书、数）。颜元以"习行经济"来实践"三事"和"三物"，"三事、三物之学可复，而诸为儒祸者自熄。故仆谓古来《诗》《书》不过习行经济之谱，但得其路径，真伪可无问也，即伪变无妨也"①。颜元认为只要能"习行"这"三事""三物"，摒弃道德仁义的空洞说教，一定能实现经世济民的事功理想，至于《尚书》和《周礼》中的"三事"和"三物"是否真实则并不重要。

　　李塨作为颜元的弟子，同样重实事，恶虚论，"《春秋》如王孙贾、祝鮀，亦能礼乐兵农之事，而无诚正修身之功，故流于杂霸。宋儒讲诚正修身之道，而阙礼乐兵农之事，故人于空虚。可知德行道艺，偏废不可也"②。李塨既关注个体的内在修养，更重视解决关系国计民生的实际问题，强调"德行道艺"不可偏废，践行有体有用之学。

　　李塨批评宋儒贬抑事功的治学倾向是对儒家思想的误读，他以董仲舒为例：

　　　　董仲舒曰："正其道不谋其利，修其理不急其功。"语具《春秋繁露》，本自可通。《班史》识易'急'为'计'，宋儒遂酷尊此一语为学术，以为事求可，功求成，则取必于智谋之末，而非天理之正。请问，行天理以孝亲，而不思得亲之欢，事上而

－－－－－－－－－－－－－－－

① （清）颜元：《颜元集》，王星贤、张芥尘、郭征点校，中华书局1987年版，第441页。
② （清）冯辰、刘调赞：《李塨年谱》，陈祖武点校，中华书局1988年版，第202页。

不欲求上之获，有是理乎？事不求可，将任其不可乎？功不求成，将任其不成乎？①

宋儒依班固所记，将董仲舒的"不急其功"改为"不计其功"，完全否定儒学原本的事功追求，李塨认为宋儒此论完全不能成立。当然，颜元与李塨重视经济事功，要旨是矫正宋明以来心性之学过分强调内圣修养工夫的偏失，他们并不否定修己之学的重要性，李塨向毛河右问乐时的一段对话以为证：

> 河右谓："颜习斋好言经济，恐于存养有缺，存心养性之功不可废也。"先生曰："颜先生省心之功甚密，每日习恭数次，所谓'居处恭'也。"②

由此可见，颜、李二人并不完全拒斥内圣修己之学，只是因强调事功经世之积极价值而不太关注存心养性之功而已。与其师颜元不重读书的治学风格不同，李塨一生著述颇丰，尤其重视从历史经验中寻求安邦济世之道。

颜元和李塨反对明心见性的玄虚学问，重视实用、实行的事功思想被梁启超称为"实践实用主义"。梁启超指出："总而言之，凡属于玄虚的学问，他无一件不反对；凡属于实验的学问，他无一件不赞成，使习斋、恕谷生在今日，一定是两位大科学家，而且是主张科学万能论者，我敢断言。"③ 颜李学派把南宋以来的事功之学具体化为"沟通中西学术"的实用之学，在清初的学术思潮中产生了重要影响，其崇尚艺能、重视事功的实践精神，在当时是十分进步的。胡适称赞这种重实事实功的经世实学体现了"时代精神"，在论及费经虞与费密父子与颜李学派的渊源关系时，他说："费氏父

---

① （清）李塨：《李塨集》，陈山榜等点校，人民出版社 2014 年版，第 694 页。
② （清）冯辰、刘调赞：《李塨年谱》，陈祖武点校，中华书局 1988 年版，第 62 页。
③ 梁启超：《中国近三百年学术史》，山西古籍出版社 2001 年版，第 124 页。

子一面提倡实事实功，开颜李学派的先声；一面尊崇汉儒，提倡古注疏的研究，开清朝二百余年'汉学'的风气，他们真不愧为时代精神的先驱者。"①

可惜的是，李塨之后，颜李学派因多种原因归于沉寂。直至20世纪初，章太炎、刘师培、梁启超、胡适等人忧心于西方列强侵略，国力衰蔽的局面，在试图从儒学传统中寻找救世良方的过程中，开始重新关注颜李学派及其经世思想，给予高度评价并赋予其现代意义。章太炎十分赞赏颜学的尚武精神，认为清末欲求国家富强的改革者们亟需用这种精神来武装自己；刘师培则认为颜元和李塨的教育思想理念十分接近近代西方列强的教育制度，值得认真研究；梁启超与胡适则认为颜、李师徒二人的思想与西方的实用主义颇为相似，可以称为西方实用主义在中国的代表。

统观明末清初的经世实学，几乎全都在批判理学过程中回归原始儒学。作为一种时代思潮或时代精神，其回归先秦儒学的意义不在于复古，而是价值重心的转换，即由"外王事功"取代"内圣成德"，成为新的价值核心。当然，实现这种转换并不意味着内圣之德与外王事功之间的对立，事实上，黄宗羲、顾炎武、王夫之、颜元、李塨等人，没有因强调事功而否认德性修养和内在反省的工夫，如颜元每日之"习恭"反省，即在道德修养上下工夫。同样，他们着力批判的对象——宋明理学诸儒也没有否定经世，放弃对外王事功的追求，其流弊在于偏向内圣的阐发而难以顾及外王层面，特别是对实用艺能和客观制度的讨论。因此可以说，明末清初的经世学者和宋明理学诸儒之间的分歧只不过是核心价值的差异，并没有超出儒家内圣外王的基本论域。

### 三　清末永嘉事功学的复兴

清末，出于救亡图存的迫切需要，以浙江学人为首的一大批知识分

---

① 胡适：《费经虞与费密》，载《胡适文存二集》卷一，外文出版社2013年版。

子把目光重新聚焦于南宋事功学派的事功思想，其中以清末民初"东瓯三先生"宋恕、陈虬和陈黻宸为代表，他们接绪南宋浙东学派的经世传统，力图重振事功之学。宋恕对永嘉之学在宋之后的衰落及孙锵鸣、孙衣言兄弟重光永嘉之学的努力进行了详细说明，试图将永嘉学派之学脉由南宋接续至清，重新光大浙东学术的经世传统和事功精神。

> 自元、明都燕，取士法陋，温复僻荒，至皇朝荒益甚。阮元督浙学，悯温之荒，殷殷诱焉而不能破。及先生与兄太仆公出，力任破荒，不惮舌敝，以科第仕宦之重动父兄子弟之听，于是温人始复知有永嘉之学，始复知有其他学派。闻先生之幼时也，与太仆公治举业，师例禁阅子史、诸集及朱、蔡等外经说。一日，兄弟从他所见《易知录》大喜。《易知录》者，史略之尤略者也。则假归私阅之，师察见，遽施扑，士皆正师……浙学故重史，而永嘉为最……及宋南徙，汴中文献之传遂移于浙，故南宋浙学虽分数派，然皆根据文献之传，绝异于闽学之虚悇。而永嘉诸先生尤能上下古今自抒伟论，故当其时，浙学诸派皆为闽党所攻，而永嘉被攻尤甚。自元灭金、宋，悉废诸科，专尊闽学……自十八房出而二十一史废，而姚江王氏之学说又颇轻史，史学危矣。及姚江黄氏复重史，万、邵、章、全诸氏继之，虽史狱屡兴，士大夫讳谈史甚，而一线史学稍藉以延……至庄、刘一派异军特起，渐入湘、蜀、岭表，其后学虽大率能陈非常之义，而末流废史虚悇之弊或几等于洛闽，而所谓史学家者则大率钞胥耳。于是海内史学几绝，而浙亦尤危于前代。先生伤废史之祸烈，慨然独寻黄、万、邵、章、全之坠绪，以永嘉往哲之旨为归。[①]

宋恕进一步指出，孙氏兄弟倡导永嘉事功之学的目的一为经世致用，救治时弊，二为"表章乡哲"，接绪永嘉文脉，振兴区域文化。

---

① 胡珠生编：《宋恕集》，中华书局 1993 年版，第 325—326 页。

宋室南渡，瓯学始盛。陈、叶诸子，心期王佐，纯乎永康，实于新安。新安师徒，外强中鄙，阳述孔、孟，阴祖商、李，媚上专权，抑制殊己。闽党横行，百家畔降，而瓯学亦几绝矣。国朝右文，鸿儒稍出。瓯僻人荒，吾师孙太仆、学士兄弟，始表章乡哲遗书，勉英绍绪，瓯学复振。①

孙衣言之所以重视永嘉事功学，是因为他认为叶适的《习学记言序目》能够为统治者治国安民提供有益的借鉴，特别是叶适"论《唐史》诸条，陈古刺今，尤有殷鉴夏后之意"②。孙衣言质疑朱熹对叶适的批评，他反问道："若务以事功为不足重，则国家安赖此臣子？且所谓'民胞物与'者，果何为者乎？"③

宋恕不只注意到永嘉之学的发展、演变，亦十分关注陈亮的事功之学，大抵也是受孙氏兄弟的影响，孙衣言在《永康县学碑记》中对陈亮大加赞赏，"陈同甫经世奇才，实产永康，其独先奋兴与学也固宜，而亦可见孔子之道，无日不在人心，而非怪诞不经之教，所得而汩没之也"④。

浙江学人陈虬毫无保留地表达了对陈亮其人其学的欣赏，认为在当时的情势下，陈亮的事功之学对于救治时弊有重要价值，"西人之强过于金，今日之祸烈于宋，观陈子之言，其亦可以鉴矣。"⑤ 他不仅尊称陈亮为"陈子"，更以陈亮为榜样，纵论时事，"已而陈时事策于山东巡抚张曜。张奇其才，礼为上宾，以为陈同甫复生"⑥。

同为浙江学者的陈黻宸亦尊崇永嘉事功之学，他在南武书院讲学

---

① 宋恕：《书陈蛰庐〈治平通议〉后》，载胡珠生编《陈虬集》，中华书局 2015 年版，第 499 页。

② 俞天舒编：《黄体芳集》，上海社会科学院出版社 2004 年版，第 151—153 页。

③ 俞天舒编：《黄体芳集》，上海社会科学院出版社 2004 年版，第 151—153 页。

④ （清）孙衣言：《逊学斋文钞》，清同治十二年刻增修本，卷二，页 14b。

⑤ 胡珠生编：《陈虬集》，中华书局 2015 年版，第 391 页。

⑥ 胡珠生编：《陈虬集》，中华书局 2015 年版，第 483 页。

时谈到黄宗羲对永嘉之学的评价，他说：

> 黄梨洲先生言：永嘉之学，教人就事上理会，步步着实，言之必使可行，足以开物成务。黄百家谓士龙考订千载，凡夫礼乐兵农莫不该通委曲，真可施之实用，非溢誉也。是时考亭之徒，拘墟于一先生之言，攻击异轨，目为功利之学，于是有永嘉喜事功之说，虽知艮斋如南轩、东莱，犹不免有疑于此，可惜也夫……夫自治以治人之道，要自吾心窈中流溢而出，无他谬巧以得之。而人或分心性事功为二派，断断致辨于其间，至千年而犹不止。呜呼！其亦未之深思也已。①

另一位浙江学人陈炽也十分推崇陈亮的事功之学，他甚至改名为"次亮"，以表达对陈亮及其事功之学的仰慕。

当然，清末倡导陈亮、叶适等人事功之学的学人并未局限于浙江籍学者，陈宝箴、谭嗣同等人亦有鲜明的事功倾向。曾国藩在同治八年（1869）写给陈宝箴的信中称赞其著作颇似陈亮和叶适的风格，"大著粗读一过，骏快激昂，有陈同甫、叶水心诸人之风"②。受永嘉事功学影响较深的另一位代表人物是维新派的谭嗣同，他不仅推重永嘉事功之学，从理论上阐发其经世致用精神，还积极地付诸行动，从湖南推行新政，到后来奉诏北上，参与戊戌变法，都可称为对事功之学的实践。贾维根据谭嗣同写给唐才常的信判断，"'永嘉之学'是谭嗣同早期经世之学的重要来源之一"③。谭嗣同不仅在学术上取法事功之学，其平民出身、性格、文风也颇似陈亮，"师友初交，往往发现嗣同身上有'龙川遗风'以致后来友人宋恕断言'嗣同夙慕陈同甫，故自名嗣同。'虽系误解，但也反映了陈亮对嗣同影响之

---

① 陈德溥编：《陈黻宸集》，中华书局1995年版，上册，第642—644页。
② 汪叔子、张求会编：《陈宝箴集》（下），中华书局2005年版，第1800页。
③ 贾维：《谭嗣同与晚清士人交往研究》，湖南大学出版社2004年版，第107页。

深"①。

实际上，谭嗣同对事功之学的态度也有过变化，王兴国指出："谭嗣同在早年就已经接触浙东学派的功利之学，只是由于其老师刘人熙的批评，才一度放弃此学。但是后来，他通过自己的实践，目睹国家危弱气象，开始怀疑刘人熙的批评，重新认识永嘉功利思想的现实价值。所以，他充分肯定唐才常的'盛称永嘉'，是与自己'同心'。正是因为谭氏对于永嘉学派的重视，所以他在《仁学自序》中将永嘉归之于墨学中的'任侠'派。"②也就是说，谭嗣同、陈宝箴等非浙江籍学者之所以接受事功之学，与宋恕等人为代表的浙江学人对永嘉事功学的阐发、传播有密切关系。除此之外，更重要的原因在于两个方面：一是事功之学本身的理论吸引力；二是当时救亡图存运动的发展迫使儒家知识分子在解决社会危机时寻找有效的理论武器。西方学者 Pu Niu 一针见血地指出了儒家事功之学在近代社会变革中扮演的重要角色。

> 谭氏的说明反映了近代中国人趋向永嘉学派的态度，正是因为面对日益败坏的社会秩序，以及不断增加来自西方世界的威胁，使改革者体认到有伦理教条处理社会危机所产生的失衡与无力感。因而，部分二十世纪的中国人开始尝试提倡叶适和永嘉学派的思想来解决他们的社会问题，并且创造有利的舆论和环境，以叶适和永嘉学派的名义提供社会改革和政治诉求。③

统观儒家事功伦理思想的发展脉络，可以看出，儒家事功之学无论以什么理论形态出现，其兴衰转换总离不开社会形势的激荡。每当

---

① 贾维：《谭嗣同与晚清士人交往研究》，湖南大学出版社2004年版，第108页。
② 王兴国：《略论近代湖湘文化的经世致用特点》，《湖南大学学报》（社会科学版）2004年第6期。
③ Niu，Pu，*Confucian statecraft in Song China：Ye Shi and the Yongjia school*，Ph. D. Dissertation，Arizona State University，1998，pp. 14 - 15.

国家、民族陷于生死存亡的危急关头，事功思想便应时而起。反之，在社会秩序相对稳定的太平盛世，事功学派的思想便会陷入沉寂，讲求心性修养的儒者便大行其道。在一定意义上，儒家心性与事功两派之间的张力始终存在并推动着儒学的发展。

从儒家事功伦理的演进过程来看，始终与德性伦理交织在一起，尽管二者经常相互批评、辩难，但其始终没有脱离儒学一体的范围。在与德性伦理的分歧中，也可以看出儒家事功伦理的基本特点。一是具有强烈的现实品性，事功学者大都没有沉迷于书斋，而是着眼现实，发扬儒学关注现实、经世致用的传统，致力于社会生活中经济、政治问题的解决。二是学理较为粗疏。由于事功学者大都将主要精力用于经济、政治、军事等现实问题的解决，对理论体系建构不感兴趣或无暇进行思辨性的学理研究，故而其理论体系显得不够精致、完备，朱熹就曾批评事功之学"大不成学问"。当然，所谓的"粗豪"也是相对而言的，认为它不成学问，亦是不恰当的，更不能将其庸俗地理解为毫无理论含量、追功逐利的时务策论。相反，事功伦理的理论贡献和淑世情怀对于思考儒家伦理的现代转化和现实社会的道德建设都有十分重要的意义。

# 第三章

# 儒家事功伦理的主要内容

重视经世事功的儒家学者并没有形成传承一贯、组织严密的学术团体，他们的思想主张也存在许多差异，故而事功伦理不是一个严整的伦理思想体系，只是在与德性伦理相对的意义上，在与心性之学相辩难的过程中，将之作为一种理论形态，加以提炼、概括，以期较为准确地理解儒家伦理的理论特质和内在精神。①

## 第一节 性不离物的自然人性论

人性论是中国传统伦理思想史的重要问题之一，对人性的看法直接影响伦理体系的建构方向。孔子并未对人性进行深入讨论，只是说"性相近也，习相远也"（《论语·阳货》）；孟子首倡性善论，后世儒家大都受孟子的影响，无论是汉儒董仲舒的性三品说，还是宋明理学家的性善情恶论，大体都肯定人性中存在善的成分。在这一意义上说，性善论成为儒家学者人性论思想的基调。

荀子批评孟子的性善论，提出人性趋恶论，在兼取诸家学术之长

---

① 注：德性论与功利论、德性与规则往往作为相互对应的概念范畴。将德性与事功相对是否恰当，也是可以讨论的。笔者认为，从儒学内圣外王之道的宗旨，以及经世事功学派对心性之学的批评来看，德性伦理可以与事功伦理相对，但是，这种相对并不是绝对的，二者只是儒家伦理一体之两面，为了研究的需要，同时也更好地彰显儒家伦理的内在精神及其存在的张力，故做此分。

的基础上，一反由内圣而外王的荀子，转向由外王成就内圣的进路，以"礼"为核心阐发儒家的仁政理想。与孟子的内圣之学相比，荀子治学更加重视外王事功，具有鲜明的现实主义特色，荀子亦因此被以心性之学为宗的后儒严厉批判。韩愈"大醇而小疵"的批评算是十分客气的了，朱熹更加直截了当地将荀子踢出儒家之列"荀卿则全是申韩"①。尽管如此，荀学并未因此衰绝，后世重视经世事功的儒者，对荀子之学多有继承、发展。《四库全书总目》对荀子在儒学中的地位给予了高度评价，认为荀子之学源出孔门，在诸子之中最为"近正"。

### 一　性不离物，性形一体

在人性论问题上，事功派学者大都坚持了唯物主义的基本立场，反对先验的人性论，立足于现实，从具体事物和人的感官欲望出发，强调性与形体、事物的统一关系。

陈亮对孟子"万物皆备于我"的命题做了全新的阐发，提出"身外无事""性外无物"。孟子所谓"万物皆备于我"，是指"心"而言，万事万物皆先验地存在于我的"心"中，故探明事物之理，无暇外求，只需发明"本心"即可。陈亮则把"我"理解为"身"与"心"的统一体，他说："万物皆备于我，而一人之身，百工之所为具，天下岂有身外之事，而性外之物哉！"②陈亮视性、物为一体，反对离物言性。比如，人的形体生而便有七窍、四肢，但这些不足以维持人的生存，还需要饮食、衣物、房屋等，这些物质看似外在于人，但对于人的生存而言，是内在需要，如果"有一不具，则人道为有阙，是举吾身而弃之也"③。所以，在某种意义上，饮食、衣服、房屋等不能完全称为外物，只有将这些统一于心、性之中，才是完整的"人道"。

---

①　（宋）黎靖德编：《朱子语类》，王星贤点校，中华书局1986年版，第3255页。

②　（宋）陈亮：《陈亮集》（增订本），邓广铭点校，中华书局1987年版，第44页。

③　（宋）陈亮：《陈亮集》（增订本），邓广铭点校，中华书局1987年版，第44页。

陈亮以"衣则成人，水则成田"来比喻性与物的关系，他认为人需要穿衣，田需要水，如果人不穿衣服，便与鸟兽无异，不能称为人；如果田里没水，便不能称为田。心性之学舍物而言性的做法无异于无衣之人、无水之田，十分荒谬。陈亮此喻坚持了唯物主义的基本立场，强调性不离物，是合理的，有一定的积极意义。但是过于强调性与物的一体关系而忽略了二者之间的本质区别，正如"衣则成人"之喻，恐怕很难说服理学诸儒。

陈亮批评心性之学舍外物而求内在之心、性的做法，认为这"是教人以反本，而非本末俱举之论也"①。陈亮并不完全否定心性之学的"反本"之论，只是认为其失之于偏，只重视涵养心性的"反本"工夫，忽略了探求具体事物的"举末"。当然，陈亮亦不同意心性之学以心为本、以事为末的看法，而是主张心性与事物有内外之异，但无本末重轻之别，坚持"本末俱举"才是圣人之道。

明末清初的颜元亦阐发了具有唯物主义色彩的人性论。他根据"性"的字形结构，对性做了唯物主义的解释，"'性'字从'生心'，正指人生以后而言"②。性不是先验的，而后天的，是"人生以后"，具备了生命有肌体之后才具有的。换句话说，性寓于"身"之中，不能舍形体而言性。颜元进一步阐述了形、性一体的观点，他说："形，性之形也；性，形之性也，舍形则无性矣，舍性亦无形矣。失性者据形求之，尽性者于形尽之。贼其形则贼其性矣。"③ 颜元形体与人性相即不离的观点是对宋明理学先验人性论的有效批判，借此把理学家从形体、事物中分离出来并赋予形而上学意义的人性，重新安置在形体、事物之中，改变了宋明理学尽心知性的致思路向，倡导人们在世俗生活中通过"践形"来"尽性"。

颜元还论述了性与物的关系。《诗经》有言："天生烝民，有物有则，民之秉彝，好是懿德。"（《诗·大雅·烝民》）颜元引用孔子

---

① （宋）陈亮：《陈亮集》（增订本），邓广铭点校，中华书局1987年版，第44页。
② （清）颜元：《颜元集》，王星贤、张芥尘、郭征点校，中华书局1987年版，第6页。
③ （清）颜元：《颜元集》，王星贤、张芥尘、郭征点校，中华书局1987年版，第128页。

对此语的评价来论证其"性不离物"的主张："孔子曰：'为此诗者，其知道乎！有物必有则；民之秉彝也，故好是懿德。'详《诗》与子言，物则非性而何?"① 颜元没有离开具体事物去探求人性，而是将性理解为"物之则"，即事物的内在规律或法则。

### 二　人性自然，本无善恶

从先秦开始，以善恶论人性成为儒家人性论的主要基调。无论是性善论、性恶论、性三品说，还是宋儒论天地之性与气质之性，大都赋予人性以道德色彩。然而，在儒家事功派阵营中，学者大都不喜以善恶论性，而是强调人的自然本性，主张自然人性论。

荀子的人性论与孟子不同调，故而常被误读为"性恶论"。荀子指出："今人之性，生而有好利焉，顺是，故争夺生，而辞让亡焉；生而有疾恶焉，顺是，故残贼生，而忠信亡焉；生而有耳目之欲，有好声色焉，顺是，故淫乱生，而礼义文理亡焉；然则纵人之性，顺人之情，必出于争夺，合于犯分乱理，而归于暴。"（《荀子·性恶》）荀子认为人的本性好利，追求耳目之欲，如果"纵人之性，顺人之情"而不加以节制，必然导致不道德的行为，故此他说："人之性恶，明矣。"（《荀子·性恶》）后儒对荀子的批评也大抵由此而起。其实，荀子并没有对人与生俱来的本性做出"恶"的认定，所谓"性恶"，指自然人性如果不加节制便容易流于恶，而非人性"本恶"，荀子对性做了明确的界定，他说："凡性者，天之就也，不可学，不可事。"（《荀子·性恶》）性是天生本有的，无所谓善恶，具备不可"学"、不可"事"的自然属性，就像树木的曲直一样，是"本始材朴"，系自然生成的结果，非人为所致，他在《正名》篇中指出，"不事而自然者谓之性"（《荀子·正名》）。由此可见，荀子的人性论实质上是自然人性论或人性趋恶论。

后世事功派儒者在人性论上未必全盘接受荀子之说，但他们大都

① （清）颜元：《颜元集》，王星贤、张芥尘、郭征点校，中华书局1987年版，第14页。

反对把人性奠基于人内在的善端上，而是认可人的自然情欲的合理性，主张对合理的情欲予以满足，对超出一定限度的利欲追求加以节制。简言之，从孟子和荀子人性论的差异来看，事功派学者的人性论更接近于荀子，具有自然人性论的倾向。

王安石与陈亮、叶适等人的人性论颇为相似，他们都既不赞成孟子的性善论，也不完全同意荀子的人性论，而是远绍孔子，不言性之善恶，特别强调"习"的作用。王安石明确指出：

> 孔子曰："性相近也，习相远也。"吾是以与孔子也。韩子之言性也，吾不有取焉。然则孔子所谓"中人以上可以语上，中人以下不可以语上，惟上智与下愚不移"，何说也？曰：习于善而已矣，所谓上智者；习于恶而已矣，所谓下愚者；一习于善，一习于恶，所谓中人者。上智也、下愚也、中人也，其卒也命之而已矣。有人于此，未始为不善也，谓之上智可也；其卒也去而为不善，然后谓之中人可也。有人于此，未始为善也，谓之下愚可也；其卒也去而为善，然后谓之中人可也。惟其不移，然后谓之下愚，皆于其卒也命之，夫非生而不可移也。[①]

王安石赞同孔子"性近习远"的说法，认为人性本初并无善恶且差别不大，只是因后天的个人修习和风俗的熏染不同，才有了善恶的分别。他对孔子的上智与下愚思想进行了重新解释：上智与下愚并不是先天就有的差别，而是后天习染不同所致，习善则为善，即为上智；习恶为恶，则为下愚；一时习善，一时习恶，则为中人。所谓"上智与下愚不移"，不是指人的本性一成不变，而是指习善与习恶的结果不可改变，即习善不会成为下愚，习恶不会成为上智。王安石的这一解释充分强调了人在为善去恶过程中的主观能动性以及环境习染的影

---

① （宋）王安石：《王安石全集》，秦克、巩军标点，上海古籍出版社 1999 年版，第 236—237 页。

响，继承和发展了孔子的人性论，尽管他十分推崇孟子，但在人性论问题上，其思想实质与荀子的"化性起伪说"更为接近。

叶适也对孟子和荀子的人性论提出了质疑，试图从孔子那里寻找人性论的理论依据。他说："余尝疑汤'若有恒性'，伊尹'习于性成'，孔子'性近习远'，乃言性之正，非止善字所能弘通。"① 叶适看来，人性本来并无善恶，只有所谓"恒性"，意即人之常性或人的自然本性。他赞成伊尹"习于性成"和孔子"性近习远"的说法，强调后天之"习"对人性形成和发展的重要作用，这一点与王安石甚为同调。当然，叶适对孟子和荀子的人性论也没有完全否定，"孟子'性善'，荀卿'性恶'，皆切物理，皆关世教，未易重轻也。夫知其为善，则固损夫恶矣；知其为恶，则固进夫善矣。然而知其为恶而后进夫善以至于圣人，故能起伪以化性，使之终于为善而不为恶，则是圣人者，其性亦未尝善欤？……古人固不以善恶论性也，而所以至于圣人者，则必有道矣"②。叶适对孟、荀人性论的评价十分中肯：站在道德教化的立场，人性之善恶，仅是一个理论预设，并没有"重轻"之分，在道德实践中都要求为善去恶，以人性为善，是教人守善而不为恶；以人性为恶，则教人化性起伪，弃恶扬善。前者是孟子的逻辑，后者是荀子的思路。

在叶适看来，人性是天赋的、自然的，先天并无善恶之分，孟、荀的人性论都对人性做了道德预设，是一种先验的道德本体论，是对孔子"性近习远说"的误读。如果退求其次，那么，孟、荀二人谁的路线更接近成圣之道呢？叶适似乎更加倾向于荀子"化性起伪"的路线，强调"习"的作用，立足实践，将成圣的途径置于现实生活中，这也体现了他重视实际，不喜空谈的事功立场。

陈亮从人的自然需求讨论人性，反对以道德论人性，他把批评的矛头指向了孟子的性善论，"耳之于声也，目之于色也，鼻之于臭也，

---

① （宋）叶适：《习学记言序目》，中华书局1977年版，第206页。
② （宋）叶适：《习学记言序目》，中华书局1977年版，第653页。

口之于味也，四肢之于安逸也，性也，有命焉。出于性，则人之所同欲也；委于命，则必有制之者而不可违也"①。陈亮并未对孟子妄加批判，而是引用《孟子·尽心下》前半段的观点来阐述他的人性主张，认为人体的各个感官对于声、色、味等方面的需求都是自然的、合理的，是人的本性使然，并非恶。《孟子·尽心下》的后半段论述了仁、义、礼、智、信也是人的本性，陈亮却略去不谈。取舍之间，其自然人性论的立场表露无遗。

颜元批判程朱理学将人性分为天地之性和气质之性的人性二元论，主张气质即性的人性一元论。首先，颜元认为程朱理学的人性二元论受佛教和道教的影响，脱离人的形体而谈论所谓形而上的"天地之性"是毫无意义的，他认为不能离开人的形体谈性，"舍形则无性矣，舍性亦无形矣"②。其次，颜元批评了程朱理学视"气质之性"为恶的观点。他指出："不知耳目、口鼻、手足、五脏、六腑、筋骨、血肉、毛发俱秀且备者，人之质也，虽蠢，犹异于物也；呼吸充周荣润，运用乎五官百骸粹且灵者，人之气也，虽蠢，犹异于物也；故曰'人为万物之灵'，故曰'人皆可以为尧、舜'。其灵而能为者，即气质也。非气质无以为性，非气质无以见性也。"③ 在颜元看来，"气质"存在于人的形体之中，具有自然属性，本无所谓善恶，程朱理学赋予"气质之性"以恶的性质，并与天地之性对立起来，是十分荒谬的。就此而言，颜元的气质即性无恶论也具有自然人性论的色彩。

在否定程朱理学人性二元论的基础上，颜元认为孔子"性近习远"之说才是正论。

性之相近如真金，轻重多寡虽不同，其为金俱相若也。惟其有差等，故不曰"同"；惟其同一善，故曰"近"。将天下圣贤、豪杰、常人不一之恣性，皆于"性相近"一言包括，故曰"人

---

① （宋）陈亮：《陈亮集》（增订本），邓广铭点校，中华书局1987年版，第42页。
② （清）颜元：《颜元集》，王星贤、张芥尘、郭征点校，中华书局1987年版，第128页。
③ （清）颜元：《颜元集》，王星贤、张芥尘、郭征点校，中华书局1987年版，第15页。

皆可以为尧、舜"；将世人引蔽习染、好色好货以至弑君弑父无穷之罪恶，皆于"习相远"一句定案。①

需要指出的是，颜元推崇孔子"性近习远说"，强调气质之性的自然属性等思想与宋代王安石、叶适等人是一致的。但在对待孟子性善论的问题上却有所不同，颜元并没有像其他事功派学者那样，批评孟子的性善论，而是认为在人性论问题上，"孔、孟之旨一也"②。将孔子所言"性相近"解释为"近"于善，即圣贤、豪杰和常人的人性有差等之异，但都近于善。

### 三　达情遂欲，以礼节之

荀子肯定人的情欲具有自然属性，"目好色，耳好声，口好味，心好利，骨体肤理好愉佚，是皆生于人之情性者也，感而自然，不待事而后生之者也"（《荀子·性恶》）。荀子视"情"为感应外物而后形成的情绪，其内容包括"好恶喜怒哀乐"，欲望是"情之应"，是行为发动的内在驱动力。情、欲是"人之所生而有也，是无待而自然者也"（《荀子·荣辱》）。每个人的情欲大体相同，即使是禹、桀也不例外。尽管荀子不否定情、欲存在的合理性，他认为如果情欲不加以节制，便会沦为恶，"故必将有师法之化，礼义之道，然后出于辞让，合于文理，而归于治"（《荀子·性恶》）。荀子认为每个人与生俱来便有"好利""疾恶""耳目之欲"，如果"顺是"，任其发展，便会生出祸乱，所以他提出"以礼节之"，强调礼对人性、情欲的节制和约束。

李觏将人性分为三品："上智""下愚"和"中人"，既不同于孟子的性善论，也有别于荀子的人性论。但是，在肯定人自然情欲的合理性方面，他与荀子是一致的。

---

① （清）颜元：《颜元集》，王星贤、张芥尘、郭征点校，中华书局1987年版，第7页。
② （清）颜元：《颜元集》，王星贤、张芥尘、郭征点校，中华书局1987年版，第7页。

人之始生，饥渴存乎内，寒暑交乎外，饥渴寒暑，生民之大患也。食草木之实、鸟兽之肉，茹其毛而饮其血，不足以养口腹也。被发衣皮，不足以称肌体也。圣王有作，于是因土地之宜，以殖百谷；因水火之利，以为炮燔烹炙。治其犬豕牛羊及酱酒醴酏，以为饮食；艺麻为布，缫丝为帛，以为衣服。①

李觏从历史的视角审视了人的各种欲望和礼的起源，认为人生来便有衣食住行等多方面的欲望，圣人根据人的欲望需求，制定礼仪制度，使人的欲望得到满足，从而达到"天下大和"的目标。李觏极大地丰富了"礼"的内容，把仁、义、礼、智、信等道德内容以及乐、政、刑等制度设计全部包括在内，在"一于礼"的基础上，提出"礼之初，顺人之性欲而为之节文者也"的命题，强调"礼顺人情"，解除了"礼"和"欲"的矛盾冲突，这一点与荀子有所不同。荀子强调用"礼"来节制情欲，存在"礼""欲"对立的倾向，李觏则更看重"礼"对于情欲的顺从而不是约束。

王安石主张性情一体，情出于性，性内而情外，他说："性情一也。世有论者曰'性善情恶'，是徒识性情之名而不知性情之实也。喜、怒、哀、乐、好、恶、欲未发于外而存于心，性也；喜、怒、哀、乐、好、恶、欲发于外而见于行，情也。性者情之本，情者性之用，故吾曰性情一也。"②情虽本于性，性无善恶，情却有善有恶。当情与外物相接时，"当于理"则为圣贤，"不当于理"则为小人。也就是说，判断情之善恶需注意两点：一是情本身并不能以善恶论，与外物相接时，才有善恶之分；二是情之善恶的判断标准是理，合于理则为善，不合于理则为恶。

陈亮基于自然人性论的立场，强调对感官需要满足的合理性，他说："富贵尊荣，则耳目口鼻之与肢体皆得其欲；危亡困辱则反是。

---

① （宋）李觏：《李觏集》，王国轩校点，中华书局1981年版，第6页。
② （宋）王安石：《王安石全集》，秦克、巩军标点，上海古籍出版社1999年版，第234页。

故天下不得自徇其欲也，一切惟君长之为听。君长非能自制其柄也，因其欲恶而为之节而已。叙五典，秩五礼，以与天下共之。"① 陈亮也看到过分追求欲望的满足带来的危害，如果人人"自徇其欲"，就必然导致危亡困辱，因此必须依靠"君长"，通过"叙五典，秩五礼"，对欲望进行适当的节制。在节欲的同时，为防止人们陷入利欲之争，陈亮还特别注重人我分界。他说："人生不能无欲，有欲不能不争，苟在我有自安之分，则在人无不尽之情。"② "节性""节欲"的主张是荀子人性论的必然要求，注重礼制，明分使群也是荀子的主要思想。陈亮以礼节欲，注重人我之分的主张与荀子基本相同，具有明显的"荀派色彩"③，表现出注重外王事功倾向，与孟子的尽心、尽性以知天的内圣之路相去甚远。

　　颜元批评朱熹视人欲为恶的人性论，对人的欲望给予了充分肯定，甚至称男女两性之欲为"真情之至"。他说："禽有雌雄，兽有牝牡，昆虫蝇蠓亦有阴阳。岂人为万物之灵而独无情乎？故男女者，人之大欲也，亦人之真情至性也。"④ 颜元的这一主张在当时无疑是十分大胆和前卫的。从孟子开始强调"男女授受不亲"，到宋明理学大讲"饿死事极小，失节事极大"⑤，男女两性关系在许多儒家学者那里被视为"大防"，不能越雷池一步。颜元对两性欲望合理性的肯定，反映了明末清初人们对世俗生活的重视以及启蒙思想的发展，对冲破理学道德禁欲主义的藩篱有十分积极的意义。

## 第二节　缘事求道的德功统一论

　　道是中国哲学的重要范畴之一，其原始含义为"道路"，《说文

---

①　（宋）陈亮：《陈亮集》（增订本），邓广铭点校，中华书局1987年版，第42页。
②　（宋）陈亮：《陈亮集》（增订本），邓广铭点校，中华书局1987年版，第445页。
③　吴春山：《陈同甫的思想》，台北：精华印书馆股份有限公司1971年版，第57—58页。
④　（清）颜元：《颜元集》，王星贤、张芥尘、郭征点校，中华书局1987年版，第124页。
⑤　（宋）程颢、程颐：《二程集》，王孝鱼点校，中华书局2004年版，第301页。

解字》将道解释为"所行道也,从辵首。一达谓之道"。先秦典籍中多次出现"道"字,大都是其原始义——"道路",如《易》中的"履道坦坦"。春秋时期,道的含义发生了变化,引申为规律、准则之义,开始具有哲学和道德意义,也开始出现天道、人道的区分。比如:"天道远,人道迩,非所及也,何以知之?"(《左传·昭公十八年》)《易》将道与器对称,作为一对哲学概念范畴,所谓"形而上者谓之道,形而下者谓之器"(《周易·系辞传》)。道作为无形的宇宙万物存在、发展的最高法则,是对有形事物的抽象,具有哲学本体的意义;器则指世间形形色色的具体事物。后世儒家学者对道器关系的论述大都以此为据,所不同的是,先秦儒家对道器关系的讨论不多,直到宋代儒学复兴运动,以二程、朱熹为代表的一大批儒者在建构儒学形而上学体系时,对道、器、理、气、心等概念范畴及其关系进行了深入的阐述。

在宋儒学术语境中,道与理、器与气在内涵上并没有实质区别,常常混用,钱穆先生指出:"朱子论道与器,实与其论理与气者同条同贯,其间更无区别。"① 不过,他们更喜欢使用理、气这对概念范畴。朱熹对理气关系的认识源自《易经》对道、器的界定,他把理等同为道,器等同为气。形而上之理是化生万物的根本,形而下之气则是事物的具体表现形式。理与气有形而上与形而下之分,虽呈对立关系,亦存在密切联系,"器亦道,道亦器,有分别而不相离也"②。不过,在致思路径上,朱熹并不同意由器及道,由气及理,而是强调理(天理)在理气关系中的主导地位,反映在价值领域,理便具有至高无上的地位,是最高的价值标准,所以教人"存天理,灭人欲"。事功学派学者大都认同"道赖器以存"的观点,在批判心性之学的过程中阐发了道(理)在事中,因事作则,缘事求道(理)的理事观,为德性与事功统一论确立了理论依据。

---

① 钱穆:《朱子新学案》,巴蜀书社 1986 年版,第 291—292 页。
② (宋)黎靖德编:《朱子语类》,王星贤点校,中华书局 1986 年版,第 1935 页。

## 一　道在事中

德性伦理和事功伦理都没有完全割裂道德与事功的关系，前者从先验的道（理）出发，以道论事，明理以知事；后者着眼于现实生活中的实物、实事，因事作则，缘事求道，实现道德与事功的统一。尽管事功派学者关注的焦点是现实问题，对于形而上的理论问题兴趣不大，但是，出于批判以形而上学建构见长的理学的需要，事功学者也或多或少地论及形而上层面的道、理等范畴，进而厘清与形而下层面的器、事、物等之间关系，为事功伦理思想体系奠定了哲学基础。

事功派学者大都主张道在事中，二者相即不离。南宋事功学派的陈亮在研究儒家经典及与朋友的书信往来中阐述了"道不离事"的思想，他说："夫盈宇宙者无非物，日用之间无非事。"[1] 作为宇宙万物存在规律的道就寓于这些具体事物之中，道"非出于形气之表，而常行于事物之间者也。……天下固无道外之事也"[2]。陈亮所指称的"道"，一般有两种含义：一是与器相对的形而上学意义上的道；一是价值意义上的道，实质是儒家的伦理纲常。在讨论与事的关系时，陈亮所指的"道"，基本是形而上学意义上的道。

永嘉学派的薛季宣、陈傅良和叶适亦表达了道不离器（物）的观点。

　　上形下形曰道曰器，道无形埒，舍器将安适哉！且道非器可名，然不远物，则常存乎形器之内。昧者离器于道，以为非道遗之，非但不能知器，亦不知道矣。[3]

　　"形而上者谓之道，形而下者谓之器。"器便有道，不是两样，须是识礼乐法度皆是道理。[4]

---

① （宋）陈亮：《陈亮集》（增订本），邓广铭点校，中华书局1987年版，第103页。
② （宋）陈亮：《陈亮集》（增订本），邓广铭点校，中华书局1987年版，第100页。
③ （宋）薛季宣：《薛季宣集》，上海社会科学院出版社2003年版，第298页。
④ （宋）黎靖德编：《朱子语类》，王星贤点校，中华书局1986年版，第2896页。

按古诗作者，无不以一物立义，物之所在，道则在焉，物有止，道无止也，非知道者不能该物，非知物者不能至道；道虽广大，理备事足，而终归之于物，不使散流，此圣贤经世之业，非习为文词者所能知也。①

陈亮与薛、陈、叶三位永嘉事功派学者的道器观，都坚持了唯物主义的基本立场。不同在于，陈傅良对器（物）的理解，更侧重于制度层面，即道存在于"礼乐法度"之中，其他三人则从一般意义上讲论道与物的关系，"物之所在，道则在焉"更是成为事功派学者道器观的经典概括。叶适进一步分析了理与物的关系，他说："夫形于天地之间者，物也；皆一而有不同者，物之情也；因其不同而听之，不失其所以一者，物之理也；坚凝纷错，逃遁谲伏，无不释然而解，油然而遇者，由其理之不可乱也。"② 叶适认为天地间的具体事物虽然形态各异，但存在的依据理却只有一个。换句话说，理与物是一与多的关系，万物存在之理只能存在于多样性的物中。这一观点有些类似朱熹理学的"理一分殊"之说，不同在于：理在朱熹的理学体系中居于本体地位，物只是理的表现形式；叶适则强调物是实存，理为物之理，不能舍物而言理。

陈亮在批评理学时，对"理一分殊"的命题做了新的解释，他说："尝试观诸其身，耳目鼻口，肢体脉络，森然有成列而不乱，定其分于一体也。一处有阙，岂惟失其用，而体固不完矣。是'理一而分殊'之说也。"③ 陈亮以身体为喻，以体用关系解读"理一分殊"。人的身体作为一个整体，是为"理一"，身体各个部分的器官有不同的用途，是为"分殊"。陈亮对理物关系的这一解释与朱熹大为不同，主要体现在两个方面：一方面，朱熹以理为本，陈亮以物为本；

---

① （宋）叶适：《习学记言序目》，中华书局1977年版，第702页。

② （宋）叶适：《叶适集》，刘公纯、王孝鱼、李哲夫点校，中华书局1961年版，第699页。

③ （宋）陈亮：《陈亮集》（增订本），邓广铭点校，中华书局1987年版，第260页。

另一方面朱熹视理与物为一般和特殊的关系，陈亮则理解为整体和部分的关系。不论陈亮以身体喻理是否恰当，他和叶适从形而下层面的具体事物着眼，力图消解理学家赋予理的形而上学意义的努力方向是一致的。

明末清初的颜元、李塨继承了南宋事功学派对理学道器观的批判，以事为核心概念，批评理学只见"天理"不见"人事"的观点，试图打破理学家围绕"天理"精心建造的形而上学体系，将悬置于具体事物之上的理重新拉回人间，置于具体事物之中，为缘事以求理的"习行观"确立理论前提。由于时代不同，学术语境不同，颜、李二人较少使用道、器、物的概念，多用理、事的概念。颜元对理学的核心概念——理的内涵做了唯物主义的解释，他说："理者，木中纹理也。其中原有条理，故谚云顺条顺理。"① 理的原义是树木中的纹理，引申为事物的条理、规律等。颜元认为，理内在于事之中，不能分离，"见理已明而不能处事者多矣，有宋诸先生便谓还是见理不明，只教人明理。孔子则只教人习事，迨见理于事，则已彻上彻下矣。此孔子之学与程、朱之学所由分也"②。宋儒朱熹赋予理以宇宙万物本体的地位，形而上之"天理"与形而下之具体事物之间的关系便是"理一分殊"，朱熹以月印万川来比喻，认为万事万物"分有"了"天理"，故而在认识事物时，只要通晓了"天理"，事事物物便了然于胸。颜元批评朱熹颠倒了理与事的关系，只教人"从源头上体认"，强以明理却昧于事物，完全违背了孔子"下学而上达"之道。

颜元以学琴为例，阐述了"由事达理"的过程，"亦譬之学琴然：歌得其调，抚娴其指，弦求中音，徽求中节，声求协律，是谓之学琴矣，未为习琴也。手随心，音随手，清浊、疾徐有常规，鼓有常功，奏有常乐，是之谓习琴矣，未为能琴也。弦器可手制也，音律可

① （清）颜元：《颜元集》，王星贤、张芥尘、郭征点校，中华书局1987年版，第246页。
② （清）颜元：《颜元集》，王星贤、张芥尘、郭征点校，中华书局1987年版，第71页。

耳审也，诗歌惟其所欲也，心与手忘，手与弦忘，私欲不作于心，太和常在于室，感应阴阳，化物达天，于是乎命之曰能琴"①。颜元将"穷理"的过程分为三个阶段：初始阶段为"学"，如学琴只能做到"中音""中节"；第二个阶段是"习"，如习琴可以达到信手弹奏，清浊、疾徐恰当；最高的阶段谓之"能"，能琴则可以达到随心所欲、人琴合一的境界。据此喻可见，颜元把"穷理"理解为由低到高、循序渐进的过程，从具体事物出发，依靠勤"习"、实"行"，最终把握事物之理。

李塨也批评朱熹过于注重理的形而上学内涵而脱离具体事物的做法。

> 朱子云："洒扫应对之事，其然也，形而下者也。洒扫应对之理，所以然也，形而上者也。"夫事有条理曰理，即在事中，今曰理在事上，是理别为一物矣。理，虚字也，可为物乎？天事曰天理，人事曰人理，物事曰物理。《诗》曰"有物有则"，离事物何所为理乎？且圣道只在"其然"，故曰"无党无偏，王道平平"，道学专重"所以然"。②

李塨在理事关系上坚持了唯物主义的基本立场，他引《诗经》"有物有则"为据，认为客观事物得以存在的"则""理"不能脱离具体事物而独立存在，因为事有"天事""人事""物事"之分，故而"理"亦有"天理""人理"和"物理"之别。理学的错误在于把存在于事中之理抽离出来，赋予其形而上的意义，将二者对立起来，使原本具有实际内容的"理"成为一个"虚字"，甚至以虚无之"理"否定客观实在之"物"。

---

① （清）颜元：《颜元集》，王星贤、张芥尘、郭征点校，中华书局1987年版，第78—79页。

② （清）李塨：《李塨集》，陈山榜等点校，人民出版社2014年版，第707页。

## 二　德功统一

孔子之学重视德性，亦肯定事功，二者并存无碍。孔子之后，儒学的分化及多种因素导致了以德性修养为旨归的心性之学成为儒学之主流。自隋唐始，儒释道"三教合一"的潮流中，儒家学者援佛、道入儒，加强了对儒学，特别是心性之学的形而上学论证，使儒学的理论体系更加精致、圆融、完备，与此同时，其空疏之风也日益显露。

北宋时期，心性之学与经世事功之间的分离、对立还未完全暴露，儒者大都试图兼顾二者，当时在学术和政治上有重大影响的王安石亦强调内圣与外王并重，中国台湾学人夏长朴评价说："王安石是汉唐儒学与宋明儒学之间的过渡人物……宋明学者看重孔孟子，注重内心修养，偏于内圣工夫的特征，在王安石的言论、著作中随处可见。同样，汉、唐儒者看重经学，通经务在致用，偏重外王事功的色彩，不仅在王安石的著作中随处可见，也在王安石主持的熙宁变法中表露无遗。王氏之学的特色是既重视心性修养，也强调有为致用，将心性之学落实在事功上，既重视道德，又重视事业，充分表现儒家积极有为的传统。上承韩愈、李翱、范仲淹、李觏，下开二程，这是王安石在北宋儒学上的地位。"① 王安石变法失败后，其倡导的新学也开始衰落，心性之学日益壮大。在这一背景之下，事功之学基于时势的激荡，开启了儒学的自我纠偏功能，着力批判宋明理学日益空疏的流弊，以务实事、求实功为宗旨，逐渐建立起较为完整的理论体系，并走出心性之学的遮蔽，获得相对独立的理论形态，较为清晰地呈现与心性之学分离甚至对立的态势，这一态势在南宋朱熹与陈亮的论辩中尤为明显。

朱熹作为宋代理学的集大成者，站在德性论的立场，主张"仁义

---

① 夏长朴：《王安石的经世思想》，博士学位论文，台湾大学中文研究所，1980年，第11页。

内在"，号召儒者"存天理，去人欲"，反对人们从事功处着眼。李
塨认为这一倾向违背了圣人之学的宗旨，对孔子的事功追求亦是避而
不谈，他说："圣人之学，原以经济天下。自宋儒以事功为末，于孔
子料齐、鲁之众寡，则辞而辟之，而学术误矣。"① 陈亮以汉高祖、
唐太宗等为例，认为如有泽被于民的功业，那么即使品德不纯乎天
理，亦可称为王道。

陈亮还以孔子称许管仲"如其仁"为例，批评朱熹只重道德而否
定事功的做法。"说者以为：孔氏之门，五尺童子皆羞称五伯；孟子
力论伯者以力假仁，而夫子称之如此，所谓'如其仁'者，盖曰似
之而非也。观其语脉，决不如说者所云。故伊川所谓'如其仁'者，
称其有仁之功用也。仁人明其道不计其功，夫子亦计人之功乎？"②
管仲虽然"器小""不知礼"，但能辅佐齐桓公成就霸业，故孔子以
其功惠泽百姓而许之以仁，陈亮认为孔子亦"计人之功"，并未因管
仲之德否定其事功。应当说，陈亮的这一批判是十分有力的。朱熹无
法回避孔子对管仲的称赞，在《四书章句集注》中引程颐的话，将
其解释为"仁之功用"，即管仲的事功只是仁向外发用的结果，并没
有达到仁之根本。这一解释显然有些勉强，也是朱熹坚持德性优先的
价值判断所导致的不可避免的难题。

朱、陈之辩将儒学内部德性与事功的紧张关系外化为具体的观
点分歧，使原本在儒学内部混为一体的内圣与外王、心性修养与经
世事功等关系更加清晰地呈现出来。从表面上看，似乎有分裂儒学
的危险，但实则积极地推动了儒学的发展，特别是对事功之学而
言，这种分离的态势使其以独立的理论形态出现在世人面前，形成
一股清流，唤醒那些醉心于修身成德，陷入心性之学的道德迷雾中
的儒者，重振儒学之经世事功精神，将目光重新聚焦于社会现实问
题的解决。其实，陈亮与朱熹的分歧的根本在于德性与事功在儒学

---

① （清）冯辰、刘调赞撰：《李塨年谱》，陈祖武点校，中华书局 1988 年版，第 61—
62 页。

② （宋）陈亮：《陈亮集》（增订本），邓广铭点校，中华书局 1987 年版，第 349 页。

中的地位问题，朱熹以心性之学为中心，陈亮则以事功为中心，他们分别强调了儒学一体之两面，在这一意义上说，儒家心性之学与事功之学是统一的。当代新儒学代表人物唐君毅对这一问题表达了自己的观点：

> 盖孔子之学原重及身行道，而有达用于当今之一面，故颜渊虽学在"不迁怒、不贰过"，亦尝问为邦。于仲弓，则孔子谓其可使南面，而颜渊仲弓，则皆在孔门之德性科者也。陆象山亦尝谓自颜子殁而孔子之事业无传，亦深叹之也。至于四科中之言语、政事之科，更皆明重在当今之用。由孔子称管仲之功，则子贡之求博施济众，亦自为承孔子之学者。唯子贡之学之内心之功，不及颜曾仲弓耳。此则吾于论孔子之学时已及之。则孔子之一贯之道，虽可始于曾子所谓以忠恕存心，固不当止于此。而尧舜禹之道，亦不能以人心道心之四句之言尽之。盖自历史而观，中国文化之初成，固原在治历、明时、平水土、建制设官之利用厚生之事，对内心之反省之学，乃为后出。尚书开始之人心道心四句，亦出伪古文尚书，尧舜禹亦原未尝以此心法相传也。今叶适之言二帝三王之道，表现于立皇极，亦更合于历史之真。①

唐君毅赞同叶适对朱熹道统说的批判，认为在孔子之前，尧舜禹所传之道便十分重视利用厚生之事，不能以伪尚书之十六字心传——"人心惟危，道心惟微；惟精惟一，允执厥中"（《尚书·虞书·大禹谟》）涵盖，孔子之学十分重视立身行道，强调用世，其教学中所设"言语""政事"科，亦为经世之目的。孔子弟子所学各有所长，故儒学之传绝非只有心性之学一脉，况且，儒家心性之学为"后出"，系儒学中一重要派别，不能以"部分"来指称儒学之全部。

德性与事功的分离不仅体现了儒学的理论层面，也体现在儒者的

---

① 唐君毅：《中国哲学原论·原教篇》，中国社会科学出版社 2006 年版，第 449 页。

实践中，比如王阳明个人的事功与其心学的关系。有儒者认为王阳明的事功成就证明儒家心性之学亦可以实现外王事功，颜元对此给予了批驳，认为二者之间缺少内在一致性。

> 或曰：诸儒勿论，阳明破贼建功，可谓体用兼全，又何弊乎？余曰：不但阳明，朱门不有蔡氏言乐乎？朱子常平仓制与在朝风度，不皆有可观乎？但是天资高，随事就功，非全副力量，如周公、孔子专以是学，专以是教，专以是治也。或曰：新建当日韬略，何以知其不以为学教者？余曰，孔子尝言："二三子有志于礼者，其于赤乎学之。"如某可治赋，某可为宰，某达某艺，弟子身通六艺者七十二人，王门无此。且其擒宸濠，破桶冈，所共事者皆当时官吏、偏将、参谋，弟子皆不与焉。其《全书》所载，皆其门人旁观赞服之笔，则可知其非素以是立学教也。①

颜元通过与学生的对话，判定王阳明的个人事功与其心学思想之间没有必然联系，其要旨有二：一是王阳明平定朱宸濠的叛乱，是由于他本人"天资高，随事就功"，再加上众多部属的鼎力辅助而取得，不能将功劳归于他一人②；二是阳明平素以心学"立学教"，只教导学生"致良知"以"破心中之贼"，并未教授学生"破山中之贼"的事功之道。

颜元治学一反程朱、阳明之学空疏无用之弊，力倡学、教、治合一的经世实用之学。他本人亦是一个身体力行的儒者，强调"习行"、重视实践的同时，不太注重以著书立说的方式进行理论阐释。梁启超认为颜元在理论上的破坏远大于建树，"因为自汉以后二千年所有学术，都被他否认完了。他否认读书是学问，尤其否认注释古书是学问，乃至否认用所有各种方式的文字发表出来的是学问。他否认

---

① （清）颜元：《颜元集》，王星贤、张芥尘、郭征点校，中华书局1987年版，第45页。
② 参见朱义禄《颜元 李塨评传》，南京大学出版社2006年版。

讲说是学问，尤其否认讲说哲理是学问。他否认静坐是学问，尤其否认内观式的明心见性是学问"①。颜元的事功经世思想整体上较为激进，表现出重"习行"，轻学术；重事功，轻修身的倾向。

李塨看到当时社会上一些人在践行颜元致用之学时，由于轻视"学术"，出现"流于杂霸"的倾向。为此，他明确提出："学术不可偏，偏于立体，必流清静空虚为异端，先儒已尝其弊矣；偏于致用，必流杂霸忮克为小人，今日宜戒其祸焉。"②为倡明德性修身与事功并重之说，李塨比较了春秋王孙贾、祝鲍和宋儒在这一问题上的偏失，前者擅长"礼乐兵农之事"，却无"诚正修身之功"，故流于"杂霸"；后者只知"诚正修身之道"，而昧于"礼乐兵农之事"，故陷入"空虚"。所以，他主张"德行道艺"四者不可偏废。和其师颜元相比，李塨将存养修己与事功经世分置于天平之两端，既反对以心性之学为本，也不专言事功，而是试图在修身与事功之间寻找一种平衡，在立论上显得更为持中、平和。

清初的唐甄也批评了儒者将心性与事功分离的现象，他说："至于宋，则儒大兴而实大裂。文学为一途，事功为一途；有能诵法孔孟之言者别为一途，号之曰道学。人之生于道，如在天覆之下，地载之上，孰能外之！而读书聪明之士别为一途，或为文学，或为事功，其愚亦已甚矣。虽然，自道不明，儒者习为迂阔无用于世，是以有薄而不为，从而訾议之者，未可舍己而罪人也。"③就唐甄的学术立场来看，他继承了孟子、王阳明心性之学的基本理念，亦不反对事功之学，而是试图把心性之学的成德之教与事功之学结合起来，消除二者之间的紧张关系。他的这一努力在某种程度上也反映了心性之学在清初经世学者的批判下做出的一种回应和调整。

总之，事功之学在强调事功的同时，并未脱离儒家的德性论的基本立场，没有把道德与事功完全对立起来，即便是对理学批判最为激

① 梁启超：《中国近三百年学术史》，山西古籍出版社 2001 年版，第 111 页。
② （清）冯辰、刘调赞撰：《李塨年谱》，陈祖武点校，中华书局 1988 年版，第 152 页。
③ （清）唐甄：《潜书》，吴泽民编校，中华书局 1963 年版，第 46 页。

烈，思想最为激进的陈亮、颜元等人也坚持了儒家的基本价值原则，没有像理学家所批评的那样，滑向功利主义。美国学者田浩视陈亮为"功利主义儒家"，认为其并没有脱离儒家学者的阵营。当然，陈亮因其激烈的反理学态度，曾经一度被认为是法家。1974年中华书局出版的《陈亮集》的"前言"中，编者明确将朱熹与陈亮的辩论称为"儒法大论战"。这一观点受当时极"左"思潮的影响，并非公允之论，当代学者大都修正了《陈亮集》序言中的看法，将陈亮作为儒家学者，视朱、陈之辩为儒学内部不同学派之间的论战。

# 第三节　以利合义的义利融合论

宋代以来，儒家事功学者对义利问题的阐发基本是在批判德性伦理重义轻利论的基础上发展起来的，其展开形式有许多种，如义利之辨、王霸之辨、公私之辨、理欲之辨等，其核心议题是义利之辨。因此，把握事功伦理义利观的特点，必须通过与德性伦理的辩难、对比方能清晰洞察。

## 一　义利相融

义利关系实质是道德和利益的关系问题，系伦理学的基本问题。从伦理思想史的发展来看，义利之辨是中国古代思想史的重要议题之一，曾先后在春秋战国、两宋和明末清初出现三次高潮。葛荣晋根据义利之辨中所持立场观点的不同，大致划为三派：义利对立派、义利统一派和义利兼顾派。义利对立派分义与利为二，将义利对立起来，主张贵义贱利或以义代利，以先秦孔、孟为代表；义利统一派先将义利合二为一，在利的基础上将二者统一起来，提倡功利主义，先秦墨家和近代一些学者统属此派；义利兼顾派认为义利皆不可去，但要以义制利，先秦荀子、宋代李觏、陈亮、叶适等属于此派。① 依葛荣晋

---

① 参见葛荣晋《中国哲学范畴导论》，台北：万卷楼图书公司1993年版。

所见，在古代思想史上，只有墨家属义利统一派，其他两派均属儒家阵营，且义利兼顾派学者如荀子、李觏、陈亮、叶适等人都重视经世事功，因此，儒家学者的义利之辨大体上是以孟子、程朱理学、陆王心学为代表的心性之学与事功之学之间的辩论。也正是在彼此的论辩中，儒家事功伦理所强调的义利融合论更为清晰地呈现出来。

"义""利"二字在中国文化中出现很早，甲骨文中就有了。《说文解字》对"义"的解释是："义，己之威义也，从我从羊。"① 从"利"的字形来看，像是用刀收割庄稼，意为刀之锋利。《说文解字》将"利"解释为"铦也。从刀。和然后利，从和省"。西周开始，"义"开始具有"宜"——适宜之义，成为带有道德意义的词汇。春秋时期，"宜"成为"义"的通义，并与"利"对称，其道德色彩更加突出。

孔子对于义利关系的讨论常见于《论语》中所言"君子喻于义，小人喻于利"（《论语·里仁》）。孔子这一命题中的"君子"和"小人"系兼德与位而言，道德意义上的君子与小人之分的标准是看其行为是否合于义，职位意义上的君子和小人对于义、利应各取所需，义利也并不是对立关系，既不能因利害义，更不能以义非利。

孔子之后，孟子和荀子对义利之辨做了较为充分的论述。孟子特别强调义利之间的对立关系。《孟子》书中记载的孟子和梁惠王关于义利问题的对话被视为孟子义利观的经典表述。

> 孟子见梁惠王。王曰："叟，不远千里而来，亦将有以利吾国乎？"孟子对曰："王何必曰利？亦有仁义而已矣。"王曰何以利吾国？大夫曰何以利吾家？士庶人曰何以利吾身？上下交征利而国危矣！（《孟子·梁惠王上》）

司马迁对孟子重义轻利的义利观颇有感触，他说："余读孟子书，

---

① （汉）许慎，（清）段玉裁注：《说文解字注》，上海古籍出版社1981年版，第633页。

至梁惠王问何以利吾国，未尝不废书而叹也。曰：嗟乎！利诚乱之始也，夫子罕言利者，常防其原也。故曰：放于利而行，多怨。自天子至于庶人，好利之弊何以异哉？"（《史记·孟荀列传》）司马迁的这一评价道出了孔子和孟子对"言利"的戒慎恐惧的态度。

无论义和利是作为价值观还是作为立身行事的准则，的确存在一定的紧张甚至对立关系，但这种对立不是绝对的，不能过分夸大，还应当看到其内在的一致性，即以天下之"公利"为"义"。胡适曾指出："孟子所攻击的'利'字，只是自私自利的'利'，大概当时的君主官吏都是营私谋利的居多。这种为利主义，与利民主义绝相反对……他所主张的'仁义'，只是最大多数的最大乐'利'。"[1] 龚群和焦国成教授也认为，孟子生活的时代，由于"当时人们汲汲追求的财富之利或权利之利等个人私利和眼前利益……他所谈之仁义，正是国家长治久安之大利"[2]。可见，孟子所否定的"利"，仅是个人之私利，而非国家社会之大利。也就是说，在个人层面上，利与义存在非此即彼的价值对立关系；在国家层面上，义与利又是统一的，天下之公利即最大的仁义。

孟子重义轻利的义利观为儒学重德性而轻事功的发展倾向提供了价值基础。后世儒者从董仲舒至宋代朱熹、明代王阳明等学者都坚守这一价值立场。汉儒董仲舒认为"义"指向人心的充盈与完满，"利"则可以满足人身体的感官欲望。"利以养其体，义以养其心，心不得义不能乐，体不得利不能安。义者，心之养也；利者，体之养也。体莫贵于心，故养莫重于义。"（《春秋繁露·身之养重于义》）义与利对人而言皆是必需的，义养心，利养体。若以重要性论，董仲舒认为义比利更重要，具有价值优先性，这与他"正其道不谋其利，修其理不急其功"的主张是一致的。

儒家事功伦理与德性伦理在义利问题上持有不同的立场，从北宋的

---

① 胡适：《中国古代哲学史》（三），台北：台湾商务印书馆 1966 年版，第 22 页。
② 焦国成、龚群主编：《儒门亚圣：孟子》，中国华侨出版社 1996 年版，第 129 页。

李觏、王安石到南宋的陈亮、叶适，以至于明末清初的颜元、李塨等人，从追求经世事功的价值立场出发，批评重义轻利的义利观，通过义利之辨表达了对利欲的重视，阐述了义利统一、相互融合的义利观。

董仲舒"正其谊不谋其利，明其道不计其功"的义利观在后世儒者中影响甚大，许多事功学派学者将批判的矛头指向这一命题。叶适作为浙东事功学派的集大成者，对董仲舒以来的重义轻利倾向提出了尖锐的批评，他说："'仁人正谊不谋利，明道不计功'，此语初看极好，细看全疏阔。古人以利与人而不自居其功，故道义光明。后世儒者行仲舒之论，既无功利，则道义者乃无用之虚语尔；然举者不能胜，行者不能至，而反以为诟于天下矣。"① 明清之际的颜元也批判了董仲舒"不谋利""不计功"之说的荒谬。他说："世有耕种，而不谋收获者乎？世有荷纲持钩，而不计得鱼者乎？抑将恭而不望其不侮，宽而不计其得众乎？这'不谋、不计'两'不'字，便是老无、释空之根。"② 颜元明确主张言义要计利，讲道德还要求事功。他进一步指出："义中之利，君子所贵也。后儒乃云'正其谊，不谋其利'，过矣！宋人喜道之，以文其空疏无用之学。予尝矫其偏，改云'正其谊以谋其利，明其道而计其功。'"③ 颜元此语可以说是经世事功派学者义利观的经典概括，也是对儒家义利观中重义轻利倾向的一次重大修正，既体现了儒学一贯重视仁义的基本立场，也肯定了利益追求的正当性。

叶适和颜元在阐发义利观时都十分重视从先秦的经典中寻找立论依据。叶适援引《周易》中视利为"义之和"的观点，主张以利合义，他说："古人之称曰：'利，义之和'；其次曰'义，利之本'；其后曰：'何必曰利？'然则虽和义犹不害其为纯义也。"④ 叶适还引《诗经》《尚书》为据，他说："以《诗》《书》考之，知其崇义以养

---

① （宋）叶适：《习学记言序目》，中华书局1977年版，第324页。
② （清）颜元：《颜元集》，王星贤、张芥尘、郭征点校，中华书局1987年版，第671页。
③ （清）颜元：《颜元集》，王星贤、张芥尘、郭征点校，中华书局1987年版，第163页。
④ （宋）叶适：《习学记言序目》，中华书局1977年版，第155页。

利，隆礼以致力，其君臣上下皆有润大迁远之意，而非一人之所自能者，是故天下亦莫得而名也。"① 颜元同样援引《尚书》和《周易》为证据，证明人们追求利益的合理性。他指出："以义为利，圣贤平正道理也。尧、舜'利用'，《尚书》明与'正德''厚生'并为三事。利贞，利用安身，利用刑人，无不利。利者，义之和也。《易》之言'利'更多。"② 由此可见，叶适、颜元的义利观并非他自己的发明独创，而是源于对儒家经典的再阐释。叶适的义利观可以概括以利合义、崇义养利。无论是以利合义，还是"养利"，都没用动摇儒学的仁义原则，"崇义"是必须要坚持的价值目标，在这一前提之下，要大胆地"养利"，通过利益的满足和实现来"合"义。叶适的这一观点隐含着两层意思：一方面，义的内涵中不只包括道德原则，还有利益需求，义与利是相互融合、统一的；另一方面，从目的和手段的统一关系来看，义是利的价值目标，利是义的实现手段，利与义非对立关系，求利是实现义这一价值目标的重要途径。

儒家事功派阵营中的其他学者也都表达了对利的重视。李觏明确指出："利可言乎？曰：人非利不生，曷为不可言？……言而不以礼，是贪与淫，罪矣。不贪不淫而曰不可言，无乃贼人之生，反人之情，世俗之不喜儒以此。孟子谓'何必曰利'，激也。焉有仁义而不利者乎？"③ 李觏把批判的矛头指向孟子，认为其贵义贱利论过于偏激，对于后世儒者严守孟子义利之分的立场，他批评道："愚窃观儒者之论，鲜不贵义而贱利，其言非道德教化则不出诸口矣。"④ 李觏认为，儒者仅靠仁义道德教化不能将国家治理好，"治国之实"应当以"财用"为本，追求实利，否则，便只会误国害民。李觏之后的王安石亦从治国的角度论证了"求利"的合理性，他认为圣人修身治国之道在于安危治乱，而不在

---

① （宋）叶适：《叶适集》，刘公纯、王孝鱼、李哲夫点校，中华书局1961年版，第674页。

② （清）颜元：《颜元集》，王星贤、张芥尘、郭征点校，中华书局1987年版，第163页。

③ （宋）李觏：《李觏集》，王国轩校点，中华书局1981年版，第326页。

④ （宋）李觏：《李觏集》，王国轩校点，中华书局1981年版，第133页。

"章句名数"，如果求利能增加财政收入，实现富国，便是最大的义。王安石将"理财"与义结合起来，提出"理财乃所谓义"的命题，为其变法改革政策的合理性提供了理论支持。

南宋永嘉事功学派的薛季宣表达了相同的思想，他说："《易》称何以聚人，曰财。财者，国用所出，其可缓乎？虽然为国务民之义而已。……聚敛之臣不知义之所在，害加于盗，以争利之民也。民争利而至于乱，则不可救药矣。言利而析秋毫，必非养其大者之人也。所见之小，恶知利义之和哉。惟知利者为义之和，而后可与其论生财之道。"① 李觏和薛季宣都把追求实利与治国联系起来，强调义利之"和"，反对把二者对立起来，否定利的合理性。薛季宣批评重义轻利的儒者"所见之小"，目光短浅，如果否定了利，无异于堵塞了生财之道，更谈不上治理国家了。

陈亮亦十分重视利的合理性，他的义利观被朱熹批评为"义利双行"。陈亮对此予以反驳，认为义和利不能分离、对立，说一头，做一头，必须只有"一个头颅"方能做得成。陈亮在与朱熹的辨析义利的过程中，将义利关系的讨论引入公与私的论域，提出公私相值，公私合一之论。在后文中对此进行专门论述。

## 二 尊王重霸

儒家关于王道与霸道的讨论肇始于先秦，可以视为义利之辨的延伸。孟子提出以德性作为辨别王霸的标准，推崇"以德行仁"的王道，贬抑"以力行"的霸道，后世儒者多有论及，南宋朱熹与陈亮的论辩将王霸之辨推向了高峰。

从"王"和"霸"的字义来看，东汉许慎在《说文解字》中将"王"的字义解释为"天下所归往也"。意即天下万民向往依归。这一含义在先秦和汉代典籍中多处可见，如《荀子》中有"天下归之之谓王，天下去之之谓亡"（《荀子·王霸》）。董仲舒《春秋繁露》

---

① （宋）薛季宣：《薛季宣集》，上海社会科学院出版社2003年版，第408—409页。

中亦有"王者民之所往，君者不失其群者也"（《春秋繁露·灭国上》）。从"王"的字形来看，"董仲舒曰：'古之造文者，三画而连其中谓之王。三者，天、地、人也，而参通之者王也。'孔子曰：'一贯三为王。'凡王之属皆从王"。许慎引孔子之说以证董仲舒对王的解释，认为能够贯通天、地、人三者，可以称为"王"。"王"与"道"连用作为一个语词，较早见于《尚书》中，"无偏无党，王道荡荡；无党无偏，王道平平；无反无侧，王道正直"（《尚书·洪范》）。王道作为一种政治法则，充满着"德政"的道德意味，它要求君主在行王道的过程中不偏私、不营党。

"霸"在《说文解字》中的解释是"月始生，霸然也。承大月，二日；承小月，三日"。"霸"通"魄"，原始含义是月亮光明的部分。先秦典籍中，"霸"通"伯"，"伯者，长也。言为诸侯之长也。郑玄云'天子衰，诸侯兴，故曰霸。霸，把也。言把持王者之政教'。故其字或作伯，或作'霸'也"（《春秋左传正义》卷二十五《成公二年》）。依郑玄所说，霸是周王室衰落后，地方强大的诸侯称之为霸，在当时政治生活中发挥着维持社会秩序的作用。"霸道"一词，较早可见于《荀子》，"彼霸者则不然，辟田野，实仓廪，便备用，案谨募选阅材伎之士，然后渐庆赏以先之，严刑罚以纠之。……故明其不并之行，信其友敌之道，天下无王霸主，则常胜矣。是知霸道者也"（《荀子·王制》）。荀子所论之霸道，并没有涉及道德教化的内容，主要是一些富国强兵的政策和制度设计，不仅要扩大耕种，增加粮食产量，还要挑选士兵进行军事训练，做到赏罚严明，表现出鲜明的重实用、重功效的事功诉求。

先秦诸子中，孟子对王霸问题十分重视，他将王道与霸道对举，高举崇王贱霸的旗帜，认为"以力假仁者霸，霸必有大国，以德行仁者王，王不待大"（《孟子·公孙丑上》）。在孟子看来，判别王道与霸道的标准不在于事功之大小、身份地位之高下，而在于君主之德性是否纯备，存心是否出于仁义。王者从仁义出发救世治民，霸者则假借仁义之名以谋利。除《孟子》外，王霸问题在先秦典籍中多有论及，经常王霸并举，在尊崇王道的同时，也不完全否定霸道。《礼记》所载"至孝近乎王，至弟近乎霸"（《礼记·祭义》）。霸道虽不及王道，但仍合乎人伦（悌）的基本要求。《管子》持"尊王不绌霸"之论，荀子以王道政治为理想，但为事功计，亦不反对霸道。"故君人者立隆政本朝而当，所使要百事者诚仁人也，则身佚而国治，功大而名美，上可以王，下可以霸。"（《荀子·王霸》）霸道虽不及王道理想完满，但在现实的政治实践中，荀子主张王霸兼用，王道是终极的目标和归宿，霸道则是实现王道的必经之途。

从先秦时期王霸问题的讨论来看，儒学内部已经出现以孟子为代表的"尊王抑霸"和以荀子为代表的"王霸兼用"两种不同的思想发展路向。宋明理学大都尊孟子"尊王抑霸"之说，而重视经世事功的学者大都沿承了荀子"王霸兼用"的思想。

李觏反对孟子以心术来区分王霸的观点，主张以政治地位作为辨别王道与霸道的标准。他指出："人固有父为士，子为农者矣。谓天下之士者曰行父道，谓天下之农者曰行子道，可乎？父虽为农，不失其为父也；子虽为士，不失其为子也。世俗之言王霸者亦犹是矣。若夫所谓父道，则有之矣，慈也。所谓子道，则有之矣，孝也。所谓王道，则有之矣，安天下也。所谓霸道，则有之矣，尊京师也。非粹与驳之谓也。"① 李觏以父子之人伦关系与王霸之道类比，父慈子孝是父子之道的基本要求，不能因父为农、子为士而有所改变。同样，能安天下即为王道，尊京师是为霸道。君主由于其位"尊"，故行事即使驳而不粹，依然是君主，不可变易。

在王霸关系上，李觏认为儒者向往王道时，不可忽视霸道的重要性："儒生之论，但恨不及王道耳，而不知霸也、强国也，岂易可及哉？"② 李觏认为管仲助齐桓公尊王攘夷是为"霸"，商鞅辅佐秦孝公推行变法改革是为"强国"，两者同样实现了富国强兵的事功，值得称赞。

————————

① （宋）李觏：《李觏集》，王国轩校点，中华书局1981年版，第372页。
② （宋）李觏：《李觏集》，王国轩校点，中华书局1981年版，第299页。

陈亮对于王霸关系的理解沿承了荀子、李觏的思路，在区分王道与霸道时，反对把道德作为唯一标尺，认为应当注重事功方面的考量。尊王道的同时亦看重霸道在治世中的实际功效。他从历史经验出发，通过对比汉唐国力之强盛与宋代国力之困乏，认为造成这一差别的根本原因在于理学诸儒只知辨析天理人欲，而不知富国强兵之说，遗弃了儒家王道政治内在的事功精神。他指出：

> 本朝专用儒以治天下，而王道之说始一矣。然而德泽有余而事功不足，虽老成持重之士犹知病之，而富国强兵之说，于是出为时用，以济儒道之所不及。……今翠华局处江表，九重霄旰以为大耻，儒者犹言王道，而富强之说慷慨可观，天下皆以为不可行，何也？……始之以王道，而卒屈于富强，岂不将贻天下之大忧邪？①

陈亮批评理学"德泽有余而事功不足"，可以说切中理学之弊。在他看来，从理论上辨析天理人欲、王霸义利之说，于治国强兵并无太大用处，自孟子和荀子辨析义利、王霸以来，汉唐诸儒都没有围绕这一问题展开深入讨论，却并不妨碍汉唐两世国力之强盛。陈亮以汉唐为鉴，批评理学过于专注理论建构而忽视经世事功，引起了朱熹的不满。于是二人以书信往来的形式，围绕着如何评价汉唐两朝，尤其是对汉高祖刘邦和唐太宗李世民展开论辩，故称"三代汉唐之辨"，又称为"义利王霸之辨"。牟宗三曾在《中国文化发展中义理开创的十大诤辩》的演讲中将朱陈这次论辩列为中国思想史十大争辩之一。他指出：

> 大体上看，宋明儒的学术讨论集中在内圣之学方面，而朱夫

---

① （宋）陈亮：《陈亮集》（增订本），邓广铭点校，中华书局1987年版，第172—173页。

子和陈同甫辩的却是外王的问题，所以这一个诤辩很有特殊性。这一个诤辩的主要论题是由讨论汉唐价值而起。朱子站在纯粹道德的立场，认为汉唐没价值，就如我们一般社会上也会说"脏唐臭汉"，因为汉唐皇帝大都乱七八糟，所以站在严格的道德立场看，汉高祖唐太宗是不及格的。但他们是英雄，一个开汉朝四百年，一个开唐朝三百年，都是了不起的英雄！朱子就不管这一套，人若不守道义伦常，就判为无价值。以这种严格的眼光去评量，则历史只剩下尧舜三代，三代以后不值一提，连平常人最称赞的汉唐盛世，在理学家看来还是不行。所以陈同甫就出来争，他说照你这种说法，则三代以后岂不就是"架漏过时"？所以他称赞汉唐英雄之主，认为尽管有一时之糊涂，但当其心清眼明，则有所见，有所为，能为人间做主。他是绝对的英雄主义者。①

　　牟宗三这一段话既简略通俗，又十分准确地概括了朱陈王霸之辨的立场和主要分歧。朱熹继承了孟子的立场，以道德动机的纯粹与否来判别王霸。他说："凡日用常行应事接物之际，才有一毫利心，便非王道，便是伯者之习，此不可不省察也。"② 陈亮则从事功的角度，反对朱熹对汉唐两世尤其是汉高祖和唐太宗的道德判断，认为从推动历史发展进程的视角看，建立不朽功业的汉高祖和唐太宗是"英雄之主"，与曹操、刘裕等人不能混为一谈，曹、刘之徒所行是霸道，高祖太宗所行乃是王道。牟宗三对朱陈之辨分歧的实质概括为：朱熹在评价汉唐时坚持的是"道德判断"，陈亮所依据的是"历史判断"，而"对于历史，道德判断与历史判断无一可缺"③。客观而言，朱陈的这次论辩充分展现了儒学内部的心性之学与事功之学的理论分歧，既是对孟子以来尊王抑霸思想的一次反动，也是对儒家德治思想的自我反思。自

---

①　牟宗三：《中国文化发展中义理开创的十大诤辩》，《鹅湖月刊》1987 年第 12 卷第 11 期。

②　（宋）黎靖德编：《朱子语类》，王星贤点校，中华书局 1986 年版，第 629 页。

③　牟宗三：《政道与治道》，广西师范大学出版社 2006 年版，第 190 页。

此，事功之学不再羞羞答答地躲在心性之学的大树下乘凉了，而是旗帜鲜明地走上历史舞台，表达自己的理论主张和现实诉求。

在判别王道与霸道的标准上，事功派学者也不尽一致。南宋事功派另一儒者唐仲友主张从内在动机和外在形迹两方面来辨别王霸，似乎有调和朱、陈之争的意味。他说："王霸之道，起于用心诚与不诚之间，至其所就，乃有霄壤之别。"① 从内在动机而论，"心"合于儒家道德原则，是为王道，若"心"不诚，存有杂念，则为霸道，这与朱熹唯动机论的王霸观并无二致。但是，唐仲友亦承认从外在形迹上看，王道与霸道并没有明显差别，真实的历史中往往是王霸并存，王中有霸、霸中亦有王，这与陈亮的观点又十分接近。重视经世事功的王安石也将王霸之别归于心的差异，心异则事异，事异则功异。"故王者之道，虽不求利，而利之所归。霸者之道，必主于利，然不假王者之事以接天下，则天下孰与之哉？"② 王安石认为霸道常借王道的形式表现出来，故而从外在表现上，很难辨别王霸，只有从内在动机是否主于利，才能加以区分。

王安石与司马光的王霸之辨对南宋朱熹与陈亮的王霸之辨产生了重要影响。钱穆指出，朱陈王霸之辨直承王安石，陈亮"转似温公"，观点与司马光接近，朱熹则与王安石观点相近。在重视经世事功问题上，王安石与陈亮一路，与朱熹则意见相左。造成这种不一致现象的原因大致可以归结为三个方面。一是重经与重史的治学路向不同，王安石与朱熹重视经学，强调儒家义理的重要价值；陈亮与司马光则重视治史，注重从历史经验中寻找治世之方。二是事功派学者重视事功、重视实用，在从儒家经典中寻找理论基础时对经典的理解和阐释有所不同，导致其立论依据略有差异，同时，他们对理论体系的系统、圆融程度重视不够。三是在坚持儒家的基本价值立场的前提下，对德性和事功二者的重视程度略有差异。

① （宋）唐仲友：《悦斋文钞》卷八《荀卿论》，续金华丛书。
② （宋）王安石：《王安石全集》，秦克、巩军标点，上海古籍出版社1999年版，第243—244页。

### 三　公私合一

从儒家义利之辨的整体状况来看，大致可以划分为两大阵营：一方认为义与利是对立关系，主张严辨义利，重义轻利；另一方则认为义与利是统一关系，二者具有内在一致性，主张以义制利、见利思义。两大阵营的儒者数量同样众多，他们各执己见，相互辩难，究其实质，系公利与私利之区分而已。重义轻利者所轻的只是私利，而非公利。所以，儒家内部的义利之辨与公私之辨存在密切关联。特别是到了宋明理学，义利之辨与公私之辨、理欲之辨经常结合在一起。程颐明确指出义利与公私的关系，他说："义与利，只是个公与私也。"① 此语稍显绝对，但也说明了宋儒所关注的义利问题的核心不是个人与他人的利益关系，而是个人利益与公共利益之间的关系。也就是说，维护天下百姓之公利或他人之合理正当利益，便是行义。追求个人一己之私利，才是所谓的"利"。在这一意义上说，宋儒的义利之辨可以化约为公私之辨。如果以公利为公，以私利为私，那么，公私问题实质是公利与私利的关系问题，就此而言，公私之辨也可以说是对义利之辨中关于利的讨论的细化或具体化，即由道德与利益关系具体化为社会整体利益与个人利益之关系。

中国古代的公私之辨由来已久。据学者的考证，"公"字在甲骨文中就出现了，作"㕣"，《甲骨文字典》依据其字形像瓮口，将其解释为"瓮之初文"，卜辞借为王公之公。② 王中江据此指出："公字的本义，可能是对人的尊称，最早是称呼部落的首领，后称贵族和诸侯，而'私'，一开始并不与公相对，它的出现较晚，应是随着私有权（允许占有禾）的产生而产生的。"③ 可见，"公"字一开始并不具有道德意义，当私的观念出现，并与公相对立时，公与私便具有了鲜

---

① （宋）程颢、程颐：《二程集》，王孝鱼点校，中华书局 2004 年版，第 176 页。
② 参见徐中舒主编《甲骨文字典》，四川辞书出版社 1989 年版。
③ 王中江：《中国哲学中的"公私之辨"》，《中州学刊》1995 年第 6 期。

明的道德色彩。

较早论及公私之辨的思想家可以追溯到荀子和韩非。① 荀子力倡公私之辨："君子之能以公义胜私欲也。"（《荀子·修身》）荀子此语触及了公与私的关系问题，但他将公与义、私与欲结合在一起，并没有把公与私作为两个相互独立的范畴加以界定。韩非十分明确地指出："古者仓颉之作书也，自环者谓之私，背私谓之公，公私之相背也，乃仓颉固以知之矣。"（《韩非子·五蠹》）韩非从公私二字的字形和起源对公、私概念加以界定，并指出了公与私的对立关系。就此而言，韩非是最早对公私范畴进行界说的思想家。许慎在《说文解字》中继承了韩非公私对立的观念，将私视为"奸邪也"，认为公是"平分也"。

中国传统伦理思想史上，公私对立、以公为本、崇公抑私的观念长期占据主导地位，不同时代，不同流派的思想家大都坚持这一价值取向。先秦时期儒、墨、道、法诸家典籍中均可察见重公轻私的相关论述：

> 君子之能以公义胜私欲也。（《荀子·修身》）
> 举公义，辟私怨。（《墨子·尚贤上》）
> 容则公，公则王。（《老子》十六章）
> 私义行则乱，公义行则治（《韩非子·饰邪》）

从先秦以至于宋明，义利、公私关系日益紧张，义与利、公与私的对立在宋明理学中达到高峰，朱熹将严辨义利作为儒者的首要任务。其间，儒家学者在讨论义利关系时，认可利的合理性的学者不乏其人，但在论及公私关系时都毫不犹豫地站在公的立场上，维护公利，贬斥私利，就连重视经世事功的儒者也大抵如此。

---

① 注：早在《尚书·周官》中就已载有"以公灭私，民其允怀"之语，但《周官》属于《古文尚书》系列，已被学界认定为伪书，故不采此说。

从重视外王事功的荀子到倡言功利的李觏，都表达了崇公抑私的主张。荀子肯定人的欲望，但反对一味追求私利而不顾公益的做法，要求君子"以公义胜私欲"，在治国过程中通过"隆礼重法""尚贤使能""纂论公察""赏克罚偷""兼听齐明"，实现"公道达而私门塞，公义明而私事息"。(《荀子·君道》)李觏则认为"循公灭私"是天下之公理、全体社会成员的共识，就连未成年儿童都明白这一道理。他说："天下至公也，一身至私也，循公而灭私，是五尺竖子咸知之也。"①

　　崇公抑私之论至南宋事功学派的陈亮那里开始改变，陈亮一反儒家学者讳言私的传统，认为如果能将人欲之私扩充为人欲之公，使人遂情达欲，同样是天理。依陈亮的逻辑，公与私并非决然对立的关系，如果理对应着公，事对应着私，理在事中，公便在私中，公私合一。他说："天运之公，人心之私，苟其相值，公私合一。"②陈亮在维护公的价值前提下，看到了公与私之间存在的某种互补性和一致性，承认了私的地位和作用，这在崇公抑私占主导地位的思想界无疑是十分宝贵的。美国学者田浩也指出了陈亮公私观与传统儒家的不同，他认为，对私持反对态度的哲学家的思想中，"'私'的确切意思应该是自私(Selfishness)。但在陈亮的思想中，'私'指'Self-regard'"。③

　　陈亮强调公私合一的同时，也看到了公与私之间客观存在的矛盾和冲突，为此，他提出了"任法"与"任人"的主张，首先，陈亮特别重视法在协调公私关系中的作用，他说："法者公理也。"④法的制定应当体现"公理"，追求"公利"，做到"立法以公"，才能有效协调公私矛盾，既保证公利的实现，也使个人私利得以满足。其次，

　　① (宋)李觏：《李觏集》，王国轩校点，中华书局1981年版，第277页。
　　② (宋)陈亮：《陈亮集》(增订本)，邓广铭点校，中华书局1987年版，第441页。
　　③ 〔美〕田浩：《陈亮论公与法》，《宋代思想史论》，杨立华、吴艳红等译，社会科学文献出版社2003年版，第528页。
　　④ (宋)陈亮：《陈亮集》(增订本)，邓广铭点校，中华书局1987年版，第125页。

陈亮指出，立法还必须与"任人"结合起来，"法固不可无，而人亦不可少，闻以人行法矣，未闻使法之自行也"①。法的制定和实施的主体都是人，因此不能舍人而谈法。陈亮看到了人在法的制定、实施过程中的主体地位和重要影响，故而认为以人行法，人法并重，才是天下之"正法"。陈亮此论是十分客观公允的，在今天看来，亦有其积极意义，只是囿于时代所限，陈亮没有，也不可能对法的问题做出更加细致、系统的阐述。明末清初的黄宗羲继之而起，对公法与私法问题进行了更为系统的论述。

概言之，陈亮公私观的贡献主要体现在两个方面。首先，陈亮一反儒者强调公私对立的论调，从公与私的内在一致性上立论，提出导私为公的主张，认为只要合理地追求个人私利，人人各尽其才、各安其分，社会之公与个人之私便可实现"相值""合一"。陈亮的这一主张类似近代西方的"公益合成说"，隐约触及了个人利益与社会利益之间的辩证关系。

其次，基于自然人性论的立场，陈亮对私的价值给予了充分肯定。无论市井小民还是一国之君，都不必讳言私利。在他看来，国君以天下之公为念，亦不必以公灭私，只要不因私害公即可。陈亮此论撕下了历代统治者以公谋私的面纱，既坚持了公天下的价值导向，又为其个人私欲的满足划定了地盘。客观而论，陈亮的公私观与南宋时期江浙一带商品经济的繁荣、商人阶层的壮大相适应，在某种程度上可以说开启了明末清初为私辩护的先声。

明末清初，倡导经世事功的儒家学者从人的本性和个体权利实现的立场，通过对儒家经典的再诠释，试图重构公私关系。李贽十分大胆地揭示了人的自私本性，并为之辩护，他说："夫私者人之心也。人必有私而后其心乃见。若无私则无心矣。"② 李贽从人性的角度，将私作为人之本性。陈确更加明确地提出"有私所以为君子"的说

---

① （宋）陈亮：《陈亮集》（增订本），邓广铭点校，中华书局1987年版，第124页。
② （明）李贽：《藏书》，中华书局1959年版，第544页。

法，认为有私并不妨碍人们成为君子。

黄宗羲肯定了私的合理性，他说："有生之初，人各自私也，人各自利也，天下有公利而莫或兴之，有公害而莫或除之。"① 追求自利、满足私欲是人之本性，舍此，公利便无从谈起。黄宗羲对公私关系的认识并没有停留在伦理学意义上，而是将其引入政治领域。首先，他批判了君主制政体之下君主"私天下"的做法。他肯定了古之圣王"不以一己之利为利，而使天下受其利，不以一己之害为害，而使天下释其害"②。后世统治者却相反，"使天下之人不敢自私，不敢自利，以我之大私为天下之大公"③。黄宗羲通对比较古之圣君与后世之君在公私问题上的不同态度，揭示出君主制政体之下，公私关系的虚假性，批评后世君主以一己之"大私"为天下之"大公"，导致百姓利益被无情蔑视和肆意践踏。因而，他指出："天子之所是未必是，天子之所非未必非。"黄宗羲此说可以说一针见血，刺到了传统君主制的痛处，也唤起儒者对一直以来深信不疑的"公利"内涵进行反思。

黄宗羲还区分了公法与私法。他指出，三代以上之法，"固未尝为一己而立也"，是为"天下之法"，亦即公法。后世之君取得政权后，"唯恐其祚命之不长也，子孙之不能保有也，思患于未然以为之法。然则其所谓法者，一家之法，而非天下之法也"④。后世之君所制"一家之法"，乃为"非法之法"，亦即私法。可见，黄宗羲对公法与私法的区分是就立法的出发点和目的而论的。出于公心，以天下人之利为目的制定的法称为公法；出于君主之私心，为维护君主一己（一家）之私利而制定的法便是私法，以一家之私法为法，必将导致天下大乱。黄宗羲肯定公法，否定私法的主张与南宋事功学派的陈亮的"任法"思想遥相呼应，他是继陈亮之后，较早对"立法以公"

①　沈善洪主编：《黄宗羲全集》，浙江古籍出版社 2005 年版，第 1 册，第 2 页。
②　沈善洪主编：《黄宗羲全集》，浙江古籍出版社 2005 年版，第 1 册，第 2 页。
③　沈善洪主编：《黄宗羲全集》，浙江古籍出版社 2005 年版，第 1 册，第 2 页。
④　沈善洪主编：《黄宗羲全集》，浙江古籍出版社 2005 年版，第 1 册，第 6 页。

思想进行系统阐述的思想家。黄氏此论的意义不止于为其事功经世思想的实践提供法律和制度保障，对于启蒙思潮中民主、法治观念的传播也有十分积极的作用。

尽管为私辩护成为明末清初经世实学一项重要的理论和现实诉求，但中国从古代公私之辨的整体态势来看，其主流依然是公私对立、崇公灭私。实质上，公私之间确实存在着矛盾，如何处理二者的关系也成为当代伦理学的基本问题之一。崇公灭私论要求在公与私发生矛盾时，舍私而为公，以牺牲个人利益来换取整体的利益，体现了一种道德精神，有其积极的意义和价值。然而，公与私的分界却并不泾渭分明，往往是相对而言的。陈大齐对公与私的相对性进行了分析，他指出："一件具体的利益之为公为私，时或因观点不同而可以异其判别，公是积私而成的，一群人的公利是群中各个人私利的集合。故群的公私，在各个人自己看来，亦未尝不可谓为其人的私利。公所由以积成的私，其数量多寡不等，因而构成若干高低不同的层级。某一层级的公利，在本层级或其所摄的较低层级看来，固不失为公利，在能摄的较高层级看来，不免只是私利。"① 陈大齐此论突显了公私关系的复杂性。具体而言，在个体之私与天下之大公之间还存在着若干层次的团体，这些团体所代表的利益，对于个体而言，往往为公，对于天下之公利而言，又可称为"私"。因此，无论是从理论上辨明公私关系，还是在实践中做出行为选择，都不是一件容易的事。

## 四　理存于欲

宋代之前，天理与人欲并没有作为一对哲学概念范畴，进入儒家学者的理论视野。程颢说："吾学虽有所受，天理二字却是自家体贴出来。"② 与天理晚出不同，先秦时期儒家就开始讨论欲的问题，把

① 陈大齐：《孟子义利学说的探讨》，载《中国学术史论文集》第一集，台北：中华文化出版事业委员会1958年版，第75—76页。
② （宋）程颢、程颐：《二程集》，王孝鱼点校，中华书局2004年版，第424页。

欲望视为人与生俱来的一种本能，孔子说："富与贵，是人之所欲也"（《论语·里仁》），孟子指出，耳之于声，目之于色，都是人们欲望的表现。荀子也说："夫贵为天子，富有天下，是人情之所同欲也。"（《荀子·荣辱》）孔、孟、荀都肯定了人的自然欲望具有某种合理性，所不同在于：孟子主张"寡欲"，提倡"养心莫善于寡欲"（《孟子·尽心下》）；孔子和荀子更倾向于"以道制欲""以礼节欲"。孔子认为追求富贵是人的自然欲望，但"不以其道得之，不处也"（《论语·里仁》）。荀子说："以道制欲，则乐而不乱；以欲忘道，则惑而不乐。"（《荀子·乐论》）在荀子看来，上至天子，下至普通百姓，都有欲望，系本性使然，不能一概"去"之，"故虽为守门，欲不可去，性之具也。虽为天子，欲不可尽。欲虽不可尽，可以近尽也。欲虽不可去，求可节也"（《荀子·正名》）。孔子和荀子都看到了人的自然欲望的合理性，反对放任欲望，不加节制的做法。如果说孟子的"养心寡欲说"，将心与欲对立起来，与宋明理学理欲对立观基调一致的话，孔、荀二人"以道制欲"的思想则包含了后世事功学派"理存于欲"的思想萌芽。这种分歧在宋代理学家与经世事功派学者的论辩中更为清晰地展示出来。

到了宋代，程朱以天理为核心构建了理学形而上学体系，并对天理与人欲的关系进行理性思考，可谓一大理论贡献。然而，二程与朱熹将天理与人欲对立起来，走向"存天理，灭人欲"的极端。二程认为："视听言动，非理不为，即是礼。礼即是理也，不是天理，便是私欲。……无人欲即皆天理。"① 关于天理人欲"此胜则彼退，彼胜则此退"② 的主张更是将理欲对立关系发挥到极致。其实，朱熹所谓的人欲并不包含人的正常欲望，他说："饮食者，天理也；要求美味，人欲也。"③ 朱熹没有将人的衣食住行等基本需求斥为人欲，而是视为天理，给予肯定，在理欲关系上尽管十分极端，却没有陷于荒

---

① （宋）程颢、程颐：《二程集》，王孝鱼点校，中华书局2004年版，第144页。
② （宋）黎靖德编：《朱子语类》，王星贤点校，中华书局1986年版，第224页。
③ （宋）黎靖德编：《朱子语类》，王星贤点校，中华书局1986年版，第224页。

谬，这是朱熹理学的合理之处。

陈亮与朱熹的论辩也自然避不开天理与人欲的关系问题，只不过，在辨析理欲关系时，没有就事论事，而是围绕着道义与事功的价值优先性，将天理人欲、三代汉唐、义利公私等问题综合在一起讨论。朱熹视"存天理，灭人欲"为圣人之教的根本宗旨，不明此理，便不能体察圣人之道。从天理和人欲对立的立场出发，朱熹批评汉唐"专以人欲行"，然其之所以能维持长久不衰，是因为"其间有与天理暗合者"，系人欲与天理碰巧相合，只是偶然现象。他说："然天地无心而人有欲，是以天地之运行无穷，而在人者有时而不相似。盖义理之心，顷刻不存则人道息，人道息则天地之用虽未尝已，而其在我者则固即此而不行矣。不可但见其穹然者常运乎上，颓然者常在乎下，便以为人道无时不立，而天地赖之以存之验也。夫道之存亡在人，而不可舍人以为道者，正以道未尝亡，而人之所以体之者有至有不至耳。非谓苟有是身则道自存，必无是身然后道乃亡也。……盖道未尝息，而人自息之。……此汉唐之治所以虽极其盛，而人不心服，终不能无愧于三代之盛时也。"①

朱熹以为天道（天理）是恒存不息的，天理常通过人道来体现，但有时则不然，人道有可能被欲望蒙蔽，不能实现天理。比如：三代之君存天理，灭人欲，能体察天理；汉唐君主则昧于人欲，不能体道。陈亮则认为汉唐之世绝不是像朱熹所说的那样完全违背天理、行人欲。他说："近世诸儒，遂谓三代专以天理行，汉唐专以人欲行，其间有与天理暗合者，是以亦能久长。信斯言也，千五百年之间，天地亦是架漏过时，而人心亦是牵补度日，万物何以阜蕃，而道何以常存乎？"② 陈亮亦承认汉唐之世偶有时会闭眼胡做，有违天理（天道），但其开眼运用时，无往而非赫日之光明，成就宏大的事功，故而他们亦能体现天理，与三代君主虽有程度上的差异却无本质的区

---

① （宋）陈亮：《陈亮集》（增订本），邓广铭点校，中华书局1987年版，第365页。
② （宋）陈亮：《陈亮集》（增订本），邓广铭点校，中华书局1987年版，第340页。

别。假若朱熹所说，汉唐只是"架漏过时，牵补度日"，那为什么还会有千百年社会的安定太平呢？

唐君毅在《中国哲学原论》中也站在陈亮的立场，不认同汉唐之人"有眼皆盲"的说法。他认为：

> 吾原道篇一书专论义理，亦同不谓汉唐之世有眼皆盲，而尝论汉世儒者，亦能建立种种顺天应时之道等；又尝论魏晋之世，人能明玄理，成文学艺术之道；隋唐之为佛者，亦能立佛道。此亦即谓道无不流行之时，人之慧眼无尽盲之日，盲于此则不盲于彼；故亦不以汉唐只为道丧之日。吾之所言与陈亮之所言者虽不同，然其不以汉唐之千余年间，有眼皆盲则一也。①

唐君毅从历史发展的维度，认为汉唐之世并没有因其事功追求而丧失儒家之道。在他看来，无论两汉、魏晋，还是隋唐，世人都能因时因势立身行道，尽管不同历史时期的道有儒、道、释三家之分异，但总体而言，人之慧眼并没有"尽盲"，只不过"盲于此则不盲于彼"而已。

陈亮明确指出，天理于人伦日用之间，与人欲须臾不离。"此道在天地间如明星皎月，闭眼之人开眼即是，安得有所谓暗合者乎！天理人欲岂是同出而异用？只是情之流乃为人欲耳，人欲如何主持得世界！"② 至此，陈、朱二人在理欲关系上的分歧甚至对立已十分明显：陈亮认为"理存于欲"，强调足欲并不害于理；朱熹则主张理欲对立，存理灭欲。至于判别天理、人欲的标准，则体现了唯动机论和效果论对立。朱熹认为："天理人欲二字，不必求之于古今王霸之迹，但反之于吾心义利邪正之间，察之愈密则其见之愈明。"③ 朱熹以善的动机出发，认为汉唐流于人欲而有悖天理。陈亮则从"王霸之迹"

① 唐君毅：《中国哲学原论·原教篇》，中国社会科学出版社 2006 年版，第 450 页。
② （宋）陈亮：《陈亮集》（增订本），邓广铭点校，中华书局 1987 年版，第 390—391 页。
③ （宋）陈亮：《陈亮集》（增订本），邓广铭点校，中华书局 1987 年版，第 360 页。

（实际效果）来考察，汉唐所取得的事功不比三代差，亦合于天理，即使如朱熹所批评的那样，汉唐流于情欲，在陈亮看来也没关系，因为天理乃"人情之至"，只要人的情欲为公之至尽，便是天理。有几分公心，便有几分天理，二者"与生俱生，固不可得而离也"①。也就是说，人的情欲如果不流为自私，即可达至天理。

明末清初的经世儒者，延续了陈亮对朱熹的批评，他们从不同视角表达了对"人欲"的肯定。颜元从人性论的立场肯定欲的合理性，把欲望视为"人之真情至性"，批评理学的禁欲主义。李贽则从理欲的一致性出发，以欲为理，认为"穿衣吃饭，即是人伦物理；除却穿衣吃饭，无伦物矣"②。天理就在人伦日用之间，在此之外，根本没有所谓天理。戴震既肯定欲的合理性，也强调"节欲"，他指出："非以天理为正、人欲为邪也。天理者，节其欲而不穷人欲也。"③ 总之，和宋儒相比，明末清初儒者更加关注理欲之辨，将其作为批判理学的重要议题。通过对欲的合理性的肯定，变理欲对立论为理欲统一论，在坚持儒家基本价值原则的前提下，给予利欲追求以合理的价值地位，从而为儒者在世俗生活中的事功追求提供了有效的价值支持。

概言之，义利关系在孔子那里，并没有呈现重此轻彼的倾向，自孟子提出"何必曰利"的命题之后，后儒大都严守义利对立的价值立场，汉儒董仲舒明分义利，宋明理学进一步将义利之辨与理欲之分、公私之别结合起来，如朱熹所说："义者，天理之所宜。"理学家不仅从形而上的天理那里为儒家的仁义道德原则找到了根据，还在世俗社会生活中将义利与公私结合起来，"义与利，只是个公与私"④。这样一来，在重义轻利价值观的基础上，义、理、公在理学体系中便具有同等重要的价值。重义轻利、公而去私、存理灭欲亦成为理学家的共识。与此同时，儒家自荀子以降，注重经世事功的儒者

① （宋）陈亮：《陈亮集》（增订本），邓广铭点校，中华书局1987年版，第104页。
② 张建业、张岱注：《李贽全集注·焚书注》，社会科学文献出版社2010年版，第8页。
③ （清）戴震：《戴震集》，汤志钧校点，上海古籍出版社1980年版，第276页。
④ （宋）程颢、程颐：《二程集》，王孝鱼点校，中华书局2004年版，第176页。

将目光聚焦于社会现实问题，重视个体的利益需求，特别是自宋代事功之学兴起后，事功派学者对长期被忽略的利、欲、私等范畴，进行自觉反思，提出义利融合、公私合一、理存于欲的主张，将利包摄在义的标准之中，融利于义，肯定自利的需要和事功追求，弥合道德与人欲、事功之间的断裂，重新修正了儒学的价值坐标。

## 第四节　唯实求变的经世致用论

经世致用是儒家伦理一以贯之的内在精神，但是从德性伦理与事功伦理的分野来看，德性伦理着力于心性修养，认为只要做好分内之事，"正其谊""明其道"，外王事功便自然而至，故持心性论的儒者，大都对经世致用抱有十分乐观的态度。相比之下，事功伦理则更加关注外在世界对实现经世致用的巨大压力，不相信仅依靠个人德性的力量能克服外界的重重困难以达到外王之目标。虽然并不否认个体道德修养在由己及人过程中具有极强的感染力，但并不认为这种影响力能够遍及整个社会。因此，事功派学者大都在修养个体品格的同时，将思想的重心放在能够破除经世致用道路上的外在障碍的实际知识，培养研究和解决现实问题的能力以有效地应对世变，从而建立赫赫事功。

中国台湾学者林保淳指出了儒家心性派与事功派在实现经世致用问题上的差异，"就理论而言，'心性派'所持的观点，不免倾向于理想主义，虽然在个人道德修持的层面上，有其一定的价值，但是，一旦面临外在情境所引发的难题时，就不免难以济变，形成空谈了；相对地，'事功派'将着眼点置于历史难题的解决，无可避免地带有实用功利的色彩，定策戡乱之功虽多，然当难题消解后，则不免流于权术一路，反而造就了新的难题"[1]。林氏认为心性与事功的分途突显出各自之弊，直接影响到儒家经世致用目标的达成，故此，只有心性与事功的相互配合，才能实现儒家内圣外王的经世理想。

---

① 林保淳：《旧命题的全新架构——明清之际的经世思想》，《幼狮学志》1987 年第 4 期。

## 一 经史并重的治学路向

经与史关系可以追溯到先秦，经学的出现要晚于史学，可以说史在经先，章学诚指出："经名未立，而先有史矣。"西汉时期，随着儒学获得"独尊"地位，经学开始兴盛，史学的地位下降，甚至沦为儒家经典的附庸。周予同先生称这一现象为"史附于经"。魏晋之际，史附于经的状况开始改变，史书独成一部。到唐初修《隋书·经籍志》，将经、史、子、集作为四部最终固定下来。①

到了宋代，经学与史学的发展进入繁荣期，梁启超曾说："人们只说宋朝理学发达，不知史学也很发达。"②史学大家陈寅恪也说："中国史学莫盛于宋。"③不过，经与史的尊卑关系也开始成为儒者热衷的议题。钱大昕在《廿二史札记》的"序"中写道："经与史岂有二学哉？……初无经史之别，厥后兰台、东观，作者益繁，李充、荀勖等创立四部，而经史始分，然不闻陋史而荣经也。"二程和朱熹都持重经轻史之立场，程颢批评学生谢良佐喜好史学是"玩物丧志"，朱熹亦教导学生读书要"以经为本"。对于重视史学的浙东学者，朱子颇为不屑，认为史学"见得浅"，他批评吕祖谦和陈亮"被史坏了"，他说："看史只如看人相打。相打有甚好看处？陈同父一生被史坏了，直卿言：'东莱教学者看史，亦被史坏。'"④事实上，事功派学者在批评心性之学，阐发务实求功思想的过程中，的确十分重视史学研究，注重借鉴历史经验，以史论事，意在为宋朝政治提供经验教训，以达经世致用之目的。

北宋的曾巩明确指出了历史的鉴戒作用，他在编校《南齐书》后写的"南齐书目录序"中说："将以是非得失兴坏理乱之故而为法戒，则必得其所托，而后能传于久，此史之所以作也。"陈亮年轻时

---

① 参见许道勋《论经史关系的演变》，《复旦学报》（社会科学版）1983 年第 2 期。
② 梁启超：《中国历史研究法补编》，台北：台湾商务印书馆 1933 年版，第 230 页。
③ 陈寅恪：《金明馆丛稿二编》，上海古籍出版社 1980 年版，第 240 页。
④ （宋）黎靖德编：《朱子语类》，王星贤点校，中华书局 1986 年版，第 2965 页。

的成名作——《酌古论》就是一部史学著作，他自言写作此书的目的
在于："能于前史间窃窥英雄之所未及，与夫既已及之而前人未能别
白者，乃从而论著之；使得失较然，可以观，可以法，可以戒，大则
兴王，小则临敌。"① 从历史的经验得失中寻找治世的智慧是事功派
学者看重史学研究的意图所在，永嘉事功派的薛季宣、陈傅良、叶适
都是如此。薛季宣尤重考订历史，"自六经之外，历代史、天官、地
理、兵、刑、农、末至于隐书小说，靡不搜研采获，不以百氏故废。
尤邃于古封建、井田、乡遂、司马之制，务通于今"②。陈傅良、叶
适也将史学研究贯穿于整个学术生涯，叶适晚年作《习学记言序
目》，全书五十卷中有二十五卷系专门论史之作。

　　重视史学研究是南宋浙东事功派学者的治学特色，明末清初浙东
学派的黄宗羲等人仍然延续了这一传统。然而，若朱熹所说"被史坏
了"却失之于偏。一方面，事功学者重视史学研究与其道不离事的基
本立场是一致的。王阳明一语道出了道、事与经、史的关系，他说：
"以事言谓之史，以道言谓之经。"③ 叶适也指出："经，理也；史，
事也。"④ 正所谓经以载道，史以纪事。经与史的关系，在一定意义
上是道事关系的反映，二者具有内在逻辑上的一致性。事功学派把史
提高到与经并重的地位，花费大量的精力进行史学研究，其目的在于
从历史史实中寻找实现事功的理论依据和实践智慧。

　　另一方面，事功学者重视史学的同时，亦注重对原始儒学经典的
研究，试图通过对儒家经典的批判性诠释，为事功之学确立理论依
据，在治学路向上体现为研经与治史并重。叶适说："《春秋》名经

　　① （宋）陈亮：《陈亮集》（增订本），邓广铭点校，中华书局1987年版，第50页。
　　② 陈傅良：《陈傅良先生文集》，浙江大学出版社1999年版，第644页。
　　③ （明）王阳明撰，吴光等编校：《王阳明全集》卷一，上海古籍出版社2012年版，
第9页。
　　④ （宋）叶适：《叶适集》，刘公纯、王孝鱼、李哲夫点校，中华书局1961年版，第
221页。

而实史也，专于经则理虚而无证，专于史则事碍而不通。"① 叶适认为，被儒者奉为六经之一的《春秋》，实际上是一部史学著作，经学研究与历史研究不能分离，忽视经义，无法理解圣人的微言大义；忽视史实，则会陷于空谈而不能见用于世。他批评孟子重经轻史的倾向，"若孟子之论理义至矣，以其无史而空言，或有史不及见而遽言，故其论虽至，而亦人之所未安也"②。叶适也肯定重视经的孟子对儒家义理的理解，认可其理论体系的严整、完备，但因史学研究上有所疏略，以致有空疏之弊。正是出于对现实的关切，叶适晚年著有《习学记言序目》一书，除儒家六经外，还遍读十七史，在史学研究上用力颇多。

事功派学者与朱熹对于史的态度分歧其实不在于读不读史或只读经而不读史的问题。朱熹也非常重视史学研究，他本人曾编修《资治通鉴纲目》，只不过，朱熹强调经的价值重于史，儒者先读经然后方可读史；事功派学者则不同，认为经与史没有轻重、先后之分，经亦史，史即经，叶适视《书》《诗》《春秋》三部儒家经典为史书，《书》记载了唐、虞三代之事，《诗》记载了周代的民情，《春秋》记载了周衰以后的事情。三者仅有体例和所记内容之不同，并无本质的差异。

清初的李塨、黄宗羲等人十分重视历史研究，李塨特别强调历史对于后世人的镜鉴价值，他说："史记一代政事之治乱、人才之消长，为后世鉴耳。"③ 在他看来，经与史并不矛盾，各有其价值，"经者修己治人之类谱，史者修己治人之榜样也"，所以他在治学过程中提倡经史并重，对"十三经，二十一史，须渐考之"④，李塨所著《拟太平策》，大致据《周礼》而来，《阅史郄视》对二十一史进行了详细

① （宋）叶适：《叶适集》，刘公纯、王孝鱼、李哲夫点校，中华书局1961年版，第221页。
② （宋）叶适：《习学记言序目》，中华书局1977年版，第205页。
③ （清）李塨：《李塨集》，陈山榜等点校，人民出版社2014年版，第1205页。
④ （清）冯辰、刘调赞：《李塨年谱》，陈祖武点校，中华书局1988年版，第12页。

的研究，显示了他重史的治学风格。

黄宗羲治学亦坚持经史并重，认为"学必原本于经术，而后不为蹈虚；必证明于史籍，而后足以应务"①。黄宗羲虽视经术为学问之本，但反对拘泥于一家之言，食古不化，流于迂腐，故强调治史，以史证经，实现经世致用的目的。他说："国可灭，史不可灭，后之君子，而推寻桑海余事，知横流在辰，犹以风教为急务也。"② 黄宗羲认为治史的意义，绝不限于研求历史治乱、兴亡之事的记载详略与否，而在于从历史治乱、兴替中探求治世之道，以资用世。

黄宗羲的史学研究以致用为宗旨，将义理寓于史学之中，这与理学家从《易经》《论语》《孟子》《大学》《中庸》中阐发义理的路向有所不同，理学家着力于通过对儒家经典文献的注释、演绎，重构义理之学；黄宗羲则从历史的演化中阐明义理。义理之终极目标相同，但二者撰述的对象则不一样。黄宗羲尤其重视当代的人和事，着意于民族存亡与国家盛衰，并借史实分析了明朝灭亡的原因，他说："有明朋党之祸，至于亡国，论者亦止谓其递胜递负，但营门户，罔恤国是已耳。然所以亡之故，皆不能指其事实，至于易代而后明也。"③ 黄宗羲以朋党之祸作为明亡的原因，揭示了明代朝廷的门户之争，有一定道理，虽并未切中明亡的真正原因，但其借史实而言义理的意图表露无遗。

"六经皆史""经史一物"的观念在明清之际逐渐深入人心，特别是在经世事功派学者道在事中、即事言理、即器明道的治学思路的影响下，史学的地位大大提升，章学诚在《文史通义》中说："《易》曰：'形而上者谓之道；形而下者谓之器。'道不离器，犹影不离形，后世服夫子之教者自'六经'，以谓'六经'载道之书也，而不知'六经'皆器也。……夫天下岂有离器言道，离形存影者哉？彼舍天下事物、人伦日用，而守'六籍'以言道，则固不可与言夫道矣。"

① （清）全祖望：《通上证人书院记》，载《鲒埼亭集》卷十六，姚江借树山房藏板同治十一年刊本，第23页。

② 沈善洪主编：《黄宗羲全集》，浙江古籍出版社2005年版，第10册，第330页。

③ 沈善洪主编：《黄宗羲全集》，浙江古籍出版社2005年版，第10册，第330页。

（《文史通义·原道中》）章学诚"六经皆史"的命题消解了儒家经典的神圣性，并将经史关系解释为道器关系，道在器中，道不离器，故而经亦不能离开史，在这一意义上，"六经"亦为"器"。章氏此论，应当是对南宋事功派学者经即史观念的发展和深化，特别是从道器关系上论述经史关系，为"六经皆史说"奠定了哲学本体论基础。

## 二　重视实用的人才理念

儒家从先秦开始，在实现救世之志的过程中，就十分重视人才培养的问题。孔子一生周游列国，救世之志虽不得施展，却培养了一大批人才。孔子授徒，不拘一格，因材施教，其弟子在德性、政事、文学、言语等方面各有所长，既有以德行修习见长的人才，亦有经世实用型人才。孔子之后，孟子注重从道德的角度来评判人才，荀子的人才标准则比较多元，类型也多，其评价标准既讲道德，也注重实际才能和事功。

汉代之后，以道德作为选拔人才的标准甚至被作为制度确定下来，如"举孝廉"。汉魏之际，"清议"之风兴起，对人才的评议由"道德"转向"才性"，从人的外貌、言行举止等多元指标来评判，开始呈现德才分离的倾向。隋唐时期，科举制的创立，在人才的选拔、使用方面有了很大进步，但随着君主制的发展成熟，这一时期的人才观具有较浓厚的忠君主义倾向。

从宋代开始，随着儒学的复兴，德性和事功成为人才评价中的两个重要标尺，以德性为先，还是重视事功才能，儒者之间存在不同观点。以程朱理学为代表的心性之学强调德性修养在人才评价中具有价值优先性，经世事功派学者则认为具有实用知识和才能方称得上人才。陈亮、叶适明确以"实用"作为衡量人才的标准，陈亮说："人才以用而见其能否，安坐而能者不足恃也；兵食以用而见其盈虚，安坐而盈者不足恃也。"① 他对于空谈道德性命的儒者不屑一顾，对能

---

① （宋）陈亮：《陈亮集》（增订本），邓广铭点校，中华书局1987年版，第3页。

建功立业的"豪杰之士"则十分推崇，认为"求天下豪杰特起之士，所以恢圣业而共治功"①。

由于北宋立国之初推行重文轻武的政策，导致"满朝朱紫贵，尽是读书人"，具备经世事功才能的实用型人才十分缺乏。李塨引其师颜元的话道出了重文轻武的缘由，"颜习斋先生曰：宋主以将得众心而窃天下，故销将权，去藩镇，一闻士心服将，则惧而销其位，而不知将缩兵弱，遂至于积衰而丧亡也，悲夫！"② 王安石批评太学的教学内容只有"讲说章句"而没有"治理国事"的实际知识，"讲说章句，固非古者教人之道也。而近岁乃始教之以课试之文章。夫课试之文章，非博颂强学、穷日之力则不能。极其能工也，大则不足以用天下国家，小则不足以为天下国家之用"③。王安石认为"章句"之学和"课试"文章十分耗费学生的精力，即使学生"白首于庠序"，学得再好，也没有实际用处，一旦让其从政，便"茫然不知其方"，这样的教学非但不能"成人之才"，只会毁坏人才。

王安石、陈亮、颜元等人都十分强调在人才培养过程中，对于实用知识的学习。王安石希望教学内容以"礼乐刑政之事"为主，让学生兼习"文武之道"，掌握能够从政的实用知识，如此才符合圣人设教的本意。陈亮亦认为真正的人才应当"文武兼修"，不能将其分为两事。他说："文武之道一也，后世始歧而为二：文士专铅椠，武夫事剑楯。彼此相笑，求以相胜。天下无事则文士胜，有事则武夫胜。各有所长，时有所用，岂二者卒不可合耶？"④ 陈亮、王安石的批评可谓切中时弊，北宋以来，边境屡被辽金侵扰，朝廷抗击不力，终致靖康之耻。南渡之后，高宗主和，对金屡屡退缩，主战派备受打压，朝野文士萎靡，儒者醉心于心性之学，思想界空疏之风日盛，在

①　（宋）叶适：《叶适集》，刘公纯、王孝鱼、李哲夫点校，中华书局1961年版，第801页。

②　（清）李塨：《李塨集》，陈山榜等点校，人民出版社2014年版，第1192页。

③　（宋）王安石：《王安石全集》，秦克、巩军标点，上海古籍出版社1999年版，第5页。

④　（宋）陈亮：《陈亮集》（增订本），邓广铭点校，中华书局1987年版，第50页。

这样的危局之下，急需具备实际才能和勇武精神的人才力挽狂澜，重振国势。

明末清初的颜元对王安石推崇备至，"介甫吾所推服，为宋朝第一有用宰相"①。他认为王安石有将相之才，扶危济世之功，决非一般儒生所能比，"王荆公经济之儒，亦识见政事同志同才，能于乾坤中包括三路，岂可与书生、文人冒儒道者，同日语哉?"② 李塨对宋代文尊武卑制度带来的种种弊端深恶痛绝，他指出，武将不受重视，地位低下，常常被迫贿赂权贵，讨好文官，导致军兵训练不精，必然打败仗，国家如何不亡? 因此，李塨与陈亮一样，主张"文武合一"，并将其视为治理天下的"四大端"之一。他说："予尝谓治天下有四大端，曰：仕与学合，文与武合，官与吏合，兵与民合。"③ 浙东的黄宗羲认为文武分为两途自唐、宋始，降至明朝，"截然不相出入"④。鉴于此弊，他亦主张文武合途，"使文武合为一途，为儒生者知兵书战策非我分外，习之而知其无过高之论，为武夫者知亲上爱民为用武之本，不以粗暴为能，是则皆不可叛之人也"⑤。在黄宗羲看来，儒生要学习军事知识，通晓用兵之道，避免空谈，武将要"习文"，明白"亲上爱民"之理，以免流于粗暴，文武兼备方能成为经天纬地的人才，实现安国家、全社稷的事功。

颜元不仅强调对实用知识的学习，他还仿效宋初的胡瑗，以开办书院的方式将其重实用的人才培养理念付诸实践。他晚年主持漳南书院时，在教学内容上分设文事、武备、经史、艺能等诸科，体现了德、智、体全面发展的人才培养方向。值得一提的是，颜元所设以教授水学、火学、工学、象数等内容为主的"艺能"科，有些近似近代西方自然科学的内容，在某种意义上可以视其为沟通中西学术的初

① （清）颜元：《颜元集》，王星贤、张芥尘、郭征点校，中华书局1987年版，第288页。
② （清）颜元：《颜元集》，王星贤、张芥尘、郭征点校，中华书局1987年版，第314页。
③ （清）李塨：《李塨集》，陈山榜等点校，人民出版社2014年版，第1124页。
④ 沈善洪主编：《黄宗羲全集》，浙江古籍出版社2005年版，第1册，第34页。
⑤ 沈善洪主编：《黄宗羲全集》，浙江古籍出版社2005年版，第1册，第35页。

步探索。

李塨批评了八股取士制度，认为通过八股科举选拔的人才，只知读书，不通世事，毫无用处，他说："所学非所用，所用非所学，且学正坏其所用，用正背其所学，以致天下无办事之官，庙堂少经济之臣，民物鱼烂河决，谁遗之祸哉？"① 李塨以儒家六艺为经世学术，认为其可以修齐、可以治平，与辞赋之学不可同日而语。"古人之学，礼、乐、兵、农，可以修身，可以致用，经世济民，皆在于斯，是所谓学也。"② "思学礼乐兵农，而身无之，非为利，则无用。"③ 李塨还对教学内容和学制做了详细设计，童子自八岁开始入里学，主要学习基本的礼仪规范、识字、学数等，三年为期，期满考核通过可升一级，转入学习儒家经典，之后以三年为一个阶段，依次而进，由里学、邑学、乡学、县学到府学。

李塨设计的教学计划体现两个特点。一是教学内容十分丰富，开设农科、礼科、乐科、兵科、刑科、工科等，既包括儒家经典文献，也涉及诸多自然科学方面的知识，在李塨看来，"惟兼科多，以用多也"④。二是强调学与用相结合，在每个阶段学习完成后，即将所学知识用于实践，然后再进入下一阶段的学习，这种学用结合的教学设计是十分独特的，体现了事功派学者重视实用和习行的治学风格，与理学家"半日静坐，半日读书"做法大异其趣。

在人才培养目标方面，事功派学者主张培养才德兼备的"实才"，以"成人"为最高境界。朱熹曾劝说陈亮"以醇儒之道自律"，陈亮对此不以为然，他心目中理想的人才应当是"成人"，而不是所谓"醇儒"。他本人也以"成人"为目标，要做个"人"，而非成为"儒"。他说："学者，所以学为人也，而岂必其儒哉……亮之不肖，于今世儒者无能为役，其不足论甚矣，然亦自要做个人，非专循管、

① （清）李塨：《李塨集》，陈山榜等点校，人民出版社2014年版，第1138页。

② （清）颜元：《颜元集》，王星贤、张芥尘、郭征点校，中华书局1987年版，第37页。

③ （清）冯辰、刘调赞：《李塨年谱》，陈祖武点校，中华书局1988年版，第129页。

④ （清）李塨：《李塨集》，陈山榜等点校，人民出版社2014年版，第1222页。

萧以下规模也，正欲搅金银铜铁熔作一器，要以适用为主耳。"① 陈亮认为，孔门子夏、子游恪守道德教条，缺乏向外开拓、建立功业的气魄，是为"学之不至"，相当于荀子所说的"贱儒"；管仲虽在道德上有瑕疵，却因其取得的显著事功，可称为"人"。孔子以具备智、德、勇、艺等方面才能的"成人"作为人才的最高境界，"若臧武仲之知，公绰之不欲，这下庄子之勇，冉求之艺，文之以礼乐"。（《论语·宪问》）陈亮发挥了孔子的"成人"思想，认为真正的人才应当才德兼备，仁、智、勇并重，他指出："故后世所谓有才而无德，有智勇而无仁义者，皆出于儒者之口；才德双行，智勇仁义交出而并见者，岂非诸儒有以引之乎！故亮以为：学者学为成人，而儒者亦一门户中之大者耳。秘书不教以成人之道，而教以醇儒自律，岂揣其分量则只于此乎？"② 可见陈亮眼中的人才除了需要具备仁义等道德内容外，还要"以适用为主"，能够在现实政治生活中建功立业，他常称之为"英雄"。

## 三　因时权变的救弊之道

强烈的现实诉求是事功伦理的主要特色，体现了儒家用世行道、经世致用的愿望，这种愿望的强弱与时势的刺激密切相关。也就是说，大凡在时局动荡、社会变革的历史时期，事功之学总会应时而起，以救治时弊、变革社会为己任。从两宋朝廷面临的内忧外患到明末清初天崩地解的社会大变局以至于清末轰轰烈烈的救亡图存运动，都可以看出事功伦理与时势激荡的密切关系。

事功派学者在阐发救弊之道的过程中，表达了强烈的变革意识，特别强调时移则事异，制度的设计要因时制宜、因势制宜、权时而变。李觏为解决宋代的政令之弊，借用《周礼》的通变理论，提出

---

① （宋）陈亮：《陈亮集》（增订本），邓广铭点校，中华书局1987年版，第346—347页。
② （宋）陈亮：《陈亮集》（增订本），邓广铭点校，中华书局1987年版，第341页。

了政治改革的主张，他认为：“夫救弊之术，莫大乎通变。”① 通则变，变则久，只有通变才能解决北宋朝廷面临的危机。李觏还批评了孟子将礼与权分离的观点，孟子以“男女授受不亲”为礼，“嫂溺援之以手”为权，李觏不同意孟子以“己意”为权，认为：“嫂溺援之以手，亦礼也。”② 他将权与礼结合起来，认为权亦是礼的内在要求，是“智之动，义之会也”③。李觏纳权于礼，赋予礼因时而变的特性，体现了他重时变，反对崇古贱今的思想特点。改革家王安石亦持同论，认为“礼贵从宜，事难泥古”。时势处于不断变动之中，制度设计也要针对不同情势，因时而变，因此先王之法亦可变通。

　　和王安石大约同时的曾巩也强调为政要针对国家的具体情况，适时而变，不可一味固守先王之法而不知通变。他说：“古今之变不同，而俗之便习亦异，则亦屡变其法以宜之，何必一二以追先王之迹哉？其要在于养民之性，防民之欲者，本末先后能合乎先王之意而已，此制作之方也。……然后其所改易更革，不至乎拂天下之势，骇天下之情，而固已合乎先王之意矣。”④ 曾巩认为“法先王”并不意味着要固守先王之法，而是要法先王之“意”，根据时势的变化而相应地变革制度以救治时弊，才是合乎先王之“意”的做法。曾巩此论无疑为王安石推行变法提供了合理性辩护。南宋的陈亮在希望英雄人物挽救时局，成就事功时，亦十分强调时机的重要性，他说：“夫天下有大变，功名之机也。抚其机而不有人以制人，岂大变终已不得平乎！此非天意也；顾实生之，而人不知所用耳。”⑤ 陈亮认为“天下大变”为英雄人物建立经世事功提供了很好的时机，若能捕捉住机会，便能谱写崭新的历史。明末清初的黄宗羲亦主张在国家存亡的危急关头，要依据具体形势，采用灵活的对策，不可固守教条。他说：“当国危

① （宋）李觏：《李觏集》，王国轩校点，中华书局1981年版，第28—29页。
② （宋）李觏：《李觏集》，王国轩校点，中华书局1981年版，第18页。
③ （宋）李觏：《李觏集》，王国轩校点，中华书局1981年版，18页。
④ （宋）曾巩：《曾巩集》，陈杏珍、晁继周点校，中华书局1984年版，第182—183页。
⑤ （宋）陈亮：《陈亮集》（增订本），邓广铭点校，中华书局1987年版，第240页。

亡，曰守曰避。择斯一者，视其形势。唐避再兴，宋守不坠，未尝执一，以为正义。"① 因为古今时代不同，形势各异，对历史经验不仅要知其然，还要知其所以然，才能了解古人成功经验背后的"真意"，所以，黄宗羲劝告为政者一定要懂得变通，如果拘泥一说，必不能成事，最终不仅害国之利，亦害大义。

王安石还特别重视时势的重要性，即使是圣人也要顺应时势，根据时势的需要或建功立业，泽被万民，或立德立言，垂范后世。他以大禹和颜回为例加以说明，"当尧之时，天下之民患于洚水，尧以为忧，故禹于九年之间三过其门而不一省其子也。回之生，天下之民患有甚于洚水，天下之君忧有甚于尧，然回以禹之贤，而独乐陋巷之间，曾不以天下忧患介其意也。夫二人者，岂不同道哉？所遇之时则异矣。盖生于禹之时而由回之行，则是杨朱也；生于回之时而由禹之行，则是墨翟也"②。禹与颜回都被儒者奉为圣贤，然而其"形迹"却大不相同：大禹以治水之事功润泽百姓，颜回则以安贫乐道的德性修习受人称赞。究其原因，王安石认为是由于二人遭逢的时势不同，面临的问题不同，故而呈现"作为"的差异。颜回居陋巷不改其乐，如果在禹之时，不过是只知"贵己"的杨朱之行；大禹为治水，三过家门而不入的事功追求，若于颜回之时，与"摩肩放踵"的墨家没有任何区别了。所以圣贤要在时世的变化中，关注现实问题，应合时势的需要，因时作则、因势作则，方为圣贤。李塨在阐述其经世思想时亦指出"思学者经济天下，欲窥其大，尤欲切于时"③。告诫学者在追求经济天下的事功时，要切合时代需要，对症下药，才能建立一番功业。

王安石进一步指出伯夷、柳下惠虽有"隘"和"不恭"的缺点，但都因能切合时势所需，矫正时弊，故不害其为圣人。孔子之所以为

---

① 沈善洪主编：《黄宗羲全集》，浙江古籍出版社 2005 年版，第 10 册，第 231 页。

② （宋）王安石：《王安石全集》，秦克、巩军标点，上海古籍出版社 1999 年版，第227 页。

③ （清）冯辰、刘调赞：《李塨年谱》，陈祖武点校，中华书局 1988 年版，第 60 页。

圣，亦在于能够权衡"时"的变化，整合情势条件，依据"可以速""可以久""可以仕""可以处"的标准，不执一端，纠正了伯夷、伊尹、柳下惠三圣人之弊，"集其行而制成法于天下……然后圣人之道大具，而无一偏之弊矣"①。王安石明确将能够懂得权变作为圣贤的标准，"如圣之道皆出于一而无权时之变，则又何圣贤之足称乎？圣者，知权之大者也；贤者，知权之小者也"②。王安石并没有以道德来界说圣贤，在他看来，圣与贤没有本质的不同，二者的差别不在于道德水平的高下，而在于知权之"大小"。圣人"知权之大"，贤人则"知权之小"。

南宋事功学派的叶适从道与万物的不断运动变化来论说其重时势权变主张的合理性。他引用《易》对道的看法，"古人言天地之道，莫详于《易》，即其运行交接之著明者，自画而推，逆顺取之，其察至于能见天地之心，而其粗亦能通吉凶之变，后世共由，不可改也"③。叶适采《易》之所言，从天地万物化生、变化的规律和意义上，将道界定为万物"运行交接之著明者"，就其存在状态而言，必然随着历史的发展而处于不断运动变化中。

叶适进一步指出："时常运而无息，万物与人亦皆动而不止。《易》虽因事以明随时之义，然终不能尽其变通，而古今憧憧，更起迭仆，如机发轮转而不得停也，可不衰欤！"④ 既然道与万物皆"动而不止"，在把握道时，就应当顺时而变。然而，叶适认为后世儒者不能很好地理解道的运动变化之义，在治世过程中不知变通，导致时局动荡，社会失序。陈亮也强调帝王发言立政，要从社会现实着眼，因时制宜，他说："古之帝王独明于事物之故，发言立政，顺民之心，

---

① （宋）王安石：《王安石全集》，秦克、巩军标点，上海古籍出版社1999年版，第223页。

② （宋）王安石：《王安石全集》，秦克、巩军标点，上海古籍出版社1999年版，第247页。

③ （宋）叶适：《习学记言序目》，中华书局1977年版，第212页。

④ （宋）叶适：《叶适集》，刘公纯、王孝鱼、李哲夫点校，中华书局1961年版，第156页。

因时之宜，处其常而不惰，遇其变而天下安之。"① 陈亮为统治者指明了治国之道，即务实事而不空谈，顺应民意，因时而变，唯如此，才能做到天下安定时不懈怠，社会动荡时处变不惊，安治天下。

叶适还分析了治与经的关系，他认为儒家经典是对于治世成功经验的总结，先有治世之实践，然后才有经。后世儒者只知有经，却不知经来自治，所以才奉经为治世之不二法门，全然不知因时、因事变通。陈亮主张认真学习历史，借鉴历史经验，把握历史发展之道，既不能泥古而忽今，也不能重今而遗古，应当注意其连贯性和一致性，比如宋代许多制度因袭前朝旧制，如何使这些制度适应新的社会现实，就必须"考古今之变，取其宜于时而可行，验于经而不悖者"②，作为变革社会制度的有益资源。

陈亮和叶适也注意到古今历史情势的相似性，他们通过对比汉宋两朝的发展轨迹，对光武帝刘秀中兴汉室给予了极高的评价。陈亮认为，南宋朝廷面临的情境与光武帝时十分相似，既然光武帝能实现中兴汉室大业，宋帝只要以其为榜样，一定能实现宋室中兴。叶适则认为光武复兴汉室比高祖刘邦建汉还要难，因为缺少张良、陈平那样得力的贤臣辅佐。陈、叶二人的这种比较有机械比附的嫌疑，其主要意图是为宋帝抗金复土，重兴宋室树立信心，提振士气。

事功派学者还特别强调发挥人的主观能动性，在纷乱的世事中积极行道。陈亮引证《周易》视天、地、人为"三才"的思想，把人置于与天、地并立的地位，主张发挥人在治世中的主体作用，"人不立则天地不能以独运，舍天地则无以为道矣"③。人既是推动道发展的主体，也是起点，"人道备，则足以周天下之理，而通天下之变"④。薛季宣将人在行道过程中的主体性明确表达道"在我而已"，这一命题不同于孟子的"万物皆备于我"，也不同于陆九渊的"吾心

---

① （宋）陈亮：《陈亮集》（增订本），邓广铭点校，中华书局 1987 年版，第 103 页。
② （宋）陈亮：《陈亮集》（增订本），邓广铭点校，中华书局 1987 年版，第 152 页。
③ （宋）陈亮：《陈亮集》（增订本），邓广铭点校，中华书局 1987 年版，第 345 页。
④ （宋）陈亮：《陈亮集》（增订本），邓广铭点校，中华书局 1987 年版，第 104 页。

即是宇宙"，在赋予人行道的主体地位时，并不赞同孟子、陆九渊从由心体道的路径，而是强调从现实事物出发，通过对时势的顺应和把握，实现儒家之道。无论陈亮的以人行道，还是薛季宣的"道之在我"，都体现了事功学者在时局危机之时，顺时求变的救世意识和勇于担当的精神。

总之，事功学派对因时通变的救弊之道的阐发体现了两个特点：一是在为救弊之道寻找理论依据时，其立足点始终放在现实社会的具体事物上，特别注重根据时势的发展和需要对经典加以诠释，体现了"六经注我"的特点；二是事功派学者对救弊之道的讨论并没有停留在理论层面，而是积极地将其运用于政治实践，从研究实际事物入手，力求变革制度以适应时势的需要，王安石主持熙宁变法，南宋陈亮、叶适的政治实践，以及颜元李塨的身体力行等都是如此。

# 第四章

# 儒家事功伦理：商品经济
# 发展的伦理支持

## 第一节　财富观

财富观是经济伦理的重要问题之一。中外思想史上，许多思想家对财富持鄙视的态度，如希腊的犬儒主义者，追求一种极其简单的生活，以德行为唯一、全部的需要，甚至视财富为美德的阻碍。宗教改革家马丁·路德甚至宣称，贫穷代表着上帝的宠爱与赐福，他认为钱财是世界上最微末的东西，是上帝恩赐中最小的，根本无法和上帝的道相比。中国伦理思想史上并没有明确的仇视财富的思想，虽然也有"为富不仁矣，为仁不富矣"（《孟子·滕文公上》）之说，存在把追求财富与仁义道德对立起来的倾向，但总体来看，只要合乎道义，追求财富并不会受到非议。

### 一　财富可求，取之由道

先秦儒家对财富并不持否定态度，也没有把财富与美德对立起来。孔子说："富而可求也，虽执鞭之士，吾亦为之。如不可求，从吾所好。"（《论语·学而》）孔子此语表达了三个方面的意涵。首先，财富并非个体美德形成的必要条件，其多寡不会影响对个体美德的判断，二者并无必然联系，因此，富贵可求，即使是做一些低贱的工作也无所谓。荀子亦认为追求富贵的欲望是人的自然本性，不能灭除，只能因势利导，根据人们追求财富的欲望，制定相应的赏罚制度，使每个阶层的人们各得其所。"人之情为欲多而欲寡，故赏以富厚，而罚以杀损也，是百王之所同也。故上贤禄天下，次贤禄一国，下贤禄田邑，愿悫之民完衣食"。（《荀子·正论》）

其次，财富本身没有任何道德色彩，其"可求"与"不可求"存在两种情况：一是外在条件不具备，没有追求财富的时机，不应去强求；二是有追求财富的机会，但要用合理的手段去获取，即以义取财。合而言之，如果既有追求财富的机会，又能以道德的手段去获取，便毫不犹豫地"为之"，如果两个条件（获取财富的时机和手段）有一不备，则后退一步，"从吾所好"，专注于德性修养。这有些类似于"穷则独善其身，达则兼济天下"（《孟子·尽心上》），进退之间，体现了儒者在追求理想过程中的圆融与灵活。孔门颜回便是"独善其身"的典范。颜回之所以得到孔子的赞赏，并不是因为他的事功，而是因为他"一箪食，一瓢饮，在陋巷，人不堪其忧，回也不改其乐"（《论语·雍也》）的精神境界。需要指出的是，孔子对颜回的称许，仅止于"贤"而已，因其只"独善其身"，未有"兼济天下"的事功，所以比"博施济众"的"圣"的境界要低一个层次。

最后，获取财富的手段有义与不义、道德与不道德之分，但没有高低贵贱之别。即使通过从事社会地位较低的"执鞭之士"的差事来赚取财富，在道德上也无可非议。孔子的这一态度从他与樊迟的对话中也可以看出来，据《论语》所载：

　　樊迟请学稼。子曰："吾不如老农。"请学为圃。曰："吾不如老圃。"樊迟出。子曰："小人哉，樊须也！上好礼，则民莫敢不敬，上好义，则民莫敢不服；上好信，则民莫敢不用情。夫如是，则四方之民襁负其子而至矣，焉用稼？"（《论语·子路》）

孔子因为批评向他请教学稼穑的樊迟为"小人"，经常被作为他鄙视农业劳动的证据，其实不然。春秋时期"小人"有两种含义：一是道德品质不好的人；二是职位较低的人。试想，樊迟仅因为向孔子请教种庄稼的问题，怎么会被老师批评为道德品质不好呢？所以，孔子此处所谓的"小人"当指从事农业劳动的普通百姓，而不是道德意义上品行不好的人，与孔子所谓的"执鞭之士"一样，都指社会地位较低的普通从业者，并无道德上的贬义。孔子在追求财富时，不惜做一个"执鞭之士"，应亦不会反对做一个"老农""老圃"。他之所以称樊迟为"小人"，大抵是告诉樊迟仅靠学习有关"稼穑"方面的技术知识不足以承担治国的重任。

先秦儒家在肯定财富可求的同时，也表达了对士、君子追求财富的审慎态度，如"君子喻于义"，实际包含两层意思：一是在伦理学的意义上，道德高尚的君子要以义为行为准则；二是在治国的意义上，居上位的君子承担治理国家的重要职责，要以义作为行事的准则，不能一味追求利益。就后者而言，孔子无疑是对君子（居上位者）追求财富的行为提出了警告，也体现了他对国家治理者运用手中的权力与民争利的担忧。

孔子的这一担忧并非没有道理。从人性的角度看，既然人性中有追求利益的天然欲求，就必然会驱使人们在现实生活中追逐财富，获取各种利益，故而孔子主张必须以义节之，才不至于沦为恶；从春秋时期的社会状况来看，当时的诸侯、贵族为自己谋利，过度追求财富的情况成为一种不良社会风气，既影响行政效率，也滋生了官员贪污、贿赂、与商人勾结营私等行为。瞿同祖指出，春秋时代的商贾大都依附于贵族，为贵族到各处去寻找奇物巧货。① 孔子正是看到君子"求利"所带来的社会危害，所以告诫他们要"喻于义"。孔子的担忧和告诫，在今天看来，依然有其现实意义。

孔子明确表达了以义取财的思想，他说："饭疏食饮水，曲肱而枕之，乐亦在其中矣。不义而富且贵，于我如浮云。"（《论语·述

---

① 参见叶仁昌《先秦儒家的财富思想》，《人文及社会科学辑刊》1995 年第 18 卷第 3 期。

而》）孔子以义取财的思想体现了道德对于财富的价值优先性，反对为了追求财富而牺牲道义，这也是孔子称赞颜回安贫乐道的原因所在。子贡问孔子："贫而无谄，富而无骄，何如？"孔子回答说："可也，未若贫而乐，富而好礼者也。"（《论语·学而》）子贡从消极的意义上对待贫富问题，孔子的回答则显得更为乐观、自信。荀子亦强调"士君子不为贫穷怠乎道"（《荀子·修身》），在贫困的状态下，依然恪守道德原则，是儒家一以贯之的基本态度，无论以孟子、宋明理学为代表的心性之学，还是经世事功派学者，对财富的追求都保持"来之不拒，去之不惜"的淡然心态，不仅一般人可以求富，士、君子亦可以追求财富。儒家只是提醒人们，贫富不仅与主观努力有关，亦受人生际遇、客观环境的制约。因此，道义与财富兼得，是为儒者的理想之选，如果迫不得已而取其一，舍财富而存道义，在贫穷的状态下依然保持"乐道"的旷达与自信。

儒家对于个人追求财富的态度与商业发展水平存在密切关系。先秦时期，商业还不发达，农业在经济领域占据主导地位，但由于农业生产受其特点所限，在短期内不可能实现财富的迅速积累。如果个人追求财富的欲望不加以控制，必然会使财富在人与人之间分配失衡，造成贫富差距扩大，就有引发社会动荡的危险。所以儒家对个人所能拥有的财富数量持小心翼翼的态度。

董仲舒从人性的角度分析了"大富"与"大贫"对人道德品行的影响，他说："大富则骄，大贫则忧，忧则为盗，骄则为暴，此众人之情也。圣者则于众人之情，见乱之所从生，故其制人道而差上下也，使富者足以示贵而不至于骄，贫者足以养生而不至于忧。以此为度而调均之，是以财不匮而上下相安。"（《春秋繁露·度制》）董仲舒反对"大富""大贫"，认为"大富"会刺激人们追求奢华欲望，导致心性的堕落。相反，"大贫"会迫使人为了生计铤而走险，危害社会秩序。为此，圣王定立"法制"以"调均"贫富之差。需要指出的是，董氏所谓的"调均"，其实重在"均衡"而不是"平均"，旨在维护名分等级制度。不同等级的人们对财富的追求和占有必须与其在等级名分制度中所处的地位相一致，即君主、王公贵族和普通百姓之间所应拥有的财富数额不是等额分配，而是一种差等分配，如果符合等级名分制度的要求，即为"均衡"。

从先秦至两汉，儒家对于财富的态度一直存在矛盾的心态，想求富却又不敢大张旗鼓地倡导人们求富。中国台湾学人叶仁昌对这种心态做了生动的概括。

> 他们一方面希望人民能够富足，至少乐岁终身饱；但另一方面，又顾虑过度的满足会带来道德腐败。在光谱的一个极端，是饥寒起盗心；另一个极端，则是饱食思淫欲。脱离贫穷会有提升道德的效果，但它的边际效用却往往递减。因此，儒家宁可取其中道、选择小康论，既不至于因饥饿而寡廉鲜耻，也不至于因富足而腐化骄恣。①

儒家在财富的分配上更倾向于平均主义。孔子说："不患寡而患不均。"（《论语·季氏》）唐宋时期，随着商业的发展和繁荣，商人群体逐渐壮大，经商致富成为一种较为普遍的现象，人们对于"大富"不再抱有怀疑甚至鄙夷的态度，转为羡慕和赞许。特别是宋室南渡之后，江浙一带商品经济的迅速发展，刺激了人们追求财富的欲望，催生了一大批靠经商发家致富的商人，也深深地影响了置身其中的事功派学者的财富观。

陈亮反对财富分配的平均主义，认为富甲一方的富豪不但值得世人效仿，还有利于朝廷社稷。在政府财用不足时，"富商大贾出其所有，亦足以应朝廷仓促之须"②。叶适也认为富商大贾在社会经济发展中发挥着积极作用，他说："小民之无田者，假田于富人；得田而无以为耕，借资于富人；岁时有急，求于富人；其甚者，庸作奴婢，

<hr>

① 叶仁昌：《先秦儒家的财富思想》，《人文及社会科学辑刊》1995年第18卷第3期，第488页。
② （宋）陈亮：《陈亮集》（增订本），邓广铭点校，中华书局1987年版，第153页。

归于富人；游手末作，俳优伎艺，传食于富人；而又上当官输，杂出无数，吏常有非时之责无以应上命，常取具于富人。然则富人者，州县之本，上下之所赖也。富人为天子养小民，又供上用，虽厚取赢以自封殖，计其勤劳亦略相当矣。"① 叶适对富人在社会生活中的地位评价极高，概之有二。一是"为天子养小民"，富人不仅可以为普通劳动者提供土地、农资等生产资料，亦可以提供就业机会。故"小民"须赖富人以存。二是"供上用"，富人因其拥有大量的财富，是朝廷税收的重要来源，故为"上之所赖"。

需要注意的是，叶适对于富人财富来源的合理性也给予了道德上的认可，认为富人大都由勤劳致富，其财富的多寡与其勤劳程度大致相当。尽管对于靠巧取豪夺获取不义之财的富人，叶适也主张给予打击，但总体来看，叶适从道德上、政治上极力美化富人，为富人辩护的倾向十分明显。其实，保富、安富的思想在北宋已经颇有影响，可见，保护富人的思想在宋儒中有着较为广泛的影响，也彰显了儒家财富观念的变化。依余氏所论之线索，明末清初的唐甄等人对这一观点做了进一步的发挥，唐甄提出"贫富不谋而相资"② 之说，认为"借一室之富可为百室养者"，富人所拥有的生产、生活物资，可以通过商业交换活动资养百姓，这与叶适的保护富人的思想十分接近。

客观而言，富人在政治、经济社会生活中的确发挥着十分重要的作用，保护富人，肯定追求财富的合理性，对于工商业发展，实现儒者孜孜以求的外王事功的理想有积极意义。但是也不能过分夸大富人的地位和作用，如叶适所谓"小民"赖富人以存的观点，从表象上看似乎不假，但穷人与富人的关系远非如此，穷人对富人的依附，大多是经济、政治地位以及合理权益无法得到保障的被迫无奈之举。

---

① （宋）叶适：《叶适集》，刘公纯、王孝鱼、李哲夫点校，中华书局 1961 年版，第657 页。

② （清）唐甄：《潜书》，吴泽民编校，中华书局 1963 年版，第 106 页。

## 二 德能配位，位必称禄

虽然富贵可求，但儒家并没有因此完全释放人们的逐利之心，而是把利置于义的制约之下，即用道德的手段获取财富。另外，对于获得财富的多寡，并非越多越好，要与职位相称，将财富视为依据社会职位而给予的报酬。这样一来，儒家便实现了"德—位—禄"三位一体式的社会架构。

首先，在职位的获取上，事功伦理并非只强调"以德配位"，而是主张德能兼备，如荀子"尚贤使能"，"论德而定次，量能而授官"（《荀子·君道》），在取得一定职位之后，荀子主张应当给予相应的报酬，即"位必称禄"，否则便不能以上率下，行教化之职。比如君主，"不美不饰之不足以一民也；不富不厚之不足以管下也"（《荀子·富国》）。"故必将撞大钟，击鸣鼓，吹笙竽，弹琴瑟，以塞其耳；必将雕琢刻镂，黼黻文章，以塞其目，必将刍豢稻粱，五味芬芳，以塞其口。"（《荀子·富国》）按照荀子的逻辑，儒者凭借其道德与才能高下获得相应的社会职位，同时针对不同的社会职位给予相应的报酬，这样一来，儒家便将财富的合理范围界定在社会阶层的等级线上。

先秦儒家将富贵与贫贱的区分，当作社会报酬体系的一部分来理解，财富的意义也已经不再单纯是满足人们生活需要的"物质"了，而是行使社会管理的工具，以此驱使人们在德性修养和事功追求方面不断提升。故孔子说："邦有道，贫且贱焉，耻也；邦无道，富且贵焉，耻也。"（《论语·泰伯》）在孔子看来，如果国家政治清明，那么一定是有德能者在其位，享其禄，不会贫且贱，否则便是耻辱；相反，如果"邦无道"，那么"德—位—禄"的一体关系一定会断裂，有德能者不能在位，不能配享其禄，必不能富贵，故当以富贵为耻。这种"德—位—禄"一体的财富观，在某种程度上成为儒家实现社会理想的内在动力。以往的研究大都从德性伦理（德—位）的视角，强调德与位的关系，围绕个体道德修养和道德教化展开儒家的内圣外王之道，忽视财富（禄）在其中发挥的重要作用。

直到明末清初，经世学者对官员之位与禄的关系展开了深入讨论，提出了"厚禄养廉"的主张。李塨说："官不厚其禄而望以廉，是夏竦所谓衣食困于家，虽严父慈母不能制其子者也。"[1] 夏竦为北宋名臣，以搜刮钱财为后世所耻。李塨以夏竦为例，说明如果不给予官员厚禄，要求其廉洁奉公是不可能的。他进一步指出，厚禄是预防官员贪污的有效手段，"若禄有余，宁厚养廉，以便厉禁贪也"[2]。

清初具有调和心性与事功倾向的唐甄亦提倡厚禄，他反对重义轻利，从人性的角度肯定人们追求财富的合理性，主张省官厚禄。

> 凡人之性，上者有义无利，其次见利思义，其下见利忘义。上下少而次者多，厚其禄，所以兴义也。上者不德而忠；其次德而后忠；其下虽德不忠。上下少而次者多，厚其禄，所以劝忠也。兴义劝忠，所以厚民生也。有患此者，谓国用不足，百官之禄，骤增十五倍，将焉取给？是殆不然。君臣骄奢，民生殚亡，太仓之粟非其粟，府库之财非其财，而奚啻于百官之禄！君臣恭俭，民生富庶，太仓之粟不可胜食，泉府之钱不可胜用，而何有于百官之禄！[3]

唐甄将人性分为上、中、下三个层次，上者心中有义无利，"不德而忠"；下者见利忘义，"虽德不忠"；中间为见利思义，"德而后忠"。上、下两层为数较少，中间层次的人数众多，所以要针对其见利思义之人性而给予厚禄，使其勤忠。

针对国之财富是否能满足厚禄的质疑，唐甄认为通过厚禄满足了人们的财富欲望，使臣民无后顾之忧，全心全意为国尽忠，亦可以减少贪官污吏对百姓的盘剥，不但不会竭民财，反而会使"民生富

① （清）李塨：《李塨集》，陈山榜等点校，人民出版社 2014 年版，第 1191 页。
② （清）李塨：《李塨集》，陈山榜等点校，人民出版社 2014 年版，第 1217 页。
③ （清）唐甄：《潜书》，吴泽民编校，中华书局 1963 年版，第 138—139 页。

庶"，为厚禄提供充足的财源。另一方面要"省官"，裁减冗员，以节省官员俸禄的开支。对于官俸的标准，唐甄认为要权衡其品级和承担职责之大小而定，官阶高、职责重者俸禄多，武将有军功者增加俸禄，以使其专心戍边，报效国家。对于身处山岩之邑、不毛之地的官员，应"多给以钱，或纯以钱"①。可见，唐甄的制禄之论十分具体、系统，且有现实感，摆脱了儒家心性之学关于君子耻于言利，羞谈财富的窠臼，体现出鲜明的事功色彩，其厚禄之论在当时显得十分大胆、独特，亦可视为对荀子"位必称禄"思想的继承和深化。

从更宽泛的意义上看，"位必称禄"体现了财富分配与人的能力、社会地位等之间的契合关系。陈亮便主张财富的多寡应当与个人的才能相配，他称赞何坚才以其过人的才智赚取丰厚家产，"善为家，积资至巨万，乡之长者皆自以为才智莫能及"②。在陈亮看来，人的地位有尊卑，才能有高下，所以财富不应、也不可能实施平均分配。如果抑制人们追求财富的动机，就会挫伤致富的积极性，纵容那些能力低下、懒惰的人坐享其成，整个社会就会失去活力和发展动力。

儒家德位相配，"位必称禄"的思想与其宗法等级制的社会结构结合在一起，维系了封建社会秩序的稳定。在宗法等级制度下，社会各个阶层依照一定的标准配享相应数额的财富，使各阶层之间财富的差额保持在一定限度之内，以防止财富聚积于某一社会阶层而导致其他阶层陷入穷困。正是基于这一考虑，儒家学者没有赤裸裸地鼓励人们追求财富，而是通过修养德性，提升能力，不断向更高的社会阶层攀升，其财富便相应增加，所谓"禄在其中"。

### 三　富民为先，理财节用

中国古代思想史上，富民的思想很早就产生了，《尚书》载有："汝亦罔不克敬典，乃由裕民，惟文王之敬忌。"（《尚书·康诰第十

① （清）唐甄：《潜书》，吴泽民编校，中华书局1963年版，第138页。
② （宋）陈亮：《陈亮集》（增订本），邓广铭点校，中华书局1987年版，第499页。

一》）亦有"能保惠于庶民，不敢侮鳏寡"之说。春秋战国时期，诸子对"裕民""惠民"思想做了系统的阐发。汉代《盐铁论》对富民与富国的关系做了进一步讨论。桑弘羊从富国与富民相统一的角度，主张富国为先，国富然后民自富。当时的文学贤良则从富民与富国相对立的立场，阐述了以富民为先，藏富于民的主张，反对桑弘羊将钱币和盐铁收归国有的做法。"民人藏于家，诸侯藏于国，天子藏于海内。故民人以垣墙为藏闭，天子以四海为匣匮。……是以王者不畜聚，下藏于民。远浮利，务民之义。"（《盐铁论·禁耕第五》）总体来看，在不同的历史时期，富国与富民的关系有不同体现，争论不断。最具代表性的当属儒家和法家，儒家倾向于富民为先，法家则更重视富国，后世学者亦有糅合儒法之说。

注重外王事功的儒家学者大都坚持了以富民为先的立场，荀子说："故天子不言多少，诸侯不言利害，大夫不言得丧，士不通货财。有国之君不息牛羊，错质之臣不息鸡豚，冢卿不修币，大夫不为场园，从士以上皆羞利而不与民争业，乐分施而耻积藏。"（《荀子·大略》）荀子这段话明确地表达了藏富于民的理念，国家府库的充裕，与人民家产的富足相比，真正可以让国家长治久安的是富民，因为民乃国脉之所系。他警告统治者："取民者安，聚敛者亡。故王者富民，霸者富士，仅存之国富大夫，亡国富筐箧，实府库。"（《荀子·王制》）在事功派学者看来，儒家仁政的真正意义不光是以德教民、化民，还要富民，否则仁政便是一句空话。所以，孔子立场鲜明地表达了"先富而后教"的主张，"既富矣，又何加焉？曰：教之"（《论语·子路》）。养民、富民思想是先秦儒家的基本共识，就连强调心性修养、道德教化的孟子亦主张养民，将其视为推行仁政的基础。他说："五亩之宅，树之以桑。"荀子亦言："不富无以养民情……故家五亩宅，百亩田，务其业而勿夺其时，所以富之也。"（《荀子·大略》）

荀子从财富生产的角度阐释了富民为先，民富则国强的道理，他说："故田野县鄙者，财之本也；垣窌仓廪者，财之末也，百姓时和、事业得叙者，货之源也；等赋府库者，货之流也。"（《荀子·富国》）荀子看到人民群众的生产劳动才是社会财富的真正源泉。君主为了追求国富，把货财聚敛于府库的"富国"之策，是开其流而塞其源、舍本逐末之举，必然导致财富枯竭、国家倾覆的恶果。荀子进一步指出这一做法的危害："故田野荒而仓廪实，百姓虚而府库满，夫是之谓国蹶。伐其本，竭其源，而并之其末，然而主相不知恶也，则其倾覆灭亡可立而待也。"（《荀子·富国》）在充分论述治国本于裕民的基础上，荀子将足国之道概括为"节用裕民而善藏其余"（《荀子·富国》）。以政裕民则使民众努力耕作，生产出更多的粮食和财富，国家的获利自然也会增加。萧公权指出：

> 礼之最后目的为养。故荀子于富国一事言之颇详，而精当或有突过孟子之处。其所持足国之道包含'节用以礼，裕民以政'之两大端。……荀子对人性虽悲观，而对经济生活则乐观。荀子相信裕民之政策可使物质生产作无限度之增加，故富国之关键不在减低要求而在扩张供给。圣人制礼，宜量物以给欲。然欲望为生产之动力，故节用以礼，适可而止。如竞损之又损，则生产之动机为之消失，虽'若烧若焦'。亦无以致天下于富裕，反竞有促使愈趋贫乏之危险。荀子于此所持之观点颇有与近代西人相似之处。不仅大异墨家，亦复较孟子菽粟如水火之理想为进步。①

萧公权此论对荀子的裕民之说给予了高度评价。的确，荀子深知治国之道在于爱民、养民，而养民则有赖于财富的供给，"不富无以养民情"（《荀子·大略》），故裕民为荀子治国的首要目标。荀子以裕民为本，节用为末，认为"强本而节用，则天不能贫。……本荒而用侈，则天不能使之富"（《荀子·天论》）。尽管荀子对裕民和节用做了本末之分，但他并没有将二者对立起来。裕民和节用分别从财富的

---

① 萧公权：《中国政治思想史》，台北：联经出版事业公司 1986 年版，第 106—107 页。

生产和消费而论，是统一的关系，节用亦是促进财富生产的重要途径。赵靖指出了荀子"节用观"的独特之处，"先秦诸子提倡俭或节用，多半是为了储备（战备和灾荒）；只有荀况提出了可把从节用得到的剩余用来改进和发展生产的思想，这是荀况的节用论高于先秦其他思想家的地方"[①]。

荀子批评墨子的节用思想，"我以墨子之非乐也，则使天下乱；墨子之节用也，则使天下贫"（《荀子·富国》）。在荀子看来，节用的目的，从消极意义上说是要控制欲望、节制消费；从积极的意义看，则在于促进财富生产以增加社会财富的总量。他批评墨子的原因在于墨子只从消极的意义上讲节用，而没有看到节用对增加社会财富的积极贡献。

北宋的王安石也提倡"节财用"，反对以增加税赋的方式实现富国，在他看来，"所谓节财用者，非特邦之财用可节用而已，邦国不敢专利以过制，万民不敢擅财而自移，然后财用可节也，故治职以平邦国，以均万民，然后以节财用"（《周官新义》卷二《天官二》）。王安石所谓的"节用"，不仅是君主、大臣的责任，也是对普通百姓的要求，上下一心，共同努力，实现富民强国，这一点与以往的节用观有所不同。王安石还指出，君主在"节财用"的同时，不能为增加财政收入而随意增加税赋，搜刮民财，"邦国之财不可敛而取也，致之使其自至而已"（《周官新义》卷一）。为此，他提出"不加赋而国用足"的理财主张，试图以财富创造财富的方式，求得国足民富。

李觏也十分重视富民，视其为治国的基础，他引证孔子"富而教之"和管子"仓廪实知礼节，衣食足知荣辱"的论述，认为民不富，仓廪不实，衣食不足，而教人学习礼节，趋荣避辱，是件非常困难的事。他说："食不足，心不常，虽有礼义，民不可得而教也。尧舜复起，末如之何矣！"[②] 颜元亦发挥了孔子"先富后教"的思想，认为

---

① 赵靖：《中国经济思想史述要》（上），北京大学出版社1998年版，第155页。
② （宋）李觏：《李觏集》，王国轩校点，中华书局1981年版，第183页。

作为真正的孔门弟子，必须具备富民、教民的才能。"圣贤但一坐便商榷兵、农、礼、乐，但一行便商榷富民、教民，所谓'行走坐卧，不忘苍生'也，是孔门师弟也。"① 他提出"以七字富天下：垦荒，均田，兴水利"②。其实，垦荒、均田、兴水利，都是有利民生的重要经济政策，因此，颜元所谓的"富天下"实质上以富民为先，通过制定有效的经济政策，实现民富而后国强。

南宋事功学派在继承先秦儒家民本和仁政思想的基础上，系统阐述了宽民、利民、富民的主张。陈傅良主张"宽民力"，以此作为推行仁政的基础。唐仲友强调养民、利民，他引《尚书》"民惟邦本，本固邦宁"之说，认为"国家之益，莫大于益民；国家之利，莫大于利民"③。叶适认为君民一体，并非对立关系，君主承担养民、教民、治民的职责，不能与民争利，他告诫君主："为国之要，在于得民。民多则田垦而税增，役众而兵强。"④ 叶适没有从得民心的意义上规劝统治者重视民利，而是直接从劳动人民作为财富创造者的立场，指出了"民多—田垦多—税增—国富—兵强"这一简单而清晰的逻辑。其实，富民与富国的关系既与财富的生产有关，也涉及财富如何分配的问题。叶适从理财的角度，对富民与富国的关系做了进一步阐述。

首先，理财是朝廷必须面对的问题。叶适认为理财是君主的分内之责，"夫聚天下之人，则不可以无衣食之具。……古之人，未有不善理财而为圣君贤臣者也"⑤。后来人们对理财的认识产生了偏差，"小人善理财而圣贤不为利也"⑥，将理财仅仅视为从事生产经营活动

---

① （清）颜元：《颜元集》，王星贤、张芥尘、郭征点校，中华书局1987年版，第214页。

② （清）颜元：《颜元集》，王星贤、张芥尘、郭征点校，中华书局1987年版，第763页。

③ （宋）唐仲友：《悦斋文钞》卷一，"馆职备对劄子四"，续金华丛书。

④ （宋）叶适：《叶适集》，刘公纯、王孝鱼、李哲夫点校，中华书局1961年版，第653页。

⑤ （宋）叶适：《叶适集》，刘公纯、王孝鱼、李哲夫点校，中华书局1961年版，第658页。

⑥ （宋）叶适：《叶适集》，刘公纯、王孝鱼、李哲夫点校，中华书局1961年版，第658页。

的普通劳动者之事，圣贤则羞于言利，回避理财问题。李觏亦将理财富国作为君主的主要职责，他说："天之生物，而不自用，用之者人；人之有财，而不自治，治之者君。《系辞》曰：'理财正辞，禁民为非曰义。'是也。君不理，则权在商贾；商贾操市井之权，断民物之命。"① 如果君主不履行理财的职责，将权力交给商贾手里，任由他们操纵市场物价，乘人之危，聚敛财富，百姓就会遭殃。王安石也规劝统治者把施政的重点放在理财上，他说："夫合天下之众者财，理天下之财者法，守天下之法者吏也。吏不良，则有法而莫守；法不善，则有财而莫理。"② 君主理财当制定相关制度，并任用"良吏"来加以实施，才能取得实效。清初的唐甄亦将理财富民视为君主的分内之事，"为治者不以富民为功，而欲幸致太平，是适燕而马首南指者也"③。唐甄把富民作为天下安治的重要前提，如果君主忽视富民的事功追求，便与天下太平的治世目标背道而驰。

其次，叶适为了澄清人们对于理财认识的误区，进一步区分了理财与聚敛的关系，认为理财的宗旨不是聚敛财富，而是实现财富的合理分配。他说："理财与聚敛异，今之言理财者，聚敛而已矣。非独今之言理财者也，自周衰而其义失，以为取诸民而供上用，故谓之理财。而其善者，则取之巧而民不知，上有余而下不困，斯其为理财而已矣。故君子避理财之名，而小人执理财之权。"④ 叶适批评当时的人们把聚敛财富错误地理解为理财。他认为通过税收的方式搜刮民众的财富以"供上用"，统治者的私欲得到满足，人民却日益穷困，这种方式是聚敛而不是理财。真正的理财也取财于民，不过赋税不能过重，要兼顾富国与富民两个方面，既能使"上有余"，也要保证"下不困"。

叶适毫不留情地批评朝廷只知聚敛而不知理财，必将造成灾难性

① （宋）李觏：《李觏集》，王国轩校点，中华书局1981年版，第85页。
② （宋）王安石：《王安石全集》，秦克、巩军标点，上海古籍出版社1999年版，第309页。
③ （清）唐甄：《潜书》，吴泽民编校，中华书局1963年版，第111页。
④ （宋）叶适：《叶适集》，刘公纯、王孝鱼、李哲夫点校，中华书局1961年版，第657—658页。

的后果。他说："及本朝承唐之弊，以敛为散，以散为敛，故取之最苛而民犹未溃，以为不得不然也。然敝极不变，上无以自宽，敛散不相容，如马驰不得息，弓彀不得止，终必归于大乱而后已尔。"① 儒家对于聚敛财富行为的痛恨由来已久，孔子就曾对弟子冉求为季氏敛财的行径提出严厉批评，声称要与其断绝师徒关系并加以讨伐，他说："非吾徒也。小子鸣鼓而攻之，可也。"（《论语·先进》）明末清初的唐甄也反对朝廷征收繁重赋税的行为，称之为"虐取"，"虐取者，取之一金，丧其百金；取之一室，丧之百室"②。唐甄认为虐取危害甚重，好比"拔枝"，是"绝其生"，从源头上堵塞了财富生产、增长的源泉，必然导致农、工、市、仕四者皆"空"，百业不兴。

唐甄进而指出，治国之道在于富国，而富国之道首在富民。他说："立国之道无他，惟在于富。自古未有国贫而可以为国者。"③ 唐氏把发展经济、增加财富作为治国的首要任务，然而，他却不同意为增加财政收入而加重老百姓的财税负担，"夫富在编户，不在府库。若编户空虚，虽府库之财积如丘山，实为贫国，不可以为国矣"④。所谓"编户"，即为入户籍之平民。唐甄将富民作为治国之道的根本，在他看来，要实现富民并不困难，只要减少政府的干预，因"自然之利"，让老百姓安心生产即可。他说："海内之财，无土不产，无人不生；岁月不计而自足，贫富不谋而相资。是故圣人无生财之术，因其自然之利而无以扰之，而财不可胜用矣。"⑤ 唐甄同荀子、叶适一样，都视劳动人民为财富的生产者和创造者，强调富民先于富国，主张统治者减轻税负以保证人民的财富不被侵占。

事功派学者之所以强调富民，是因为注意到统治者为满足自己的私欲，巧立名目，横征暴敛，为获取财富不择手段，导致百姓陷于贫

---

① （宋）叶适：《习学记言序目》，中华书局1977年版，第543—544页。
② （清）唐甄：《潜书》，吴泽民编校，中华书局，1963年版，第105页。
③ （清）唐甄：《潜书》，吴泽民编校，中华书局，1963年版，第114页。
④ （清）唐甄：《潜书》，吴泽民编校，中华书局，1963年版，第114页。
⑤ （清）唐甄：《潜书》，吴泽民编校，中华书局，1963年版，第106页。

困、破产的境地所造成的危害。为此他们提醒统治者不要一味追求个人财富的满足，而置百姓于不顾，丧失外王事业的民生、民意基础，使国家陷于倾覆的危险。当然，他们没有把富民与富国对立起来，因为只有实现了民富才能在保障民生的前提下，为国家提供充足的税收。另外，从利益构成来看，一"国"由无数"民"组成，民之财富与国之财富存在一致性，所以，民富则国富。

# 第二节　本末论

本与末作为一对关系范畴，其内涵多有所指，就其一般意义而论，指农业与商业之间的关系。中国古代思想家习惯从本末关系的角度来界说农业与商业在经济社会生活中的地位，不同历史时期、不同思想家对农业与商业关系的理解不甚一致，如果说重农思想较为一贯的话，抑商与反抑商之间的斗争则呈现交织发展的态势。其实，农业与手工业、商业之间既存在本与末的矛盾，也有某种姻亲关系，古代"神农作市"的传说体现了末由本生的观念，农业可以称得上工商业之母，其发展也为手工业和商业的繁荣创造条件。

从儒家思想的主流来看，农本商末论似乎占据主导地位，但在先秦时期，孔、孟、荀并没有明确的抑商思想，反倒是法家主张实行重农抑商的经济政策。西汉的盐铁会议上桑弘羊与贤良文学展开了农商关系的辩论，桑弘羊主张发展工商业，通过官营盐铁和其他商品实现富国，言必称孔孟的贤良文学则力倡"崇本抑末论"，主张以发展农业生产为重，抑制工商业发展。参照先秦的儒法分歧来看，由贤良文学确立的儒家"农本商末论"应是借鉴法家思想，糅合儒法的结果。从历史发展的进程来看，抑商与反抑商之间的斗争始终交织在一起。

## 一　以农为本，平土均田

在中国古代社会自然经济条件下，农业在国民经济中占据主导地位。先秦时期的各家学派都重视农业生产，以农为立国之本。后世虽有重商之论，但大都不反对以农为本。

（一）农为国之本

先秦儒家的孔、孟、荀都明确主张以农为本，维护农业在国家治理中的基础性地位。孔子告诫执政者要重视农业生产，"节用而爱人，使民以时"（《论语·学而》），要节减财政开支，爱惜民力，对老百姓的使用要不违农时，不能影响正常的农业生产，从而保证粮食的生产和供应。子贡向孔子问政时，孔子回答说："足食，足兵，民信之矣。"（《论语·颜渊》）只有粮食生产得到保障，人民丰衣足食，府库才能充实，军队才能得到供给，统治者的吃穿用度才能得到满足。

孟子和荀子从富民、养民的要求出发，强调农业生产的重要性，他们所谓的"民"主要指农业生产者。孟子认为"民事不可缓"，其所谓的"民事"主要指农业生产之事，他认为只有农业充分发展，上至天子、下至百姓的衣食才能有所保障，为实现"衣帛食肉"的小康社会奠定坚实的物质基础。荀子强调富民之要在于发展农业生产，让老百姓"务其业而勿夺其时"（《荀子·大略》）。在他看来，"田野县鄙者，财之本也"（《荀子·富国》）。值得注意的是，以强调心性修养，重义轻利著称的孟子，在推行仁政时并没有完全显露出宋明理学空谈道德性命之流弊。在发展农业、关怀民生、养民富民等问题上，依然保持着对现实的关切和清醒的认识，与较为注重外王事功的荀子没有明显的分歧。

两宋时期，随着商业的兴盛，重商思想开始抬头，重农抑商的观念受到冲击和挑战。李觏、王安石、曾巩等人都提出限制工商业过度发展，重申农为国本的立场。李觏以衣食温饱为生民之大计，要求"仁君""善吏"关心农业生产，把满足人们的衣食作为养民之本，"以农政为急，劝农之官，交举其职，时行属县，问民疾苦。土田垦辟，稼穑蕃滋，百姓乐业而无冤人，则书以为功。反是则劾以为罪，或几乎农时不违而颂声可作也"①。李觏把发展农业生产视为君主的

---

① （宋）李觏：《李觏集》，王国轩校点，中华书局1981年版，第182页。

首要职责，把是否关心农业生产和农民疾苦作为官吏考核的重要标准，告诫仁君、贤吏当勤勉为之，不可懈怠。

王安石在推行变法时推出了一系列发展农业的具体措施，如制定青苗法、农田水利法等。他还注意到商业扩张对农业造成的冲击，提出限制商业以保护农业的主张。支持王安石变法的曾巩十分重视农业的地位，他明确指出：

> 夫农，衣食之所由出也。生民之业，莫重焉。一夫之力，所耕百亩，养生送死，与夫出赋税、给公上者，皆取具焉。不幸水旱螟螣之灾，往往而有，可谓劳且艰矣。从政者知其如此，故不违其时，不夺其力以使之，明时之因析以授之，差地之腴瘠以处之，春省耕、秋省敛以助之。①

在曾巩看来，农业之所以重要，是因为它为人们提供衣食之需，老百姓的养生送死，"出赋税""给公上"都依赖农业的供给，因此，在发展农业生产时，要做到不违农时，不夺民力。

到了南宋，商业气氛日渐浓郁，一些士大夫甚至开始"耻言农事"，以至于宋孝宗都对这种风气提出批评，他说："近世士大夫开始多耻言农事，农事乃国之根本，士大夫好为高论而不务实，却耻言之。"② 事功学派学者陈亮十分重视商业，却也没有忽视农业的重要性，他明确表达了农为国本的思想，"国以农为本，民以农为重，教以农为先，堕农有罚，游手末作有禁"③。农业关系到百姓的衣食温饱，也是国家税收的主要来源，因而必须重视农业生产，"裕民力而俾之安于耕"，使农民安心耕作，提高农业生产效率，才能保证国家富足安定。

陈亮还对汉文帝重农亲耕的做法大加赞赏，认为"富庶之本，实

---

① （宋）曾巩：《曾巩集》，陈杏珍、晁继周点校，中华书局1984年版，第405页。
② （宋）李心传：《建炎以来朝野杂记》，徐规点校，中华书局2000年版，第543页。
③ （宋）陈亮：《陈亮集》（增订本），邓广铭点校，中华书局1987年版，第215页。

出于此"①。他劝说宋帝效法文帝鼓励农耕之举，以上示下，率先垂范，并制定相应的政策，保证农民专心从事生产，过上富足的生活。叶适在《习学记言序目》中反对把农业视为"日用之粗事"的论调，赞同周公视农业为"王业"的观点，他指出："此论治道者所当深体也。……古人未有不先知稼穑而能君其民，能君其民未有不能协其居者。"②叶适引周公之论，将农业作为王道政治的经济基础，治国必先从发展农业入手，否则，就是舍本逐末的误国之举。

明末清初的颜元、李塨等人亦十分重视农业。李塨以垦荒作为"第一要政"③，通过增加农田的数量，以更好地保障人们的衣食和国用不致匮乏。他赞赏明太祖朱元璋的重农政策，"明太祖劝民稼穑树植之政，亦甚详悉，则知帝王开国，无不由于农事也，岂独成周而已哉"④。李塨以西周、明两朝为例，说明开国帝王之所以能使人丰衣足食，实现社稷安定、国家富强，皆由重农而致。

（二）耕者有其田

在中国古代以农业为主体的经济结构之中，发展农业是重中之重。在制约农业发展的土地、税赋、劳动力等诸多因素之中，土地问题尤为重要。实现耕者有其田不仅是统治者关心的问题，更是世代农民的理想。从井田制到民本思想，其主旨都在于解决土地问题，以保证农业的健康发展。井田制在战国时期被废除后，退出了现实生活的历史舞台，"但此后对其提倡却代代有人，这正足以反观耕者无其田、勤于稼穑者反不得食乃为整个帝制时代无法治愈的痼疾"⑤。也就是说，在不同的历史时期，每当土地兼并之风盛行，农民失地情况严重之时，春秋以前的井田制便因其具有公有的性质，并在一定程度上体现人人有田耕的理念而出现在思想家的头脑中，向往、主张恢复井田

① （宋）陈亮：《陈亮集》（增订本），邓广铭点校，中华书局1987年版，第215页。
② （宋）叶适：《习学记言序目》，中华书局1977年版，第71页。
③ （清）李塨：《李塨集》，陈山榜等点校，人民出版社2014年版，第1191页。
④ （清）李塨：《李塨集》，陈山榜等点校，人民出版社2014年版，第1191页。
⑤ 董平、刘宏章：《陈亮评传》，南京大学出版社1996年版，第255页。

的思想因此不绝如缕。朱义禄认为："恢复井田制像晴雨表一样，反映了封建社会里周期出现的围绕土地问题的社会危机。"① 依据这一判断，考察两宋和明末清初事功派学者解决土地问题的主张，可以发现，他们都反对土地兼并，向往井田制，提出"均田"之论。

宋代土地兼并问题日益突出，严重影响了农业的发展和社会稳定。儒家事功派学者在阐述重农思想时都将目光指向了土地问题。李觏提出平土均田的主张，认为土地是本，耕种是末，如果农民没有土地，就如同士兵上战场而没有武器，何谈农业生产。他说："生民之道食为大，有国者未始不闻此论也。顾罕知其本焉。不知其本而求其末，虽尽智力弗可为已。是故，土地，本也；耕获，末也。无地而责之耕，犹徒手而使战也。法制不立，土田不均，富者日长，贫者日削，虽有耒耜，谷不可得而食也。"② 在李觏看来，发展农业生产，首先要平均分配土地，保证农民有地可耕，并以法律制度的形式确定下来，扼制土地兼并之风，避免土地集中于富人之手，加剧贫富分化。

李觏认为自古以来，圣人非常重视"平土之法"，所以"行王政必自此始"③。李觏倡导的"平土之法"实际指周代的井田制，他批评商鞅变法中"废井田，开阡陌"的政策系"以恶政恶吏困自养之民"，是引发了土地兼并之风的罪魁祸首。他推崇井田制，认为井田制的好处在于"田均"，"田均则耕者得食，食足则蚕者得衣"④，保证人人有自己的土地，"一手一足无不耕，一步一亩无不稼"⑤，使人尽其力，地无遗利，如此才是发展生产、增加财富的富民强国之道。当然，李觏所谓的"均田"，并不是对土地进行数量上的绝对平均，而是要保证民有田耕，安居乐业，如一夫分给四百亩，王宫、贵族、

---

① 朱义禄：《颜元 李塨评传》，南京大学出版社 2006 年版，第 193 页。
② （宋）李觏：《李觏集》，王国轩校点，中华书局 1981 年版，第 183 页。
③ （宋）李觏：《李觏集》，王国轩校点，中华书局 1981 年版，第 183 页。
④ （宋）李觏：《李觏集》，王国轩校点，中华书局 1981 年版，第 214 页。
⑤ （宋）李觏：《李觏集》，王国轩校点，中华书局 1981 年版，第 78 页。

官吏占田各有定额。①

　　明末清初的颜元、李塨、黄宗羲等人亦主张均田，倡导恢复井田制。颜元主张治国要重视农业，以农为本，首在均田，田不均，则教民、养民之政便无法实施。颜元将均田视为关系国计民生的大事，君主施政立教的起点和基础。没有土地，人民的衣食便没有保障，教民、养民的政策便无从实施，这与孔子"先富后教"的治国思想基本一致。

　　颜元从人性、人情的角度进一步论述了均田的合理性，"岂不思天地间田宜天地间人共享之，若顺彼富民之心，即尽万人之产而给一人，所不厌也。王道之顺人情，固如是乎？况一人而数十百顷，或数十百人而不一顷，为父母者，使一子富而诸子贫，可乎？"② 颜元认为，天下之田应当天下人分享，况且人人皆有求富之心，所以土地应当平均分配给每个人，若君主制定政策时只把耕地分给富人，势必造成一人富而多人贫，好比作为父母，怎么可以让一个孩子富有而其他孩子贫穷呢？在他看来，均分田地，既可以让百姓衣食不缺，均富而无贫，又可以减少社会游民、乞丐和盗贼，达至养教结合的小康之世。

　　为实现其均田的主张，颜元寄希望于恢复井田制，他说："监之田即不得如古井田，苟使民之有恒业者得遂其耕获；无恒业者能免于饥寒，家给人足焉，即谓之今日之井田可也。"③ 李塨也主张通过恢复井田制，以实现"天下农分天下田"的目标。他说："井田不可与封建并论也，封建不宜行，而井田必宜行也，不行则民必不能家给人足。"④ 李塨把井田制与封建政治制度分别对待，以分封建制为特征的政治制度不可恢复，但作为土地分配制度的井田制可以使百姓家给人足，避免贫富不均，因此，他认为恢复井田制是可行的，并不是开

---

① 参见姜国柱《李觏评传》，南京大学出版社 1996 年版。
② （清）颜元：《颜元集》，王星贤、张芥尘、郭征点校，中华书局 1987 年版，第 103 页。
③ （清）颜元：《颜元集》，王星贤、张芥尘、郭征点校，中华书局 1987 年版，第 405 页。
④ （清）李塨：《李塨集》，陈山榜等点校，人民出版社 2014 年版，第 1143 页。

历史的倒车。黄宗羲也是恢复井田制的倡导者，他认为自井田制废除后，历朝税制不一，税少则国用不足，税多则陷民于困，当以"三十而税一"为恰当。古代井田制之下，以井田养民，"其田皆上之田也。自秦而后，民自有之田也。上既不能养民，使民自养，又从而赋之，虽三十而税一，较之于古亦未尝为轻也"①。通过对比，黄宗羲认为井田制比秦汉之后的土地制度更有益于养民，所以，他提出恢复井田制的主张。"余盖于卫所之屯田，而知所以复井田者亦不外于是矣。世儒于屯田则言可行，于井田则言不可行，是不知二五之为十也。……故吾于屯田之行，而知井田之必可复也。"② 黄宗羲从屯田与井田的相似性论证了屯田可行，恢复井田也必可行。

李塨进一步阐发了颜元"天地间田宜天地间人共享之"的思想，明确提出了"天下农分天下田"的主张，他说："惟以天下之农，分天下之田。田无论多少，而四民上下之食皆足，断然也。"③ 对于天下田是否够天下人分的质疑，李塨回应说："天下之口食，不坠于天，不涌于泉，不输于外国。……况制产则地辟田治，收获自加倍蓰，乃忧田少不足于养乎？"④ 在他看来，人们的粮食供应，不是天地自生自长的，也不能依赖于外邦供应，只能靠人们的辛勤劳作来获取，因此，"天下农分天下田"的意义不在于人们获得多少土地，而在于均分土地，使人有"恒产"，生产积极性得以充分发挥，"地辟田治，收获自加倍蓰"，满足人们的衣食之需便不成问题。值得注意的是，颜李学派的王源与颜元的均田主张略有不同，颜元主张天下所有人，士、农、工、商，不论贫富贵贱，皆可以分有土地。王源则主张只有农民才能获得土地，"天下农"而非"天下人"分"天下田"。王源指出，"不为农则无田，士商工且无田，况官乎？官无大小，皆不以

---

① 沈善洪主编：《黄宗羲全集》，浙江古籍出版社 2005 年版，第 1 册，第 23 页。
② 沈善洪主编：《黄宗羲全集》，浙江古籍出版社 2005 年版，第 1 册，第 25—26 页。
③ （清）李塨：《李塨集》，陈山榜等点校，人民出版社 2014 年版，第 1145 页。
④ （清）李塨：《李塨集》，陈山榜等点校，人民出版社 2014 年版，第 1145 页。

有田，惟农为有田耳"①。

南宋事功学派的陈亮、叶适等人也反对土地兼并，向往井田制，但在恢复井田制的问题上，却持反对态度。陈亮目睹南宋的土地兼并之风，以"兼并为农患"，土地兼并导致乡间之豪，田连阡陌，"割人以自奉，役人以自安"，失地农民则"终岁勤勤，而一饱之不继也"。②陈亮将造成土地兼并、贫富差距悬殊的社会问题归咎于井田制的废除。他认为在实行井田制时，"民无甚富甚贫之患"，但是，"自秦皇废井田，开阡陌，启天下浮薄之习，农至是稍轻贱矣，于是有舍农为游手者。浮食既多，农民日困"③。因此，陈亮十分重视解决农民土地流失问题，主张人人有自耕之田，劳动力数量与土地相称，粮食与人口相称，他说："古者农自耕其田，其力与地相若，其食与其口数相称。……天下无浮食之民，故民力常裕。"④陈亮反对土地兼并，向往井田制，希望实现耕者有其田、人人自食其力、丰衣足食的社会，但在土地分配上，他却并不主张恢复井田制，因为随着时代的变迁，井田制已不能适应当时的社会形势。

叶适也持相同之论，他说："小者欲抑夺兼并之家以宽细民，而大者则欲复古井田之制。……夫二说者，其为论虽可通，而皆非有益于当世。"⑤叶适主张抑制土地兼并，但不赞成采取罚没富人之财分给失地农民的极端措施，也不同意恢复井田制。这两种措施看似合乎情理，但并不能从根本上解决土地兼并问题。况且，井田制"为法琐细烦密"，实行起来需要耗费大量的人力财力，成本太高，不具备可操作性。唐仲友亦认为井田制虽好，但已不适应南宋的社会现实，"虽尧、舜复生，井田之法亦未易于遽复"⑥。

① （清）李塨：《李塨集》，陈山榜等点校，人民出版社2014年版，第1141页。
② （宋）陈亮：《陈亮集》（增订本），邓广铭点校，中华书局1987年版，第164页。
③ （宋）陈亮：《陈亮集》（增订本），邓广铭点校，中华书局1987年版，第215页。
④ （宋）陈亮：《陈亮集》（增订本），邓广铭点校，中华书局1987年版，第215页。
⑤ （宋）叶适：《叶适集》，刘公纯、王孝鱼、李哲夫点校，中华书局1961年版，第655页。
⑥ （宋）唐仲友：《说斋文钞》卷二《馆职策三》，续金华丛书。

总之，陈亮、叶适和唐仲友都反对土地兼并，主张保护农民的土地所有权，实现耕者有其田。他们向往井田制所蕴含的人人有田耕的政策理念，但不主张恢复井田制，而是主张依据当时的社会现实，制定切实可行的制度来缓解土地兼并现象，体现了南宋事功派学者不拘旧制，一切从现实出发，求实务功的现实品格。客观而言，井田制的实行以公有制为前提，在宋代土地私有制的条件下，时移事异，井田制已经失去了赖以生存的经济基础和制度条件，要想重新恢复无疑是不现实的。

　　事功派学者抑制土地兼并，平土均田的主张，是基于当时贫富差距扩大的社会现实提出的。就经济发展的积极意义而言，适当的贫富差距有利于提高社会生产的效率，保持经济发展的活力。但是在自然经济条件，社会生产力总体水平不高的前提下，如果土地、财富集中于少数富人或官僚手中，大量农民失去土地，沦为游民，必然破坏生产力，激化社会矛盾，严重影响社会安定。因此，每当社会遭遇危机时，均田思想便会引起学者的重视。这种均田的主张和措施，在一定历史时期和某种程度上对控制贫富差距，促进社会稳定起到了积极的作用，也有效地推动了经济的发展和繁荣。我国封建社会历经朝代更替，社会动荡而不衰，恐与此有着密切关系。但是，"均田论"的实质是政府动用强制力量保证农民占有一小块土地，这与封建社会的土地私有制很难相容，并不能从根本上解决土地兼并问题，所以，缺少政治制度支持的"均田论"主要表现为思想家解决土地问题的良好愿望，带有一定的空想性，很难在现实社会中得到真正落实。

## 二　发展商业，不伤农本

　　事功派学者在对待商业的问题上或保守或激进，态度有所差别，究其根源，多由时势之不同立论。他们对于适度发展商业，发挥其流通货财的作用，都持肯定态度。孔子不反对商业，弟子子贡就是一个非常成功的商人，"赐不受命，而货殖焉，亿则屡中"（《论语·先进》）。他还责备鲁大夫臧文仲阻碍商人贸易的"废六关"之举为

"不仁"。如果说孔子对待商业的态度不明朗的话，荀子对商业的论述较多，态度十分明确。

> 关市几而不征，山林泽梁，以时禁发而不税，相地而衰征，理道之远近而致贡。通流财物粟米，无有滞留，使相归移也，四海之内若一家。（《荀子·王制》）
>
> 轻田野之税，平关市之征，省商贾之数，罕兴力役，无夺农时，如是则国富矣。夫是之谓以政裕民。（《荀子·富国》）
>
> 道存则国存，道亡则国亡，省工贾，众农夫，禁盗贼，除奸邪，是所以生养之也。（《荀子·君道》）
>
> 上好利则国贫，士大夫众则国贫，工商众则国贫，无制数度量则国贫。下贫则上贫，下富则上富。（《荀子·富国》）

从以上所列材料来看，荀子对待商业的态度有些矛盾，一方面，他不赞成对工商业收取重税，"关市几而不征"或"平关市之征"，要求政府对工商业只进行稽查、管理而不征税或少征税，为工商业活动提供便利；另一方面，他也强调控制工商业的规模和商人的数量，"省商贾之数""省工贾"，如果商业扩张速度过快，"工商众"则会降低农业劳动力的数量，导致粮食的生产和供给不足，国家必然陷入贫困。荀子的担忧并非没有道理，在传统农业社会中，由于生产力水平较低，农业的承载力有限，如果工商业过度膨胀，必然会伤害农业，因此，商业的发展水平必须要有一定的限度，与农业的发展相适应，否则，超出一定限度便会破坏农业的基础性地位，影响国家和社会的安定。在这一意义上，荀子主张发展工商业，流通货财，同时控制工商业发展规模的思想是当时经济发展水平的客观要求，系务实之论，而非自相矛盾之说。

荀子还指出了工商业活动要遵守的道德规则，比如在商品交换过程中要遵守等价交换、公平交易的原则。他说："易者，以一易一，人曰无得亦无丧也。以一易两，人曰无丧而有得也。以两易一，人曰无得而有丧也。计者取所多，谋者从所可，以两易一，人莫之为，明其数也。"（《荀子·正名》）荀子关于守法经营、公平交易的主张与孟子相近，孟子亦反对工商业活动中的垄断现象："古之为市也，以其所有易其所无者，有司治之耳。有贱丈夫焉，必求垄断而登之，以左右望，而罔市利。人皆以为贱，故从而征之。征商自此贱丈夫始矣。"（《孟子·公孙丑下》）孟子主张商业经营应当遵守义的原则，公平竞争，诚信经营。他批评垄断市利的行为，视其为"贱丈夫"所为，"有司"应当通过征税的方式对其予以惩罚。

后世的经世事功派学者大都秉承了荀子对待农商关系的基本立场。李觏以农为本，对商业不太重视，认为商人"心多巧枉"，过度追逐财富会导致淫靡之风，败坏社会风俗。他说："然商实不可重，何者？天下之趋利如鹜矣。苟有利焉，虽轻之而亦趋也，岂忧商贾之少而无乎？"[1] 在他看来，人心本来就有追求利益的动机和欲望，只要有利，虽"轻之"，人们也会对其趋之若鹜。如果再施以"重商"之策，无疑会更加刺激人们求利的欲望，在社会上形成逐利之风，危害社会秩序。

李觏也没有否认商业存在的合理性和必要性，承认适度发展商业有利于货物流通，对经济发展有益。"夫商有利亦有害，懋迁有无以流通天下，此利也。为商之人心多巧枉，聚商之处，俗必淫靡，此害也。"[2] 王安石在熙宁新法中颁布均输法，力图抑制富商大贾控制市场、获取厚利的行为，表面上看，此举是对工商业发展的抑制，其实不尽然。王安石所抑制的只是民营工商业，通过均输法将富商大贾控制的运输收归官府，使民营商业转为官营商业。可见，王安石并没有否定商业存在、发展的合理性，这一点与李觏十分接近。

明末清初的李塨亦表达了类似的观点，他认可商业有流通财富之功，认为无论何种货物，"万里远鬻，倾囊充陈，导靡长奢，则皆商

① （清）李塨：《李塨集》，陈山榜等点校，人民出版社 2014 年版，第 1159 页。
② （清）李塨：《李塨集》，陈山榜等点校，人民出版社 2014 年版，第 1159 页。

为之也"①。对于商业负担的杂税过多且征税不公平的情况,他主张减轻商税,对"本小利微者"和"千万封殖放债出入者"应当依据其收入的多寡来征收税赋,保证公平公正。李觏也看到商业容易"导靡长奢"且不能生产财富而对其心存戒备。李觏和李塨对发展商业的利弊分析有一定道理,也是社会现实状况较为真实的写照,体现了儒家对于发展商业、追求财富的谨慎态度和矛盾心态。不过,这种顾虑重重的心态在南宋浙东事功派学者身上却基本看不到。

南宋时期,随着政治中心的南移,浙东地区商品经济的迅速发展,商业氛围渐趋浓厚,人们不再耻于经商致富,浙东事功派学者提出了"农商并重"的思想。陈亮指出:

> 古者官民一家也,农商一事也。上下相恤,有无相通,民病则求之官,国病则资诸民。商藉农而立,农赖商而行,求以相补,而非求以相病。……通其有无,官民农商,各安其所而乐其生,夫是以为至治之极,而非徒恃法以为防也。后世官与民不复相知,农与商不复相资以为用,求以自利,而不恤其相病。故官常以民为难治,民常以官为厉己;农商盼盼相视,以虞其龙断而已。②

陈亮把商业置于和农业同等重要的地位,从发展经济的角度来看,二者有形态之异,其贡献却是一致的,并且二者不是对立关系,不能"相病",而应"相补",相互依存、相互促进。农业为商业的发展提供基本的物质资料,故"商藉农而立";商业的发展能够更好地促进产品的交换和流通,增强经济的活力,所以"农赖商而行"。陈亮的农商"相资以为用"的思想比较客观公允地道出了农业与商业的关系,在重农和重商思想的争论中当属持平之论。

---

① (清)李塨:《李塨集》,陈山榜等点校,人民出版社 2014 年版,第 1160 页。
② (宋)陈亮:《陈亮集》(增订本),邓广铭点校,中华书局 1987 年版,第 140 页。

永嘉叶适也批评了传统的抑商思想，认为"抑末厚本，非正论也"①。他通过考察春秋以来的农商政策，认为厚本抑末的抑商思想并没有历史依据。他说："《书》'懋迁有无化居'，周讥而不征，春秋通商惠工，皆以国家之力扶持商贾，流通货币，故子产拒韩宣子一环不与，今其词尚存也。汉高祖始行困辱商人之策，至武帝乃有算船告缗之令，盐铁榷酤之人，极于平准，取天下百货自居之。"②叶适赞赏春秋时期"通商惠工"的政策，认为自汉高祖刘邦开始实施抑商政策，后世君主不能以此为法。叶适反对朝廷对商业采取限制、打击的政策，主张减少对商业的干预，给商业以自由的发展环境，"今天下之民，不齐久矣。开阖、敛散、轻重之权不一出于上，而富人大贾分而有之，不知其几千百年也。而遽夺之，可乎？夺之可也，嫉其自利而欲为国利，可乎？呜呼！居今之世，周公固不行是法矣"③。叶适的商业自由思想反映了当时新兴商人阶层的呼声，在重农思想氛围浓厚的环境中，着实难能可贵，也从侧面映射出事功派学者在面对社会危机时追求事功的强烈愿望。

　　明末清初经世学者继承发展了陈亮、叶适的重商思想，浙东学人黄宗羲批评世人以工商为末业的看法，提出"工商皆本说"，"世儒不察，以工商为末，妄议抑之。夫工固圣王之所欲来，商又使其愿出于途者，盖皆本也"④。黄宗羲判断本末的标准与以往不同，他跳出了传统农商对立的思维模式，以"切于民用"为标准，农、工、商都关乎民生、民用，故皆为本，而"有为佛而货者，有为巫而货者，有为倡优而货者，有为奇技淫巧而货者，皆不切于民用，一概痛绝之，亦庶乎救弊之一端也，此古圣王崇本抑末之道"⑤。黄宗羲从不"切于民用"的角度，批评佛、巫、倡优等人于世无用，应当"痛绝

---

　　① （宋）叶适：《习学记言序目》，中华书局1977年版，第273页。
　　② （宋）叶适：《习学记言序目》，中华书局1977年版，第273页。
　　③ （宋）叶适：《叶适集》，刘公纯、王孝鱼、李哲夫点校，中华书局1961年版，第659页。
　　④ 沈善洪主编：《黄宗羲全集》，浙江古籍出版社2005年版，第1册，第41页。
　　⑤ 沈善洪主编：《黄宗羲全集》，浙江古籍出版社2005年版，第1册，第41页。

之"。此论与北宋李觏贬斥释、老之徒及冗官、冗食者，巫医卜相之人和倡优等人为无用之"冗者"的说法若合符节，颇为一致。黄宗羲以"民用"为核心的"工商皆本论"，既体现了他的富民追求和"民本"倾向，也体现了作为事功派学者重视实用和实功的现实诉求。

## 第三节　四民论

所谓"四民"，一般指依据人们从事职业的不同所划分的士、农、工、商四类人群。这四类职业人群在经济社会生活中扮演着不同的角色，发挥不同的作用。透过其相互关系和社会地位的变化，也可以洞察其对经济社会发展的作用。

### 一　四民分业，各司其事

四民之分出现很早，西周时期就有"士大夫不杂于工商"（《逸周书·程典》）之说，周文王要求士、大夫、工、商各个职业阶层的人们各安其命、各司其职，以使天下成治。当时，士、大夫、工、商之间似乎并没有尊卑贵贱之分，只是从事的职业不同而已。《周礼》有"以世事教能，则民不失职"。郑玄注："世事谓士农工商之事，少而习焉，其心安焉，因教以能，不易其业。"贾公彦疏："父祖所为之业，子孙述而行之，不失本职，故云以世事教能，则民不失职也。"从事士农工商四种职业的人们，各司其职，各守其事，祖传之于父，父又传之于子，代代传承，"不易其业""不失本职"，既便于社会教化，又保证了社会秩序的稳定。《周礼》亦有"九职"之说："一曰三农，生九谷；二曰园圃，毓草木；三曰虞衡，作山泽之材；四曰薮牧，养蕃鸟兽；五曰百工，饬化八材；六曰商贾，阜通货贿；七曰嫔妇，化治丝枲；八曰臣妾，聚敛疏材；九曰闲民，无常职，转移执事。"（《周礼·天官·大宰》）儒家将职业分工世袭化，把人们的求利行为严格限制在其本职之内，目的是防止人们见利思迁，弃其本业而竞逐其他职业之利，特别是弃农从商的行为，儒家尤为警惕。

《管子》进一步发挥了四民分业、不易其职的观点，提出四民分业论："四民者，国之石民也，不可使杂处……处士必于闲燕，处农必就田野，处工必就官府，处商必就市井。"（《管子·小匡》）四民分居制可以保持职业的相对稳定，使民不失其职，便于稳定社会秩序，但同时也限制了人才在职业间的流动，减弱了经济发展的动力。

荀子指出："夫匠农贾，未尝不可以相为事也，然而未尝能相为事也，由此观之，然则可以为，未必能也。"（《荀子·性恶》）荀子区分了更换职业的"可为"与"能为"，从理论上是"可为"的，但从现实来看，人是否具备相应的职业能力，外在条件是否允许等，决定了人们是否"能为"。荀子进一步从"分"的角度肯定了士、农、工、商四民分业对经济社会发展的积极意义，在《荀子》一书中，他对四民的职业分工多有论述：

> 农分田而耕，贾分货而贩，百工分事而劝，士大夫分职而听，建国诸侯之君，分土而守，三公总方而议，则天子共己而止矣。（《荀子·富国》）
> 农以力尽田，贾以察尽财，百工以巧尽械器，士大夫以上至于公侯莫不以仁厚知能尽官职。（《荀子·荣辱》）
> 故泽人足乎木，山人足乎鱼，农夫不斲削不陶冶而足械用，工贾不耕而足菽粟。（《荀子·王制》）

荀子从职业分工的角度来看待四民分业，并没有明确表达厚此薄彼的倾向。士、农、工、商各守其业、各尽其职，和谐相处，从而保证了社会秩序安定。商人在经济活动中发挥着流通货财、互通有无的作用，通过商品交换，四民可以各取所需，既提升了生产的专业化水平，有效地推动了经济的发展、繁荣，也带动了地区之间、民族之间文化的交流与融合。

四民分业论在西汉的《盐铁论》中得到进一步强化："仕者不

稽，田者不渔，抱关击柝皆有常秩，不得兼利尽物。"（《盐铁论·错币第四》）汉代之后，四民的地位不断变化，但四民分业的合理性和必要性基本得到儒者的一致认同。李觏重视"农"在四民中的地位，将"农人"视为"国之本"，商人则为"末"，他说："夫农人，国之本也……若夫工商之类，弃本逐末，但以世资其用，不可无之，安足比于农人哉？"① 商人尽管地位不及农人，但其在经济生活中的作用却必不可少。对于四民之外的"冗者"，李觏的态度就不像对商人那样宽容了，主张予以"抑""驱"，使之返归本业。李觏所谓的"冗者"大致包括释、老之徒及冗官、冗食者，巫医卜相之人和倡优等人，这些群体之所以被斥为社会无用之人，是因为他们都不事生产、不劳而食，不仅消耗社会财富，还败坏社会风气。

叶适则追溯商人产生的历史，认为四民分业，古已有之，虽然在社会生活中发挥的作用有所不同，但他们相互依存、缺一不可，"四民交致其用而后治化兴"②。叶适对《管子》书中"四民勿使杂处"之论表达了不同观点，他说："'四民勿使杂处'、'别生分类'虽自古而然，然民情亦未尝不然也。处士于闲燕，谓学校也；不言学校而言闲燕，是不知学制尔。工必于官府，是使余民艰于器用也。商之市井，农之田野，固不待上之教令矣。其要欲使四民世为之，其理固当然，而四民古今未有不以世。"③ 叶适认为古之"四民分处"着眼于各自的职业特点，有其合理性，如士人需要专心读书，所以学校要设在清静的场所，商人从事商品交换，要就市井，农人要耕作，必就田野。但他并不赞成完全把四民限定在各自的职业之内，而是主张人才可以在职业之间自由流动，士可以从农、经商，商人亦可以入仕为官。

颜李学派的王源在士、农、工、商四民分业问题上，亦强调以农为本。为了保证农民安心生产，在分配给相应的土地时，要求他们一

---

① （宋）李觏：《李觏集》，王国轩校点，中华书局1981年版，第202页。
② （宋）叶适：《习学记言序目》，中华书局1977年版，第273页。
③ （宋）叶适：《习学记言序目》，中华书局1977年版，第167页。

心务农，不得"募人代耕"，也不能从事其他职业。他说："今立之法：有田者必自耕，毋募人以代耕，自耕者为农，无得更为士、为商、为工。士士矣，商商矣，工工矣，不为农。"① 王源此论，虽从保护农业生产、增加财富供给的角度立意，有其合理性，对于解决清初社会面临的农商矛盾，亦有其现实意义。朱义禄指出："王源要求职业分野固定化的主张，是把劳动者的职业看作永不变动的。实质上是反对佣耕现象的发生，保证有耕种能力的农民世代为农。"② 尽管如此，限制农民的职业流动，将其固定在土地上从事耕种的做法，则显得有些极端。

## 二　商人地位，适时而变

自秦汉开始，在重农抑商政策的影响下，商人在社会生活中的地位较低，常处于四民之末，甚至不能入仕为官。唐代中期之后，随着商业的发展，商人的地位逐渐改善，韩愈在四民基础上增列僧人和道士，称为"六民"。不过韩愈认为僧、道不事生产，只能消耗财富，无益于社会发展，属于"冗民"，应当强制其从事农业生产，归入"农"之列。到了宋代，商业的繁荣使得商人的地位进一步提升，宋太祖和太宗两朝都颁布了保护商人的法令，四民之间的界限开始被打破，彼此之间的流动也多起来，官员经商、弃农从商的现象屡见不鲜，渐成风气。从商品经济的发展来看，四民之间的职业流动有利于增强经济活力，但弃农从商现象的增加，则会动摇封建王朝以农业立国的根基。李觏和王安石就表达了这方面的担忧。

李觏虽不反对商人存在的必要性，但由于担心商人的数量过多会对农业生产造成消极影响，故而以工商为"末"，他指出："地力不尽，则谷米不多；田不垦辟，则租税不增，理固然也。今将救之，则莫若先行抑末之术，以驱游民，游民既归矣……一心于农，则地力可

---

① （清）李塨：《李塨集》，陈山榜等点校，人民出版社 2014 年版，第 1141 页。
② 朱义禄：《颜元　李塨评传》，南京大学出版社 2006 年版，第 436 页。

尽矣。"① 王安石也看到商人群体的壮大所带来的不良影响，"制商贾者恶其盛，盛则人去本者众"②。商人社会地位的提高，吸引了越来越多的人离开农业转投商业，使从事农业生产的劳动力锐减，人们赖以生存的粮食等物资的生产水平下降，从而动摇经济基础，影响社会稳定。所以王安石主张政府对商人加以限制，"重租税以困辱之"，通过"重税"使其获利减少，对其施以"困辱"之策则使其社会地位下降，两种手段并用，迫使人们弃商归农。总体而言，李觏和王安石尽管有限制商人之论，但从其思想的实质看，并没有完全否定商人的地位和作用，只是"恶其盛"而已，在不动摇"农"的地位的前提下，他们都同意适度发展商业，实现农与商的均衡发展。

南宋事功派的陈亮和叶适出身浙东，受当地重商之风的浸染，对待商人的态度不像李觏、王安石般保守，他们不但认为商人是社会的有机组成部分，必不可少，还旗帜鲜明地主张商人与士、农、工享有平等的政治地位。陈亮在科举失意时，曾"欲放开营生"，弃仕途而经商。叶适更加重视提高商人的政治地位，他认为四民之间的界限并非不可逾越，古人在选拔优秀人才入仕为官时，亦没有把商人排除在外，"至于烝进髦士，则古人盖曰无类，虽工商不敢绝也"③。叶适试图借古人选拔人才不拘一格、不问出身的做法，冲破长期以来阻挡在士与商之间的藩篱。

胡寄窗对叶适"烝进髦士无类"的思想给予了高度评价。

　　叶适公然主张把工商业优秀成员也和士人一样作为统治阶级新陈代谢的补充因素之一，这完全是对西汉初困辱商人使其子孙不得仕宦为吏的政策从理论上予以根本否定，也是在消极地批判"抑末"观点之外，积极地为工商业者争取政治权力。在 13 世纪

---

① （宋）李觏：《李觏集》，王国轩校点，中华书局 1981 年版，第 136 页。
② （宋）王安石：《王安石全集》，秦克、巩军标点，上海古籍出版社 1999 年版，第 61 页。
③ （宋）叶适：《习学记言序目》，中华书局 1977 年版，第 167 页。

提出这样的政治要求固然是为时过早，超越了时代所许可的范围。但从经济思想发展过程看来，这却反映了对未来新剥削社会的憧憬的先行思想。无怪乎有人认为他是站在商人阶级立场，反映了商人阶级的要求。无论如何，在17世纪以前的中国，这倒是仅见的观点。①

历代思想家在论述四民关系时大多围绕农与商展开，对工的论述较少，或者将工、商合为一事而论。明末清初的李塨区分了工与商，从财富生产的意义上认为工的地位和作用要重于商人。他认为工与农都是社会财富的生产者，故而社会地位在商之上乃是天经地义，他说："古四民，工居三，商末之。盖士，赞相天地之全者也；农，助天地以生衣食者也；工，虽不及农所生之大，而天下货物非工无以发之成之，是亦助天地也；若商，则无能为天地生财，但转移耳，其功固不上于工矣，况工为人役，易流卑贱，商牟厚利，易长骄亢，先王抑之处末，甚有见也，今分民而列商于工上，不可。"② 李塨反对过分抬高商人地位的做法，认为"工"能为社会生产创造财富，其价值超过"转移"财富的商人，故而在四民的价值序列中应位于商人之前。

李塨重工之论很有见的，在中国古代思想史上独树一帜，胡寄窗认为李塨提出了一个非常重要的观点："即农工才是生产财富的，商业不能生产财富，只是使财富流通。在分析农工商与财富的关系这一问题上，两千多年来出现了各种各样的理解，除农业生产财富是一致公认的理解外，关于工商财富关系的认识，有少数是观点明确而结论错误，如否定工商均能生产财富或肯定工商均生产财富，而大多数则似是而非或观点模糊。像李塨这样极明确而又正确的观点，在我国历史上还是第一次出现。"③

---

① 胡寄窗：《中国经济思想史》，上海财经大学出版社1998年版，下册，第184页。
② （清）李塨：《李塨集》，陈山榜等点校，人民出版社2014年版，第1111页。
③ 胡寄窗：《中国经济思想史导论》，台北：五南出版社1998年版，第432页。

从北宋、南宋和明末清初经世事功派学者对待商人的态度来看，其立场和观点并不完全一致，如北宋的李觏和王安石、清初的李塨，都对商业的发展、商人在四民中的地位持相对保守的态度，南宋的陈亮和叶适则较为激进，重商色彩比较鲜明。究其原因，李觏、王安石、李塨都试图对不同时期商业的迅速发展进行反思，也体现了经世事功派学者对现实问题的关切。他们身处不同时代，之所以都对商业的快速发展怀警惕之心，是因为面对积贫积弱、国力困乏的社会现实，如何有效地组织生产，增加社会财富的供给是当务之急，为此，他们都将关注的重点转向生产领域，提升农和工的社会地位，以使他们专心从事生产，以创造出更多的财富。商人因其用重在流通货财，而不事生产，对增加财富贡献不多，其地位便低于农和工。陈亮和叶适所在的浙东地区是当时的商业中心，他们受重商之风的习染，对于商业的发展和繁荣有更深入的体会和认识，甚至成为商人阶层的代言人，所以其重商思想较为鲜明。

### 三　农为兵源，兵农合一

事功派学者认为，要实现经济天下的外王事功，除了发展生产，繁荣经济，增强国力之外，还要厉行强兵之道，如此，才能有效地抵御外侮，保卫家国。然而，中国古代的四民之分，并没有把兵作为一个独立的社会阶层列入其中，尽管如此，兵对于实现外王事功的重要性是毋庸置疑的。事功派学者大都主张寓兵于农，闲时农耕，战时从军，把兵与农结合起来，实现强兵之道。朱义禄认为，寓兵于农的制度颇似古希腊城邦里实行的公民兵制度。[1] 古希腊农民不仅从事农业劳动，还肩负着保卫城邦的神圣使命，一有战事，他们便拿起武器，成为士兵，战争结束便返回家园，恢复农民身份。剑桥大学威廉·埃默顿·西特兰德教授指出，长期的农业劳动锻炼了农民的作战能力，勤劳勇敢的农民也是最优秀的士兵，因此古希腊时兵农合一制度使农

---

[1]　参见朱义禄《颜元　李塨评传》，南京大学出版社 2006 年版。

民阶级在当时备受尊重。

兵民合一的政策在先秦时期就已经出现，南宋唐仲友借孟荀学说中未有强兵之说，而判断兵民合一在先秦已成为普遍做法。"学者徒见孟荀不取强兵之说，遂以为强兵非王者事，殊不知三代之时，兵民未分，民众则兵强矣。孟子欲得民，而荀卿欲附民，是不务强兵之末，而深得强兵之本者也。"① 唐氏所论有一定道理，先秦时期的生产力低下，农业生产是社会财富的主要来源，而战争对财富的消耗极大，对农业生产的破坏也最为严重，因此，将兵与农结合起来，战时从军，闲时务农，亦兵亦农，成为统治者不得已之策。这也大概是古人未列兵于四民之中的原因之一。

宋代开始实行募兵制，有禁兵、厢兵、乡兵、番兵等，不仅名目繁多，还要终身服役，甚至老死军中，导致冗兵问题十分突出，军队战斗力严重下降。于是，宋代事功派学者开始重提寓兵于农的强兵之策。表面上看，寓兵于农是军事问题，但实质上却是经济问题，因为扩充军队，需要耗费大量财政收入，如果处理不好，就会造成国库空虚、民生凋敝。因此，出于既保持军队规模，提升战斗力，同时也能减轻财政负担的考虑，采取以田养兵、寓民于农之策。

李觏提倡兵农合一的政策，以屯田养兵，他说："故当今之虑，若兴屯田之利，以积谷于边，外足兵食，内免馈运，民以息肩，国以省费，既安既饱，以时训练，来则奋击，去则勿追，以逸待劳，以老其师，此策之上也。"② 李觏认为实行兵农合一可以节省军费开支，农忙时耕种，农闲时训练，农民不离故土，能够以逸待劳，保卫家园，是强兵富国之上策。

南宋时，出于抗金复土的迫切需要，兵农关系依然是事功派学者关注的焦点问题，他们纷纷表达了寓兵于农的主张。唐仲友认为："古之兵出于农，地政修废，兵力之强弱也。周之衰，田莱多荒，而

---

① （宋）唐仲友：《说斋文钞》卷三，"上四府书"，续金华丛书。
② （宋）李觏：《李觏集》，王国轩校点，中华书局1981年版，第153页。

军政坏，宣王中兴，而农政修，兵复出于农……然则不先修地政而求兵之强者，吾未之信也。"① 在唐氏看来，兵自农出，自古皆然，农业发展好坏与军队的强弱密切相关。只有"地政修"，农业发展好了，农民富裕，田有余力，才能提供充足、优质的兵源。永嘉薛季宣亦十分推崇古代的兵农合一制度，他说："古者宿兵绝缴，多为营田，所以省馈运之劳，而勤士卒之惰也。然而古之调卒，盖取诸农，且战且耕，犹易为力。"② 古人"营田"之策体现了耕与战、农与兵的结合。士兵本就来自农民，士兵战时打仗，没有战事时，退而耕作，既可以防止其惰性滋长，亦可以增加农业收入，充实府库。

叶适分析了唐代以税养兵的危害，提出以田养兵之策，他说："余注心凝想，昼夜不暂舍，积数十年，方悟唐人一时仓猝，不知以田养兵，而以税养兵，故流害相承至此之极。夫以田养兵，亩四十至百而养一，以税养兵，亩四百至千而养一；以田养者，可至百万；以税养者，过十万则困竭矣。"③ 叶适对比了以税养兵与以田养兵的经济成本，前者成本高，所养之兵的规模不过十万，后者以田养兵，寓兵于农，成本大大降低，所养之兵可至百万。通过比较，二者的优劣、高下立现。

明末清初的李塨和黄宗羲批评了兵民分离的弊政。李塨说："然而不寓兵于农，则兵民不合，民不知兵，兵以害民，犹然后世弊政矣。"④ 黄宗羲主张对明代卫所屯田导致"兵民太分"的流弊加以修正，力主恢复井田制，实行寓兵于农之策，战时取兵于民，不服役时则返之于农，从事生产，既能保卫国家，也保证了农业生产有足够的劳动力，可谓一举两得。

另外，农业生产者是最为优质的兵源，李塨认为："夫古之为兵

① （宋）唐仲友：《金华唐氏遗书·诗解钞·采芑》，续金华丛书。
② （宋）薛季宣：《薛季宣集》，上海社会科学院出版社2003年版，第240页。
③ （宋）叶适：《习学记言序目》，中华书局1977年版，第243页。
④ （清）李塨：《李塨集》，陈山榜等点校，人民出版社2014年版，第1111页。

者，皆于齐民中选其材力出众者，使为君父捍患御灾。"① 汉代选兵，多从良家子弟中挑选才能出众者，所以汉兵最强，宋人不尚武，良人不喜为兵，为兵者皆不良之民，明朝多征有罪之人充军，儒者以兵为讳，士以武为耻，故宋、明两朝士兵的素质不高，军队的战斗力下降。李塨还批评了宋代的募兵制，"兵不出于农，而以招募，则为兵者必多游手犷獭之伦，久则暴视闾里，咨睚谁何。为农者绝不预兵，则必鲁顿畏怯，卒有变，即不可支"②。农业生产者勤奋、朴实的品格也是一名优秀军人的必备品质，因此，李塨认为兵是"民之杰"，如果从农民中进行挑选，经过训练后必然能征善战，成为精兵。如果招募社会上的"游手犷獭之伦"，不但不能提升战斗力、保家卫国，还会祸害一方。

将农与兵结合起来，也有利于培养农民的勇武精神，否则农民"鲁顿畏怯"，一遇到危险便不知所措。颜元详细分析了兵农合一的优点：

> 一曰素练。陇亩皆陈法，民恒习之，不待教而知矣。一曰亲卒。同乡之人，童友日处，声气相喻，情义相结，可共生死。一曰忠上。邑宰、千百长，无事则教农、教礼、教艺，为之父母；有事则执旗、执鼓、执剑，为之将帅。其孰不亲上死长！一曰无兵耗。有事则兵，无事则民，月粮不之费矣。一曰应卒难。突然有事，随地即兵，无征救求援之待。一曰安业。无逃亡反散之虞。一曰齐勇。无老弱顶替之弊。一曰靖奸。无招募异域无凭之疑。一曰辑侯。无专拥重兵要上之患。③

颜元将寓兵于农之策的好处概括为八个方面：一者农民熟悉陇亩，便

---

① （清）李塨：《李塨集》，陈山榜等点校，人民出版社2014年版，第1190页。
② （清）李塨：《李塨集》，陈山榜等点校，人民出版社2014年版，第1151页。
③ （清）颜元：《颜元集》，王星贤、张芥尘、郭征点校，中华书局1987年版，第107—108页。

于训练；二者有同乡之亲，能同生共死；三者素受教化，能忠于君主；四者亦战亦耕，减少财物之耗；五者因乡里有家业，不会当逃兵；六者素质一致，无老弱顶替之弊；七者队伍纯洁，不易混入敌方为奸细；八者能避免将帅拥兵自重，威胁朝廷安全。颜元的这一分析十分细致全面，充分体现了其治学务实效、黜空谈的特点。

李塨也指出了寓兵于农制度存在的问题。由于兵源取自农民，农民又多出自内地，加之国土幅员辽阔，来自内地的兵源去戍边，对于当地的地理、风俗不熟悉，适应起来比较困难。经过一段时间，兵将刚刚熟悉适应边疆环境，又要换防，问题又随之而来。所以，李塨认为边荒要地，不适合寓兵于农的政策，他说："则边方要地，自宜多设重兵以镇之，边屯之民，且耕且战，亦自可用。万一正当耕获之时，卒有侵寇，释耕而战，一年之农事废矣，宜于农外别有军以卫之。"[1] 李塨考察了戍边的现实情况，认为如果边疆地区采用兵农合一，且耕且战之策，一旦在农时发生战争，农业生产便毁于一旦。所以，他认为寓兵于农政策，只适合于内地，边疆地区则宜设训练精良的士兵镇守。

总之，事功派学者倡导恢复古代寓兵于农的制度，为实现经邦济民的外王事功提供强有力的军事保障。但是这一主张带有明显的复古论色彩。先秦时期，寓兵于农政策的制定多是由于农业生产力低下，没有富余的劳动力以供征兵。实施兵农合一可以兼顾耕战，被统治者奉为两全之策。然而，这一政策有效降低军费开支的同时，军队的专业化程度也受到影响。随着经济发展水平不断提高，兵农分离，军队的专业化水平得以提升，军费开支和财政压力却陡然增加。事功派学者提倡恢复寓兵于农的政策大多是由经济问题所引发，即每当国力衰弱，民生凋敝，社会矛盾激化之时，寓兵于农的呼声就应时而起。所以，事功派学者在提倡寓兵于农时，都将这一政策与土地政策结合起来，即保证农民拥有一定的土地，平土均田，形成一个有较为稳定的

① （清）李塨：《李塨集》，陈山榜等点校，人民出版社2014年版，第1153页。

收入并具有一定规模的农民阶层，为寓兵于农提供足够的人力、财力和物力支撑。就此而言，事功派学者恢复寓兵于农的政策又具有一定的空想性，因为在封建君主制政体之下，农民"耕者有其田"的理想很难在现实中真正得到实现，亦无法为寓兵于农的政策提供现实的经济基础。

# 第五章

# 儒家事功伦理与新教
# 工作伦理之比较

儒家事功伦理与德性伦理之间虽非决然对立，但在价值取向上，还是呈现不同的特色。事功伦理对世俗活动，特别是对经济活动的重视及其倡导的财富观、重商思想等，对商品经济发展产生了积极影响，在这一意义上，它与马克斯·韦伯的新教工作伦理存在一定相通之处。通过二者的比较，能够更加清晰地呈现事功伦理的理论特质，同时也对韦伯关于儒家伦理阻碍资本主义发展的论断进行重新审视。

## 第一节　工作伦理与韦伯命题

基督新教对待工作的态度是现代工作观念的起源，马克斯·韦伯将其作为资本主义工作伦理的理论基础，为资本主义的发展提供了强有力的精神支持。韦伯在《新教伦理与资本主义精神》中，将新教作为一个整体，分别从路德宗的天职观念、加尔文宗的"上帝预定说"和其他宗派的观点论证新教工作伦理如何促进了资本主义经济的发展。

### 一　工作伦理的概念及演化

在西语中，"工作"与"劳动"的概念经常被不加区别地使用，但是，二者也有细微的语义差别，万俊人教授指出："'工作'（work）指具有价值效用的劳动，已经带有对'劳动'的概念抽象。

而'劳动'（labor）则是相对狭义的概念，它指以人的体力消耗来生产某种或某些物质的具体活动，类似于人们常说的体力劳动，一般不带价值评价和价值抽象的意味。可见，在西语中，'工作'的概念含义比'劳动'要广一些，抽象一些。"① 工作伦理的概念由德国学者马克斯·韦伯提出，但是，作为一种对待世俗劳动的价值观念，工作伦理最早源于西方16世纪的宗教改革。

在传统的天主教徒看来，工作并不是一件值得荣耀的事，而是作为人们的谋生手段，是件痛苦却又必须要做的事。其实，对于工作特别是体力劳动的歧视态度在东西方历史上都不鲜见，中国俗语有"万般皆下品，唯有读书高"之说，反映了古人读书入仕的追求。孟子有"劳心者治人，劳力者治于人"之说，虽有强调社会分工之义，但也隐含着对"劳心者"的向往与对"劳力者"的歧视。柏拉图认为只有接受过教育，掌握了知识的人才能成为社会的统治阶级。他在《理想国》中将社会成员分为三个阶层：哲学王是国家的统治者；武士处于中间阶层，担负保卫国家的职责；工商、手工业者则处于社会最低层，需要培养节制的美德以抵御财富带来的诱惑和危害。早期的基督教由于脱胎于犹太教，延袭了希伯来文明，与古希腊文明有所不同。犹太教对体力劳动的态度比较积极，反对无所事事的懒惰，"早期基督教几乎全盘接受了犹太教对体力劳动的积极态度，不仅反对无所事事，号召人人劳动，而且在《新约》中进一步深化，做出了'不劳者，不得食'的训诫"②。

马丁·路德（Maxtin Luther）的宗教改革也体现出这一轨迹。路德否定了天主教徒的工作态度，他认为，天主教徒终日诵读《圣经》、研习教义、不事生产的生活方式，并不能获得上帝的欢心，在世俗生活中"获救"的唯一正确的方式是勤奋工作，努力生产并创造财富。所以，路德"将曾经不受尊重的工作拉上了神坛，其后，新

---

① 万俊人：《义利之间：现代经济伦理十一讲》，团结出版社2003年版，第172页。
② 王萍：《从清教神坛到福利国家：美国工作伦理的演变》，中央编译出版社2016年版，第40页。

教的宗教领袖沿着路德的路走下去，最终工作在清教那里获得了史无前例的地位"①。清教徒视世俗工作为上帝的命令，他们怀着对上帝的虔诚，在世俗生活中兢兢业业地劳作，无论从事何种工作，都不敢有丝毫懈怠。意大利哲学家阿德里亚诺·蒂尔格对路德的贡献给予了高度评价，认为从他开始，世俗工作具有了宗教尊严。不过，清教徒并没有对这种工作观进行系统总结，提出工作伦理的概念。进入 20 世纪，马克斯·韦伯在研究新教伦理与资本主义精神的关系时，明确提出了这一概念，并将其与资本主义的发端联系起来。

清教是在加尔文宗的基础上发展起来的基督新教的重要派别之一。韦伯以清教神学家巴克尔斯的思想为代表，分析了清教工作伦理对资本主义发展的影响。根据清教教义，上帝与人类立有契约，如果人们能够完成上帝的"圣召"，上帝就会赐予财富，并将其列为恩宠的对象。根据清教徒的理解，"圣召"包括"普通圣召"和"特殊圣召"。前者是上帝对所有信徒发出的相同召唤，后者指个人在社会中谋生的职业，是上帝根据人们天赋的不同而确定的。人的天赋不同，上帝赋予的工作也不相同，甚至人的天赋如何也完全由上帝决定。即使信徒对所从事的工作不满意，因为是上帝的决定，就绝不能拒绝，只能欣然接受，他们相信，上帝安排自有其道理，不一定是最好的，但一定是最适合他们的。当人们在工作中感受到自己是在为耶稣基督劳动时，实际上就是在用最卑贱的世俗行为敬畏上帝，这比那些未经上帝召唤，就把所有的时间浪费在冥想和祷告上强得多。也就是说，上帝的"圣召"没有高低贵贱之分，无论从事高贵的工作还是低贱的工作，只要竭尽全力，勤勤恳恳地去做好，就会得到上帝的喜爱。

此外，在履行"特殊圣召"时，还要注意三个条件：第一，这份工作不仅于己有利，更要符合公共利益；第二，这份工作必须是从上

---

① 王萍：《从清教神坛到福利国家：美国工作伦理的演变》，中央编译出版社 2016 年版，第 15 页。

帝恩赐的天赋而来，不可忤逆上帝之意，任意选择；第三，凡事听从上帝吩咐，不可损人利己。① 通过系统地解释"圣召"的概念，清教将信徒肩负的宗教责任与其日常工作联系起来，合为一体，世俗工作的完成情况便成为个人是否获救的唯一凭据，这无疑最大限度地激发了清教徒的工作动机，正因为这一点，韦伯认为在新教各派别中，清教的这种工作伦理对资本主义发展的作用最大。

## 二　韦伯命题及东亚的发展

马克斯·韦伯在《新教伦理与资本主义精神》一书中提出：基督教新教改革后形成的新教伦理催生了近代资本主义的价值体系，孕育了资本主义精神，促成了西方近代资本主义的产生和发展。相比之下，中国的儒家伦理由于缺乏形而上学追求，没有形成类似新教的工作伦理，导致世俗经济活动缺少强有力的精神动因，阻碍了近代资本主义的发展。韦伯的这一论断被学界称之为"韦伯命题"，它包含两个方面内容：一是基督教新教伦理如何契合了资本主义精神，以何种方式推动了欧洲资本主义经济的发展；二是世界其他各民族的文化为何没有为资本主义的发展提供与新教伦理相似的精神动因。

王泽应教授将韦伯关于新教伦理与资本主义契合关系的论述概括为："新教伦理的预定论及恩宠说塑造了资产阶级的典型人格，新教伦理的天职观形成着资本主义务实求真、发奋图强的精神或生活态度，新教伦理的入世禁欲主义推动着资本主义生活方式的发展。"② 韦伯的《新教伦理与资本主义精神》发表后，资本主义发展的动力问题迅速成为学界讨论的热点问题，美国学者罗宾斯在《敬业——美国员工职业手册》一书中对于韦伯命题做了进一步发挥，他将韦伯的新教伦理理论付诸企业管理实践，使新教工作伦理的勤奋节俭、诚信

---

① 参见王萍《从清教神坛到福利国家：美国工作伦理的演变》，中央编译出版社 2016 年版。

② 王泽应：《韦伯命题的世纪论争与理性反思》，《南通大学学报》（社会科学版）2010 年第 3 期。

尽职等敬业精神在美国企业中发挥了巨大作用。

英国学者托尼（Tawney）在《宗教与资本主义兴起》中对韦伯的观点做了修正和补充，托尼认为，如果资本主义指在无产阶级社会关系中的资本家为了财富而积极创业，那么中世纪的意大利和法兰德斯（Flanders）早已出现了资本主义。如果指资本主义精神，为了荣耀上帝而牺牲所有物质享乐，那么它在中世纪就有圣人及哲人早就说到此观念。

拉什法尔（Rachfahl）是韦伯命题批评史中重要的角色之一，他对韦伯命题做了四点批判：（1）为了权力、荣耀和安全感而积累财富，这样的动机比宗教动机更为重要；（2）天主教徒也承担了俗世的劳动，因而也是清教"入世禁欲主义"的受益者；（3）资本主义精神的载体不是小资产阶级，而是大资本家；（4）在17—18世纪的荷兰，资本主义和新教教派几乎毫无关系，而英国资本主义经济活动和经济现象早在新教各教派之前就已出现了。[①] 德国历史学派的桑巴特在《奢侈与资本主义》一书中则对韦伯的观点提出反对意见。桑巴特认为是资本主义推动了清教教义的形成，而不是相反。他在考察了犹太教的伦理思想后，认为犹太教伦理为资本主义发展提供了精神力量，在犹太教的影响下，早在16世纪就形成了资本主义。桑巴特的这一观点虽与韦伯不同，但大体上沿用了韦伯分析问题的思路和方法，即在宗教伦理思想中寻找推动资本主义发生发展的精神力量。黄云明教授认为桑巴特的这一批评似乎站不住脚，因为清教是犹太教的发展形式，在教义上有诸多相似之处，"所以，我们很难不想象两位思想家乃是为了论战的需要而互相反对。我们可以问桑巴特，如果清教是资本主义的反对力量，犹太教何以成为资本主义的推动力量？当然，这个问题也可以变换一下再问韦伯，如果犹太教是资本主义的反对力量，清教何以成为资本主义的推动力量？"[②] 桑巴特也不赞成把

---

① 参见王泽应《韦伯命题的世纪论争与理性反思》，《南通大学学报》（社会科学版）2010年第3期。

② 黄云明：《宗教经济伦理研究》，人民出版社2010年版，第113页。

节俭和禁欲作为资本主义发展的动力，在《奢侈与资本主义》一书中，他对奢侈如何促进资本主义发展进行了历史考证和理论论证，认为清教一直是资本主义的对立物，而不是资本主义发展的推动力量。

其实，要厘清新教伦理与资本主义的契合关系，或者说要论述资本主义与宗教改革哪一个在先，哪一个在后的问题，应当首先确定资本主义的内涵。但韦伯并没有给出"资本主义精神"的确切定义，也没有对其范围加以界定，这是造成韦伯及其批评者分歧的重要问题之一。不过，资本主义与宗教改革之间存在"选择性的亲近"，这是韦伯的批评者似乎都在不同程度上承认的论点。

韦伯在分析中国为什么没有发展出资本主义的原因时，注意到了经济、制度、文化等不同层面的因素。从经济条件看，韦伯承认中国曾经存在发展资本主义的有利条件，如清代自 18 世纪开始，社会秩序稳定，农田水利建设搞得不错，人口迅速增加，私人财富聚集，土地的转让和人口的流动不受限制等。从制度和社会结构层面看，基于血缘家族为单位的社会组织，阻碍了家族内部与家族之外广泛的经济交往，政府对土地自由买卖进行干预，影响了生产资料的流通与分配，成为阻碍资本主义发展的重要原因。当然，韦伯认为，中国社会的诸项制度既存在有利于资本主义发展的因素，也有不利因素，并不容易做出判断，为此，韦伯开始转向物质、制度之外的因素，从文化的层面，特别是从中国宗教思想的研究入手，考察了儒家的士人伦理，试图揭示出中国阻碍资本主义发展的真正原因。韦伯指出，中国十分重视人文教育，超过人文主义时期的欧洲，但通过科举取士选拔人才，而不是依据财富的多寡或经济贡献的多少，使士成为中国的统治阶层。士大夫追求道德修养的完善，向往君子而不是财富，韦伯引用《论语》中的"君子不器"之说，来证明儒者以君子为目标，而不是将其作为实现某一目的的手段，这种观念不利于人们追求利益和财富。当然，韦伯的意思并不是说士人完全不追求财富，而是说，君子一般置身于追求财富的活动之外，因为他们视追求财富为社会和个体不安的根源。由此，韦伯得出结论，阻碍中国资本主义发展的根本原因不在于经济和制度，而在于儒教的伦理观念。

中国没有发展出类似于西方的近代资本主义，这是客观事实，但其背后的原因十分复杂，让儒家伦理来做"替罪羔羊"，显然不够公允。20 世纪 60 年代以来，东亚经济开始崛起，引起了学者的关注，美国学者贝拉沿用了韦伯从宗教寻找近代资本主义发展动因的思路，在《德川宗教》一书中将日本现代化成功的原因归结为日本宗教。特别是 20 世纪 80 年代开始，以中国台湾、韩国、新加坡和中国香港为代表的东亚"四小龙"在资本主义经济成长方面取得了举世瞩目的成绩。这些国家和地区位于儒家文化圈，都受儒家伦理观念影响很深，特别是新加坡，十分推崇儒家伦理，专门成立了儒家伦理委员会，发展儒家伦理教育，以抵御西方不良价值观和生活方式的侵袭，维护家庭完整和社会秩序的稳定。这些国家和地区的经济发展以无可争议的事实，证明儒家伦理完全可以为资本主义发展提供强大的精神动力，有力地回应了韦伯关于儒家伦理阻碍资本主义发展的论断，也促使人们进一步对韦伯命题加以反思。当然，也有学者质疑从儒家伦理的视角解释东亚经济发展是否适当。顾忠华认为："提出东亚经济和儒家文化有正面影响的学者，看起来是在质疑韦伯对儒家的论点，实际上却是套用韦伯模式以宗教来解释经济行为，宗教在中国文化的组合中并不具有枢纽的地位，因套用这个模式反而会对错了焦点。应存在着更多宗教以外的结构性因素，譬如两次大战以后的地缘政治情势、美援和越战扮演的角色、日本的投资与技术，以及这些地区的殖民地经验，等等，不能置上述的条件不顾，而一厢情愿地拉抬儒家伦理。"[1]

成中英认为儒家伦理中的信、诚、敬、忠、俭、勤等观念体现在工作伦理中，与新教工作伦理有相似之处，成为推动东亚经济发展的内在精神动力。客观而言，新教的工作伦理与儒家工作伦理之间存在诸多差异，这是不争的事实，但他们都提倡勤奋、节俭，努力工作，

---

[1] 顾忠华：《韦伯〈新教伦理与资本主义精神〉导读》，广西师范大学出版社 2005 年版，第 158 页。

分别对欧洲和东亚地区的经济发展和繁荣提供了重要的精神驱动力。

总之，不论韦伯的结论是否成立，在中国古代社会占据主导地位的儒家伦理与中国资本主义的发展之间千丝万缕的关系使它永远无法置身事外。正如学者田广清所指出，无论赞扬或贬抑，儒家伦理被学者玩弄成似"镜子"。昔日之贬抑，是要在儒家文明这面镜子里，看到一个如日中天的西方文明的自我形象，而今日之赞扬，则是希望在这面镜子里看到西方自身问题之所在。当然，对于儒家伦理的认识和反思需要一个过程，韦伯命题无疑提供了一个很好的视角，不仅拓展了中国学者的研究视野，也引发了其后关于儒家伦理与资本主义发展相关问题的热烈讨论和深层思考。

张鸿翼在《儒家经济伦理》中对中国为什么没能发展起现代资本主义做了客观分析。他指出："事实上，从明末清初开始，就不断有人在尝试改革儒学，然而儒学终于未能发生像基督教那样的'宗教改革'，一个最基本的原因则在于促成儒学发生适应'资本主义'需要的'改革'的历史条件在中国一直没有形成。虽然在中国的16—17世纪也已出现了'资本主义萌芽'，但其发展程度是远不能与当时的欧洲相比的，这个时期所出现的启蒙思想也是十分幼弱的。到了近代，商品经济及其新式工商业的发展也许可以说已经为儒学的'改革'准备了经济条件，但是随着西方先进的所谓资本主义文化的大量输入，对儒学进行'改革'以便打着儒学的旗帜去发展'资本主义'的必要性完全不存在了。"[1] 中国没能发展起资本主义的原因非常复杂，张鸿翼从社会历史条件的变化与儒学发展的互动关系中寻找原因，比较客观公允，具有一定的启发意义。

客观而言，韦伯对于儒家伦理的研究有一定的洞见，对于儒家伦理阻碍中国资本主义发展的论断也有其合理之处，特别是他从宗教伦理的立场分析伦理观念对经济发展的影响，与马克思的历史唯物主义相呼应，启发了学者对儒家伦理与经济发展关系的深入讨论。但是，

---

① 张鸿翼：《儒家经济伦理》，湖南教育出版社1989年版，第292—293页。

这项研究并不是一件容易的工作，儒家伦理是一个十分笼统的概念，具体指涉为何，到底哪些内容属于儒家伦理，常常就有很大的争议，遑论拿来解释复杂的经济发展现象。就此而言，韦伯对于儒家伦理的研究并不够精准，儒教与新教的比较也显得粗糙，对儒家文献的解读和分析也带有明显的局限性，特别是他对儒家思想的分析仅限于早期历史，对中国文化和历史发展的过程性和复杂性把握不足，不可避免地出现一些偏差甚至谬误。

首先，韦伯对儒家伦理的研究停留在一般意义的讨论，没有深入到儒学内部存在的理论张力以及不同派别之间的理论分歧，比如儒家对于外王事功的追求、心性之学与事功学派的对立等。从事功学派与心性之学的分歧来看，前者对于世俗生活更加重视，比如：对于个人欲望和追求财富的肯定、积极发展商业的要求和学习实际技能、知识的愿望，以及改造不合理现实世界的紧迫感，等等，都是心性之学所不具备的，却与新教徒身上的一些品质颇为相似，对于商品经济的发展产生了十分积极的影响，但遗憾的是，韦伯并没有对此给予充分的关注和重视。所以说，韦伯对儒家伦理的整体性研究稍显不足，这也直接影响了他的结论。

伯格也意识到了韦伯研究在这方面的局限性，提出了"两个形态的现代化"（西方的现代化与东亚社会的现代化）的观点，试图修正韦伯的观点。伯格认同韦伯的研究思路，从儒家伦理思想来解释经济发展现象，但在对儒家伦理思想的认识和评价方面，却与韦伯不同，他认为韦伯所研究的儒家伦理思想是官方的、作为意识形态的儒家伦理，在此之外，还有远离皇权，深入世俗百姓生活的儒家伦理思想，他称之为"庸俗化的儒家思想"。在伯格看来，韦伯把官方意识形态的儒家思想视为阻碍资本主义发展的力量是正确的，他所谓的"庸俗化的儒家思想"则内化为百姓的日常行为规范，具有激发人们辛勤工作、储蓄和节俭的作用，东亚经济发展便是这种来自民间的儒家思想提供的精神动源。

伯格的这一观点对韦伯命题做了一个很好的补充和修正，特别是对儒家伦理两个层面的区分，有利于更好、更全面地把握儒家伦理思想的特质，具有一定的启发意义。金耀基认为儒家伦理的内部结构是多元的、复杂的，且具备自我转化和更新能力，应当在深入分析儒家伦理特质的基础上探讨其与经济发展之间的关系。

其次，韦伯对儒家伦理的研究缺乏历史视野，对儒家伦理在宋明以至于明末清初的发展和理论转向的理解和把握不到位，没有看到儒家伦理随着时代的发展，特别是商品经济的萌芽和发展而进行的理论调整。明末清初，随着商品经济的发展，个人权利意识开始萌生，世俗生活的重要性也越来越受人们关注。以颜元、李塨、黄宗羲等人为代表的一批儒家学者在批判宋明理学的过程中，由个人修养转向现实的政治经济问题，力倡经世致用之实学。在当时的历史条件下，如果能够付诸实施，定能成就一番作为，但在清政府的高压之下，后来学者转向训诂考据之学，经世实学终没能实现其外王事功追求。钱穆先生指出："清代纵出了几个思想家，但始终不成气候，创辟不出一条路线，这是政治压力使然。许他们大家走一条路，只是古经典之考据训诂。"[①]　其实，事功伦理与资本主义发展的亲和性可以追溯到宋代，南宋时期就已出现资本主义萌芽性质的经济组织形式，这一点从陈亮、叶适的重商思想中可以窥见一斑。

当然，造成这一问题的原因与韦伯的研究方法和视角有关。从经济与伦理的关系来看，历史唯物主义坚持从经济生活的变迁中寻找伦理观念变化的动因，强调经济对于伦理观念形成、发展的决定作用；韦伯则注重从伦理观念的变化来阐释资本主义经济形成、发展的精神动力。尽管二者都注意到了经济发展与伦理观念之间的辩证关系，但由于他们分析问题的立场和视角不同，在理论体系上呈现不同的特色。韦伯在《新教伦理与资本主义精神》一书的结尾部分说："以对文化和历史所做的片面的唯灵论因果解释来替代同样片面的唯物论解释，当

---

① 钱穆：《中国思想史》，台北：台湾学生书局 1977 年版，第 242 页。

然也不是我的宗旨。"① 韦伯也承认经济发展对伦理观念有十分重要的影响，但在研究儒家伦理与资本主义发展的关系时，显然对于中国古代商品经济在儒家伦理观念发展过程中发挥的作用认识不够。

# 第二节 世俗生活的价值追求

无论是儒家事功伦理，还是韦伯的新教工作伦理，都强调在世俗生活中追求个人价值的实现，只不过，新教徒追求的最终价值目标不在现实世界，而在彼岸世界，或者说，个人在世俗生活中所做的一切，都只为在彼岸世界的上帝那里获得救赎。儒家事功派学者则追求在现实世界中建立外王功业，他们的价值目标不在来世、不在彼岸，而在当下，故而儒家事功伦理体现为重现世、轻彼岸、重民生，追求经世致用的特点。

## 一 价值目标：此岸与彼岸

韦伯的新教工作伦理认为，世俗工作的价值合理性根源不在现实世界，而是在彼岸世界，由上帝来确证，这也是新教徒通过世俗劳动获得救赎的形而上学基础——只有蒙上帝召唤的人，生命才有希望，才能脱离与生俱来的原罪，获得上帝的拯救。韦伯将新教这种独特的入世态度称为"入世禁欲主义"，它将此岸世界和彼岸世界紧密联结，甚至对立起来，建立了不同于传统天主教的拯救模式，这种模式把新教徒的宗教生活引向尘世活动，同时又无须借助宗教仪式而使其神圣化。

新教的加尔文宗主张"预定称义论"，更是将信徒获救的权力完全交给上帝。依照加尔文宗的教义，人的一切都是由上帝预先决定好了的，一个人是否能够得救称义，完全由上帝决定，与教会、宗教仪式和个人的善行并无关系。毫无疑问，"预定论"树立了上帝的绝对

---

① ［德］马克斯·韦伯：《新教伦理与资本主义精神》，于晓、陈维纲等译，生活·读书·新知三联书店 1987 年版，第 144 页。

权威，也增加了信徒内心的紧张感和敬畏感，即必须在行为上小心谨慎，工作中勤勤恳恳、任劳任怨，不敢有丝毫的倦怠，因为只有一部分人能够得救，其余人将入地狱。韦伯指出了加尔文宗信徒内心的紧张和焦虑，他说："教士无法帮助他，因为上帝的选民只能用自己的心灵来理解上帝的旨意；圣事无法帮助他，因为尽管上帝规定用圣事增添自己的荣耀，因而人们必须严格地执行，但圣事并非获得恩宠的手段，而只是信仰的主观的'外在支柱'；教会也无法帮助他，因为尽管人们相信'离群者乃不健康之人'，意即，回避真正教会的人永不可能是上帝的选民，然而取得外在性的教会成员的资格也仍然要接受末日的审判，他们属于教会并遵守教规，但不能以此得救，因为这是不可能的，而只是为了上帝的荣耀，他们也被迫遵守上帝的戒规；最后，甚至上帝也无法帮助他，因为耶稣也只是为了上帝的选民而死的。"①

新教徒内心的孤独感和获救的愿望使其将来世与现世置于一种紧张和对立的关系中，一方面，出于强烈的获救的愿望，他们向往来世（彼岸世界），贬低现世（此岸世界）；另一方面，他们对现世又不完全拒绝，作为获救的途径，此岸世界虽不是终极价值目标，却具有重要的工具价值。正如韦伯所指出的那样，"宗教贬低世俗价值的程度并不等于世俗实际上被拒绝的程度"②。

儒家没有将价值目标悬置于彼岸世界，而是安放在此岸——世俗生活中，对形而上的追求相对缺乏。先秦时期的孔子就说"未知生，焉知死"，只希望过好现世的生活，至于死后的世界——来世如何，则不去管它，因此，对待鬼神持存而不论的态度，要"敬而远之"。事功学派对现实生活尤为重视，无论是南宋的事功之学，还是明末清初的经世实学，都从现实生活中存在的实际问题立论，以现实问题的解决为依归，对形而上学理论和神灵问题没有太多兴趣。宋明理学围

①　［德］马克斯·韦伯：《新教伦理与资本主义精神》，于晓、陈维纲等译，生活·读书·新知三联书店1987年版，第79页。
②　［德］马克斯·韦伯：《儒教与道教》，王容芬译，商务印书馆1995年版，第280页。

绕着"天理"和"良知"等概念建立了较为圆融、完整的形而上学体系，有将价值目标从现实世界中抽离出来，置于形而上学领域的倾向。事功学派则高扬先秦儒家的经世事功精神，重新将形而上的"天理"拉回到世俗生活中。

韦伯也注意到儒家关注现世的特点，他指出："信儒教的正统的中国人（不同于佛教徒），在祭祀时为自己祈祷多福、多寿、多子，也稍微为先人的安康祈祷，却根本不为自己'来世'的命运祈祷，这同埃及那种完全把自己来世的命运寄托于死者保佑成为强烈的对比。"① 的确如此，儒家伦理以过好世俗生活为价值目标，敬拜鬼神和祭祀祖先都不是为了自己在彼岸世界获救，而是为了世俗生活的幸福。韦伯进一步指出："除了摆脱野蛮和无教养状态以外，儒家不希图任何解脱，他所期待的道德报偿是：今世长寿、健康、富贵，身后留个好名儿。同真正的古希腊人一样，儒家也没有任何伦理的先验寄留，没有超凡的神的戒命同被造物现世之间的任何紧张关系，没有对来世目标的任何向往，没有任何原恶概念。"②

新教的工作伦理与儒家事功伦理都十分重视世俗生活，但是，对现实生活的态度亦有不同之处。首先，作为一种宗教，新教徒的世俗生活具有浓厚的宗教氛围。他们在世俗生活中所做的一切，都是为了荣耀上帝，而不是为了自己的幸福和享受，尽管获救是自己的事，但只有经由上帝，个人的救赎才能完成。在这一意义上，新教徒重视世俗生活，是因为世俗生活宗教化了，如果用价值标准来评判的话，世俗生活的价值远低于宗教生活，只是因为世俗生活具备了宗教性之后，才有价值合理性。儒者面对的世俗生活则不具有宗教色彩，追求道德和事功的统一，实现内圣外王之道是唯一的价值目标，因此，在儒者看来，世俗生活的价值不需要宗教支持，它自身便具有内在价值。韦伯把儒家视为儒教，不同意将其作为单纯的伦理思想体系，有

---

① ［德］马克斯·韦伯：《儒教与道教》，王容芬译，商务印书馆1995年版，第195页。

② ［德］马克斯·韦伯：《儒教与道教》，王容芬译，商务印书馆1995年版，第281页。

一定道理。究竟儒家是不是宗教，学界多有争论，从儒学的发展来看，汉代之后，确实存在一个不断宗教化的过程，它不但有自己的宗教场所——孔庙，也有自己的宗教仪式——祭孔，而且作为一种伦理价值规范，一直发挥着社会教化的作用。尽管如此，儒学仍然不具有通过超自然力量的信仰而发挥教化民众的属性，故而它本质上是具有某种宗教特征的世俗伦理，而非真正意义上的宗教。

其次，在对现实生活的把握方面，新教将彼岸与此岸分离，甚至对立，以彼岸世界否定此岸世界，主张遵照上帝的意志，改变世俗的此岸世界，理性地支配世界。相反，受天人合一思想的影响，儒家肯定现实世界存在的合理性，更加强调对现实世界的顺应。以儒家心性之学为代表，强调儒者应当在现实生活中克制自己的欲望，保持中庸的生活态度，时时刻刻不忘"三省吾身"，通过道德修养，提升对于外在世界的感受能力，减缓个体与社会、外在环境之间的紧张关系，最终成为一个清心寡欲、淡泊名利的君子。儒家事功伦理则有所不同，事功派学者更加强调个体在社会危机时应肩负起家国责任，对于现实生活中不尽人意之处，要勇敢面对、大胆变革，展现一往无前的勇武精神，在他们身上，弱化了道德意识，彰显了实用主义色彩。在这一意义上，新教伦理与事功伦理有相似之处，与儒家的心性之学则存在较大差异。

新教伦理与儒家事功伦理在确证其价值合理性时，都将目光指向了各自的原始教义，试图从中寻找思想资源。基督教改革后形成的新教各派都重视《旧约》，对教义的理解和阐释具有明显的向其前身犹太教回归的倾向。黄云明教授指出："新教的各派与天主教相比，他们都更重视《旧约》，在许多方面，新教对旧教的批判，都使他们接近犹太教的精神，尽管这一点是新教的神学家们不愿意承认的。关于新教与犹太教的这种共性，韦伯在《新教伦理与资本主义精神》中是有所论及的。"①

---

① 黄云明：《宗教经济伦理研究》，人民出版社 2010 年版，第 113 页。

儒家事功学派对待儒家经典的态度与新教颇为相似，他们在批判心性之学，阐发其事功思想时，都特别注重对儒家原始经典的诠释，从中寻找可用的思想资源，甚至还请出儒家创始人孔子为其站台，以确证经世事功追求的合理性。比如：李觏和王安石通过对《周礼》"理财乃所谓义"思想的阐发，为变法提供理论依据；叶适在《习学记言序目》中对儒家经典进行了系统研究，为事功思想奠定了坚实的基础，他因此成为南宋事功学派的集大成者；清初的颜元、李塨等人也推崇古之圣人的"实学"，反对"今之虚学"。总之，回归经典，借古圣先贤之言为自己的理论体系和思想观点确立权威依据，是他们的共同之处。

## 二　价值追求：由俗而即圣

新教徒听从上帝的召唤，积极投身于世俗生活之中，通过现实生活的勤勉工作来完成"圣召"，体现了一种积极入世的态度。也就是说，新教并没有将上帝与世俗生活隔离开来，由俗而即圣，通过世俗生活中的辛勤劳动，获得上帝的救赎，最后通达彼岸的幸福世界。韦伯将新教徒在世俗生活中的价值追求称为"入世禁欲主义"，这一点与天主教不太一致，韦伯指出："禁欲主义新教的企业家有着这样的想法：上帝为他找出营利的途径，其本身没有目的。他沿着此路前进是为了上帝的荣耀，上帝的恩赐就是利润和财产的增加，但最重要的是，他以合法手段在他的商业行为中获取了利润，如此不仅能在世俗面前，也同时可在上帝面前体现了他的价值。"[1] 与新教"入世禁欲主义"的工作伦理有所不同，天主教只强调禁欲主义，对于入世的态度则不积极。

韦伯认为，天主教的教令上明确禁止营利行为，但在实际操作过程中，却没有严格执行相关的禁令，而是对商业行为采取睁一只

---

① Max Weber, "Anticritical Last Word on the Spirit of Capitalism", *American Journal of Sociology*, Vol. 83, 1978, p. 1124.

眼闭一只眼的态度，容忍资本主义活动，呈现一种"妥协"的状态，这也是天主教教义不能产生资本主义的重要原因。也就是说，天主教教义缺乏救世神学的手段，不能为创造资本的劳动提供来自上帝的恩宠。新教教义所要求的禁欲主义使信徒致力于合理的资本行为，并且在其职业活动中获得救赎的确定性，同时也得到勤奋的心理支持。从伦理学的意义上，新教徒与天主教徒在处理世俗生活与上帝的关系时，采取了不同的态度，新教徒坚持由俗即圣的获救之路，立足于世俗生活，做好自己的本职工作，勤勉敬业，以求获得上帝的青睐，蒙召脱去原罪。天主教徒则倾向于将世俗生活与上帝的救赎分离开来，认为救赎不在世俗生活中，而在教会之中，通过研修教义、履行宗教仪式等方式使内心真诚地信仰上帝，从而获得救赎。

此外，天主教还在一般信仰者和上帝之间设立了中介——教会和神职人员，普通信众只能通过神职人员才能了解上帝的意志，与上帝沟通。这样一来，天主教将教会生活置于世俗生活之上，教会往往决定着人们是否获得救赎。路德和加尔文则认为天主教夸大了教会和神职人员的地位和作用，路德承认宗教仪式对于信徒获救具有一定的价值，加尔文则给予完全否定，认为教会和宗教仪式对得救没有实际意义，从而堵塞了由教会获救的通道，要求信众只能从世俗生活中寻找获救的途径。

儒家事功学派在对待俗与圣的关系上，没有像基督教那样浓厚的宗教色彩，但也主张在现实生活中务实求功，以此来实现圣王理想，这种由俗即圣的超越方式既不同于基督教的"外在超越"，也不同于儒家心性之学的"内在超越"，而是将圣安置于现实世界中，在解决现实问题、建功立业的同时实现由俗即圣的价值追求，呈现一种"现世超越"的特征。

具体而言，儒家心性之学强调以完善之人格超越世俗生活，它对世俗生活中的具体事务不感兴趣，主张向内用力，以自身德性修养的完满为目标，达到这一目标便可为圣贤，至于外王事功，只不过是成圣之后自然而至的结果，或者说是圣的向外"发用"。基督新教伦理则主张通过世俗生活中的辛勤工作来博取上帝的欢心，不像儒家心性之学那样重视内在心性之涵养，而是向外用力，借支配和征服世界来实现对自我和俗世的超越。儒家事功伦理从超越的方式来看，与心性之学没有根本区别，它们都表现为"即世间而超世间"的现实品格，所不同在于，事功伦理并不强调从心性涵养入手，以完善的道德人格来实现其超越追求，而是主张积极地参与世俗生活，通过有效的手段变革社会，解决现实问题，从而超越个体追求和世俗生活的有限性，达到理想的社会状态。可见，儒家事功伦理虽对超越的层面有所关切，但对待现实社会具体事务的态度更为积极，努力将形而上的追求化约为现实问题，通过治国平天下的经世事功来实现终极价值关怀，这一点与新教工作伦理有相通之处。

韦伯从终极关怀的视角，肯定了儒教的超越性特征，他认为，儒教虽然没有原罪和救赎思想，亦不讨论彼岸世界，但它对天道的尊奉和对至善的追求实质上就是一种超越和救赎。一方面，儒者尊奉天道，以人道比拟天道，在阐释世界意义的基础上实现人生终极价值的追求，体现了人们对终极关怀的超越愿望。另一方面，儒教虽不要求禁欲，但强调节制欲望，重视人格修养，以德能兼备的圣人为理想人格，并与天下安治、宇宙和谐相连通，既是对个体存在有限性的超越，也是对个体现实人格的救赎。

需要指出的是，随着资本主义的迅速发展，世俗生活的影响力逐渐扩大，笼罩在世俗生活之上的"上帝"的神圣光环逐渐消退，新教工作伦理确立的由俗即圣的"外在超越"的价值实现方式也随之发生变化。换言之，当资本主义的发展不再需要依靠上帝来保障世俗经济活动的合理性时，由俗即圣的价值追求便失去了向上的动力，演化为一种在世俗生活中便可完成的价值合理性确证，于是，新教徒的工作伦理渐渐转向功利主义。当然，韦伯也指出，这并不意味着清教徒观念在历史上是由功利主义衍生出来的，"恰好相反，它是地道的加尔文教思想的具体体现，依照加尔文教，整个宇宙秩序均服务于上帝的光荣。这种思想后来之所以转向功利主义，主张经济秩序应服从多数人的利益，公共利益等"①，仍然与新教有着密切的关系。

## 第三节　敬业勤俭的职业伦理

新教工作伦理将获救的希望寄托于世俗工作中，为信徒的行为确立了勤奋、节俭、诚信等一系列伦理规范，从而保证了经济生活运行的高效与良序，也为资本主义发展提供了不竭的精神动力。儒家伦理亦有相类似的伦理规范，对世俗经济生活产生了积极影响。

### 一　职业观

韦伯关于新教伦理与资本主义精神之间共生关系的研究，首先从分析职业现象开始。韦伯通过调查对比天主教地区和信奉新教地区人们的职业状况，发现商业的领导人、资本的占有者、高级技术工人，以及受过商业培训的管理人员，绝大多数都是新教徒。他进而对新教路德宗和加尔文宗的职业观做了比较分析，认为"天职"观念在新教信徒中有着广泛影响，对资本主义的发展产生了重要的推动作用。

"天职"在韦伯的思想体系中是一个具有宗教意义的概念，意指上帝安排的任务，韦伯说："此天职或作 Calling。在德语上是 Beruf，有终生职业的意思，且至少含有一个以上宗教的概念，即上帝安排的任务或来自上帝的召唤。"② 信奉新教的人们一直沿用这一概念至今。韦伯在使用这一概念时，并没有从圣经的原文中进行界定，而是借用了路德的释义。

---

① ［德］马克斯·韦伯：《新教伦理与资本主义精神》，于晓、陈维纲等译，生活·读书·新知三联书店 1987 年版，第 231—232 页。

② ［德］马克斯·韦伯：《新教伦理与资本主义精神》，于晓、陈维纲等译，生活·读书·新知三联书店 1987 年版，第 59 页。

"天职"的德文为"Beruf"，英译为"Calling"，路德将其解释为：透过神的召唤而获得永恒的救赎。其实，"Beruf"在《圣经》中有两层含义：一是"蒙召"，指来自神圣的救赎，即路德理解的 Be-ruf；二是指某种身份，或由上帝指定的身份，它要求人安于本分，以显上帝的荣耀。韦伯通过路德阐释的"天职"观念，揭示了新教徒世俗职业活动所具有的强烈的宗教意义，"上帝应许的唯一生存方式，不是要人们以苦修的禁欲主义超越世俗道德，而是要人完成个人在现世里所处地位以及他的责任和义务。这是他的'天职'"①。韦伯认为"天职"观念是新教与资本主义亲和力的产物。他认为天主教也有职业观，但它并没有对世俗职业劳动给予充分重视，而主张日常活动在教会中是"必需的"或"规定的"，在韦伯看来，如果勤奋工作能受到赞扬，那么不仅天主教，每个宗教都拥有此美德。加尔文职业观的独特之处在于：它为劳动伦理提供一种"心理手段"或"心理奖赏"。

为论证新教天职观对资本主义发展的重要作用，韦伯分别对路德的天职观与加尔文的天职观做了详细考察。路德赋予了职业劳动以宗教意义，即每一种职业都是上帝的安排，人们必须无条件地遵从上帝的安排，把履行职业责任作为上帝的神召。加尔文进一步发展了路德的"天职"观念，他肯定了当时新兴商业市民阶层存在的积极价值，他在日内瓦致力于贸易和商业的复兴，认为商人赚取的金钱应当进行再投资以赚取更多利润，同时也可以帮助更多人。

在加尔文看来，世俗生活就是信徒实现上帝在他们身上的"天职"的舞台，而对现实生活中存在的诸多物质诱惑，如果一味地逃避，只求成全自己的圣洁，却让污浊及罪恶危害他人和世界，这实际上是自私的行为，正确的做法是坚定信仰，勇敢面对，征服并改造它。这与儒家事功派学者面对现实问题的态度十分相似，事功派学者

---

① ［德］马克斯·韦伯：《新教伦理与资本主义精神》，于晓、陈维纲等译，生活·读书·新知三联书店 1987 年版，第 59 页。

在面对社会危机时没有逃避，也没有像心性之学那样沉迷于心性修养而"独善其身"，而是勇敢地担负起经邦济世的使命，他们身上同样有新教信徒的紧迫感，所不同在于，新教徒这样做仅仅是为了自己获救，事功派学者则是为了救国救民的社会理想。

加尔文还打破了修道院与社会之间的藩篱，认为只要人发自内心相信上帝的恩典，在各行各业，无论从事什么工作，都会得到上帝的认可和赞赏，没有高低贵贱之分。工作是新教徒的"天职"，人人都要工作，要在工作中服务社会，荣耀上帝，即使是修道院的人，也不能例外。当然，职业可以自己选择，也可以和上帝指定的不一致，但绝不能从事上帝不喜欢的罪恶之事。

与路德的职业观相比，加尔文更加强调世俗职业劳动的意义，体现了两个特点：一是将人们日常生活中的伦理行为系统化，即行善不是一时一事的要求，而必须终其一生，连续一致，才能获救；二是日常生活的神圣化，将信仰融入世俗生活，在世俗职业活动中证明自己是上帝的选民，便可以获救，从而使世俗生活带有浓厚的宗教气息。黄云明教授认为："在路德的理论中，只是说明了世俗的职业劳动与基督教的宗教信仰不矛盾，而在加尔文这里，圆满地完成职业责任成了基督徒本质的属性，它是他们在世俗社会生活的唯一目的，是神圣而崇高的。"①

加尔文借助于"预定称义论"，赋予职业劳动以宗教色彩和神圣性，使信徒在世俗工作中保持强大而持久的动力，这是其积极的一面。然而，以"预定论"为基础的天职观造成了信徒心理的巨大紧张。按照"预定论"逻辑，只有一部分人能获救，意味着可能会有一部分人无论怎样努力也无法获得救赎。另外，上帝在选择救赎对象时是完全随性而为的，没有让信徒清楚知晓的确定标准，这种获救的危机感造成了信徒"空前的内心孤独"。清教则试图缓解信徒内心的紧张感，对"预定论"做了修正，声称上帝愿意与人们订立契约，

---

① 黄云明：《宗教经济伦理研究》，人民出版社 2010 年版，第 106 页。

只要人们完成上帝的"圣召",就会获得上帝的恩宠,反之,将被上帝抛弃。在职业观上,清教徒更加重视纪律性,他们相信上帝的恩宠,认为世俗工作不仅要勤勉,还要有效率、有纪律,以减少工作的盲目性。这样一来,清教徒获救的紧张心理得到有效减缓。

清教徒认为从事一种工作或多种工作,包括更换工作都是上帝许可的,但需要满足两个前提:一是工作应当着眼于公共利益或个人正当利益,而不能为了个人享乐,也不能妨害他人正当合理的利益;二是要追求利润和财富最大化,理性的衡量收益,且手段合法。如果拒绝上帝指定的工作或赢利方式,就是拒绝上帝的安排,是罪恶的。与此同时,人们也可以从劳动分工中洞察上帝的意图,既然上帝安排了职业分工,那么也一定会对劳动效率的提高给予赞赏。

韦伯认为:"只有世俗活动能驱散宗教里的疑虑,给人带来恩宠的确定性。"① 巴克斯特几乎是持续不断、充满激情地向人们宣称,要不断地投入艰苦的劳动或智力劳动。新教伦理的职业观与这种世俗的职业观十分接近,它同样赋予了世俗生活中的个人的获利行为以道德合理性、正当性,所不同在于:天职观将获利的动机视为上帝的旨意,从而为世俗的获利行为提供了强有力的"心理支持",于是,上帝为世俗生活中的人们指出了救赎的途径——在世俗生活中尽可能多地追求财富。财富越多越能体现一个人的价值,越能增加上帝的荣耀。积累财富不是为了追求个人权利和享受,而是为了荣耀上帝,这看起来是一个十分矛盾的观点,但在新教徒那里,却被合乎情理地认可。

韦伯认为,儒家知识分子对待职业的态度完全没有新教徒的神圣感,他们将工作(职业)仅仅视为一种谋生的手段,一些读书人往往因为生计而被迫从事某一工作或职业,韦伯指出:"受教育占去了惊人的时间——一方面是由汉字的特点决定的,另一方面是由教材决

---

① [德] 马克斯·韦伯:《新教伦理与资本主义精神》,于晓、陈维纲等译,生活·读书·新知三联书店1987年版,第85页。

定的——等待时间也常常十分漫长，这就迫使那些不能自食其力的，或举债度日的，或如前面提到的靠家人省吃俭用供养的穷学生不得不在学业结束前从事各种实际职业，从商人到神医，无所不为。"① 不仅如此，在许多儒者眼中，职业有高低贵贱之分，士、农、工、商四种职业，士居首位，商居其末。韦伯也看到这一点，他认为儒教伦理实质上是士阶层的伦理观念，他们追求个人修养，以进入仕途当官为目标，在行为习惯上体现出优雅从容的君子风度，不屑于从事具体的、实用的、技术性的工作。

韦伯对儒家职业观的分析反映了儒家伦理的某些特征，却不够全面。首先，尽管中国古代社会长期推行重农抑商政策，但最早提出这一政策的是法家而不是儒家，从先秦儒家到之后的事功派学者对商业发展多持宽容或支持的态度，如前文所述，从孔子、荀子到宋代事功学派以至于明末清初的经世儒者都是如此，他们并没有贬低商人的职业，甚至提出"农工商皆本"的主张。此外，职业之间的界限也并非不可逾越，宋代就有商人入仕为官的相关政策，如招募商人来管理税收或充任出使随员等。明代的王阳明也认为，士、农、工、商没有高低贵贱之分，都是社会发展不可或缺的，"古者四民异业而同道，其尽心焉，一也。士以修治，农以具养，工以利器，商以通货，各就其资之所近，力之所及者而业焉，以求尽其心。其归要在于有益于生人之道，则一而已"②。尽管王阳明推崇心学，后世儒家事功派学者对其多有批评，但其"四民异业而同道"，农、工、商并重的思想与事功派学者较为一致，这也从某种程度上反映了明代商品经济发展，商人社会地位提升的事实。

其次，新教工作伦理对待工作持一视同仁的态度，坚持普遍化伦理原则，认为所有的职业没有高低贵贱之分，都须遵守相同的职业伦理规范。儒家更重视职业分工，以差别化原则对不同职业提出不同的

---

① ［德］马克斯·韦伯：《儒教与道教》，王容芬译，商务印书馆 1995 年版，第 184—185 页。

② （明）王阳明撰：《王阳明全集》，吴光等编校，上海古籍出版社 2012 年版，第 776 页。

伦理要求。比如，"节用而爱人，使民以时"（《论语·学而》）是对为政者的道德要求；"穷不失义，达不离道"（《孟子·尽心上》）是对士阶层的道德要求；"教之以事而喻诸德"（《礼记·文王世子》）是对教师的职业道德要求；"敬时爱日，非老不休"（《吕氏春秋·上农》）是对农民的辛勤耕耘的要求；"敦悫无诈"（《荀子·王霸》），童叟无欺是对商业活动的基本要求。儒家伦理的差别化原则还体现为"在其位，谋其政"的主张，孔子说："不在其位，不谋其政。"（《论语·宪问》）曾子亦言："君子思不出其位。"（《论语·宪问》）都是要求人们专注于本职工作，这与新教伦理允许人们依照上帝的安排同时从事多种职业有所不同，儒家似乎更倾向于专心一意地完成自己的本职工作。此外，这一主张也体现了儒家对于"位"的重视，即要求人们在世俗生活中的所言所行要与自己的身份、地位、职位相符合，具有较强的等级主义和差别主义色彩，这也与新教工作伦理中上帝面前人人平等的观念大为不同。当然，儒家伦理的差别化原则也是相对而言的，儒家也有对职业伦理的一般要求，如勤奋、敬业、诚信等。

最后，儒家十分重视职业活动中的敬业精神，这一点与新教工作伦理颇为相似。"敬业"一词出现很早，儒家典籍《礼记》中便有"敬业乐群"之说。宋儒朱熹对敬业做了明确的解释，他说："敬业者，专心致志，以事其业也；乐群者，乐于取益，以辅其仁也。"[1]黄云明教授指出："敬业作为一种临事执业的态度、精神、行为规范，在儒家文化中，主要体现为忠、勤、专、恒的精神。"[2] 先秦时期，敬业就已成为儒家伦理的重要规范，孔子强调"执事敬"（《论语·子路》），"事思敬"（《论语·季氏》），要求对待工作严肃认真、尽职尽责，不能懈怠。荀子将敬业作为事业成功的关键，"凡百事之成也必在敬之，其败也必在慢之，故敬胜怠则吉，怠胜敬则灭"（《荀

---

① （宋）朱熹：《朱子全书》第 2 卷，刘永翔、朱幼文校点，上海古籍出版社、安徽教育出版社 2002 年版，第 537 页。

② 黄云明：《宗教经济伦理研究》，人民出版社 2010 年版，第 153 页。

子·议兵》)。儒家与清教一样，反对懒惰散漫的行为，将惰、慢、怠、懈都视为不敬，从道德上加以批判，却没有像清教那样视其为罪恶。

## 二　勤俭观

在上帝的召唤下，新教徒义无反顾地投身世俗工作中，勤奋工作几乎成为他们在世俗生活中的唯一目标，无所事事和懒惰则成为最不可容忍的行为。在清教教义中，"无所事事"指对上帝的"圣召"不闻不问，既不信仰上帝，也不按上帝的安排行事，对世俗的工作完全缺乏兴趣；"懒惰"则指对上帝的信仰不够虔诚，做事情拖沓散漫。清教徒认为，一切为了消磨时间的娱乐活动，如打猎、玩牌等，都属于无所事事的行为，应当禁绝。"人生短促，要确保自己的选择，这短暂的人生无限宝贵。社交活动，无聊闲谈，耽于享乐，甚至超过了对健康来说必不可少之时辰（至多为六至八小时）的睡眠，凡此种种皆位于应遭受道德谴责之列。"① 清教徒之所以对无所事事和懒惰的行为深恶痛绝，是因为他们认为这样的行为不仅败坏了社会风气，损害了经济发展，还浪费了上帝赐予的宝贵时间，辜负了上帝的信任。为此，清教对于无所事事和懒惰的行为给予了严厉的惩罚，包括鞭刑和罚款等措施，对于无业游民，甚至采取"饿死拉倒"的办法，一些地方还严厉惩治乞丐——让他们在右肩戴上红色或蓝色的大写字母 P（pauper 的首字母），象征"乞丐"，促使其为了尊严而选择工作。②

清教徒通过辛勤劳动创造财富，其目的是增加上帝的荣耀，而不是为了自己的享乐，所以，他们在消费方面表现得异常节俭，甚至走向禁欲主义。事实上，正是由于担心财富过多会导致人们难以抑制物

---

① ［德］马克斯·韦伯：《新教伦理与资本主义精神》，于晓、陈维纲等译，生活·读书·新知三联书店 1987 年版，第 123 页。
② 参见王萍《从清教神坛到福利国家：美国工作伦理的演变》，中央编译出版社 2016 年版。

质的诱惑，清教对追逐和占有财富表达了非议甚至否定的态度。韦伯指出："加尔文认为，聚敛财富并不会阻碍教会发挥作用，相反的，它将大大提高教会的威望，而这是十分可取的；由此，他允许教职人员为谋取利润而动用其资产。而在清教徒的著作里，对追逐金钱财富的遣责非难却是俯首即拾，无穷其多，我们可以拿它们与中世纪后期的伦理文献作一番比较，后者在这一问题上的态度要开明得多。"①可见，清教徒对待财富持十分消极的态度，远不如加尔文开明。

清教徒认为，禁欲比追求财富更为重要，为了保证人们不陷于纵欲的泥潭，宁可否定对财富的合理诉求，这充分体现了清教伦理以宗教超越世俗的宗教本质。不仅清教徒担心占有财富会导致懈怠，享受财富会造成游手好闲与纵欲，韦伯也表达了相同的忧虑，他引用了卫斯理的一段话：

> 我忧虑的是无论何处，只要财富增长了，那里的宗教本质也就以同样的比例减少了。因而我看不出就事物的本质而论任何真正的宗教复兴如何能够长久下去。因为宗教必然产生勤俭，而勤俭又必然带来财富。但是随着财富的增长，傲慢、愤怒和对现世的一切热爱也会随之而增强。那么在这种状况下，循道宗（即卫斯理宗），尽管它是一种心灵的宗教，尽管它在眼下像月桂树那样繁茂，又怎么可能会继续存在下去呢？……因此尽管还保留了宗教的形式，但它的精神正在如飞似地逝去。难道没有办法阻止这种纯宗教的不断衰败吗？我们不应阻止人们勤俭，我们必须敦促所有的基督徒都尽其所能获得他们所能获得的一切，节省下他们所能节省的一切，事实上也就是敦促他们发家致富。②

---

① ［德］马克斯·韦伯：《新教伦理与资本主义精神》，于晓、陈维纲等译，生活·读书·新知三联书店 1987 年版，第 122—123 页。
② ［德］马克斯·韦伯：《新教伦理与资本主义精神》，于晓、陈维纲等译，生活·读书·新知三联书店 1987 年版，第 137 页。

韦伯将新教工作伦理这种对待财富的矛盾心态和行为模式称为"入世禁欲主义"。它一方面支持人们系统地从事世俗职业，从道德上鼓励缜密的经营和不断的营利，从而在世俗工作中不断通过辛勤劳动创造出尽可能多的财富；另一方面又担心财富过多会引发人们的纵欲现象，而坚定地要求节制消费，过一种极其俭朴的、禁欲主义的生活，反对任何放松自律的行为，禁止挥霍赚得的利润或者把它们用在非营利事业上。

禁欲主义对清教徒的生活产生了方方面面的影响。除了对待财富和婚姻的节制外，清教徒对一切感性的、情色的事物都持排斥的态度，他们不关注戏剧、文学、艺术，甚至对穿着、个人修饰也都加以严格限制。

> 清教徒对一切沾染有迷信味道的事物，对魔法获救或圣礼获救之残余痛恨已极，而这种仇恨也波及圣诞庆典、五朔节花柱游戏以及所有自然的宗教艺术。……清教徒厌恶戏剧，并且由于一切性感的东西和裸体都被严格地排除在他们所能容忍的范围之外，所以关于文学或艺术的激进观点也不可能存在。闲谈、奢侈品、自负的炫耀，所有这些观念都是无客观目的的非理性态度的表现，因而也就不符合禁欲主义的要求，尤其是它们并非为了上帝的荣耀，而是为人服务的。①

禁欲主义精神在资本主义经济发展的初期，对资本的原始积累发挥了十分重要的作用，但是，随着资本主义的发展和完善，"大获全胜的资本主义，依赖于机器的基础，已不再需要这种精神的支持了"②。于是，寻求天国的狂热逐渐转变为冷静的经济理性，"宗教的

---

① ［德］马克斯·韦伯：《新教伦理与资本主义精神》，于晓、陈维纲等译，生活·读书·新知三联书店 1987 年版，第 132 页。
② ［德］马克斯·韦伯：《新教伦理与资本主义精神》，于晓、陈维纲等译，生活·读书·新知三联书店 1987 年版，第 142 页。

根慢慢枯死，让位于世俗的功利主义"①。作为资本主义发展的重要精神动力的天职观念也和失去宗教信仰一样，转化为一种经济冲动，在现实生活中如同"幽灵般地徘徊着"，此时，财富追求脱去了宗教和伦理涵义，个人也不再需要为自己世俗的经济活动寻找合理性辩护了。

儒家伦理亦十分重视勤俭。早在《尚书》中就有"克勤于邦，克俭于家"（《尚书·大禹谟》）之说。儒家推崇勤劳，不仅是对农业生产一分耕耘一分收获的自然经验的体认，也是出于道德教育的考虑，所谓"勤以养德，俭以养廉"，勤劳不仅是一种生产和生活态度，也是一种重要的道德品质。"昔圣王之处民也，择瘠土而处之，劳其民而用之，故长王天下。夫民劳则思，思则善心生；逸则淫，淫则忘善，忘善则恶心生。沃土之民不材，逸也；瘠土之民莫不向义，劳也。"（《国语·鲁语下》）在儒家看来，勤奋劳动有利于培养人们的善心，追求安逸、懒惰则会滋长恶念，导致道德的堕落。孔子亦批评无所事事的懒惰行为："饱食终日，无所用心，难矣哉！"（《论语·阳货》）儒家勤奋自强的伦理观念对于中华民族性格的塑造产生了深远的影响。后世儒学虽有心性之学和事功学派的分野，但无论是追求个体人格的完善，还是谋求经济天下的外王事功，这种勤勉刻苦的精神一直是儒者在为学处世过程中坚守的品质。

新教的勤俭观念与儒家的勤俭观念从表面上看都要求人们在世俗生活中勤勉工作，节制消费欲望，具有相似的特质，它们之间唯一的区别似乎只不过是儒家的节俭观念没有走向禁欲主义，正如韦伯所说："禁欲与冥想，苦行与遁世，在儒教里不仅是闻所未闻的，而且还受到鄙视，被看成寄生虫般的懒惰。"② 但是，如果从清教徒与儒者的生活态度来看，二者的区别就比较明显。新教徒（特别是清教徒）工作勤奋，生活规律，由于相信自己被上帝选中，成为救赎的对

---

① ［德］马克斯·韦伯：《新教伦理与资本主义精神》，于晓、陈维纲等译，生活·读书·新知三联书店 1987 年版，第 138 页。

② ［德］马克斯·韦伯：《儒教与道教》，王容芬译，商务印书馆 1995 年版，第 281 页。

象，所以对自己的言行要求极严，近乎苛刻。他们创造了大量财富，却只用来投资，以创造更多财富，而从不把钱用于个人花费，"由此培养出一套非常计较的理财规约和工具理性的思维方式"①。中国古代的富商大贾，其财富亦积累到相当大的规模，他们追求的却是个人享受、附庸风雅，或投身古玩收藏，或投入巨资修建宅院，或修缮祖坟，以求祖先庇佑，或花钱买官，提升政治地位，或培养下一代参加科举，考取功名。总之，资本没有进入再生产领域，创造更多财富，极易消耗殆尽，这也是中国所谓"富不过三代"说法的重要由来。

韦伯具体分析了清教与儒家在节制消费欲望方面的差异，他说："清教徒和儒家都'恬淡'，但是，清教徒的'恬淡'建立在一种强烈的激情的基础之上，正是这种儒家根本没有的激情鼓舞了西方的修士。在他们身上，西方禁欲的拒世态度与其另一面——把握世界的要求——不可分割地结合起来，因为这种要求是以一位超凡的神的名义向修士们提出来的，并进而以一种改变了的缓和的形式渗入了世俗界。"② 也就是说，清教与儒家都主张节制欲望，所不同在于：一方面，清教将节制的态度极端化，走向了禁欲主义；另一方面，清教为节制欲望的合理性奠基于上帝信仰，通过上帝的权威来保障其有效地实施。

### 三 诚信观

在新教工作伦理中，诚信有两层含义：一是从信仰上帝的意义上，信众必须对上帝保持谦卑、诚敬的态度，要发自内心地、真诚地信仰上帝，不能有一丝一毫的杂念，除上帝之外，不可信仰其他神；二是从契约的意义上，无论是履行上帝的契约，还是在世俗职业劳动中履行合同，都要讲信用，不可违约。从犹太教开始，契约观念就已经深入人心。清教秉持了犹太教以来的契约观念，认为听从"圣召"

---

① 杜维明：《现代精神与儒家传统》，生活·读书·新知三联书店2013年版，第81页。
② ［德］马克斯·韦伯：《儒教与道教》，王容芬译，商务印书馆1995年版，第299—300页。

以获得救赎就是上帝与人们订立契约的体现。新教徒认为，在世俗工作中，信用就是金钱，它可以在任何时候、任何场合将朋友们不用的钱财聚集起来。信用是立身之本，要千方百计增加自己的信用，不要做任何有损自己信用的事情。

诚实守信也是儒家基本的伦理规范，它包含两层意义：一是在修身意义上，诚信是立人之道；二是在职业意义上，它是"进德修业之本"。在古代文献中，"诚"和"信"是两个相互关联的语词，"信"来自内心的"诚"。许慎在《说文解字》中将"诚"与"信"互释："信者，诚也；诚者，信也。"儒家甚至将"诚"上升到宇宙本体的高度。孟子云："诚者，天之道也，思诚者，人之道也。"（《孟子·离娄上》）"信"则表现为"不食其言"（《法言·重黎》），说到做到。

儒家强调，为人处世要言而有信，才能取信于人，孔子说："人而不信，不知其可也。大车无輗，小车无軏，其何以行之哉？"（《论语·为政》）为政者治理国家亦要取信于民，《论语》记载了一段子贡与孔子关于"为政"的对话：

子贡问政，子曰："足食，足兵，民信之矣。"子贡曰："必不得已而去，于斯三者何先？"曰："去兵。"子贡曰："必不得已而去，于斯二者何先？"曰："去食。自古皆有死，民无信不立。"（《论语·颜渊》）

在孔子看来，治理国家，取信于民比"食"和"兵"更重要。在商业经营活动中，儒家强调诚信经营、公平交易、童叟无欺。《礼记》有云："布帛精粗不中数，幅广狭不中量，不粥于市。"（《礼记·王制》）商品交易要做到货真价实，不可缺斤少两，欺骗消费者。荀子也说："粥牛马者不豫贾。"（《荀子·儒效》）在买卖中要实事求是，不能说谎骗人。

诚信经营成为历代商人在从事商业活动时所必须遵守的伦理戒

律，明清之际的晋商和徽商就以诚信经营著称，成为历史上两股重要的商业力量。晋商，泛指山西籍的商人，明清以降的百年间，晋商盛极一时，为徽商、湖商等十大商帮之首，以至于民间有"凡是麻雀能飞到的地方，就有山西商人"的说法。[1] 徽商，主要指明清时期生活在江、浙、皖一带的商人。从明代中后期，随着商品经济的发展，徽商逐步发展起来，商业活动足迹遍及海内外，故有"商贾之称雄者，江南则称徽州"之说。晋商和徽商成功的秘诀就是重信誉、守信用、诚信经营，这方面的例子不胜枚举。同时，诚信经商的理念也造就了若干"百年老店"，如有三百多年历史的同仁堂药店，悬挂着一副对联——"炮制虽繁从不敢省人工，品味虽贵必不敢减物力"，充分表达了它在经营过程中恪守的诚信理念。

新教工作伦理的诚信观念与儒家的诚信观念有所不同：新教的诚信观念十分重视对于契约的遵守和履行，更多体现为一种契约诚信；儒家则倾向于视诚信为一种美德。当然，这种区分并不是绝对的，新教的契约诚信也有美德的含义，儒家的诚信美德亦内含着遵守契约的基本要求，只不过二者的侧重点有所不同。新教的契约诚信根植于西方的契约观念，从古希腊时期的苏格拉底之死到现代的社会契约论和当代罗尔斯的正义论，无不反映出西方人在思考人与人、人与国家、人与社会的关系时的契约论立场。这种契约诚信体现为三个方面的特点：一是突破了血缘和地缘的限制，有利于在不同地区、不同组织和个人之间建立更广泛的信任，极大地拓展了信任的范围；二是强调了交往双方的互利性，订约的双方具备独立的地位和平等的权利；三是借助法律权威，对违约的行为进行惩罚。[2]

相比之下，儒家伦理中的诚信观念与中国社会关系的结构特点密切相关。首先，由于传统社会是一个相对封闭的熟人社会，所以导致诚信在熟人之间和陌生人之间反差较大：熟人之间信任度高，陌生人

---

① 参见唐贤秋《道德的基石——先秦儒家诚信思想论》，中国社会科学出版社 2004 年版。

② 参见焦国成主编《中国社会信用体系建设的理论与实践》，中国人民大学出版社 2009 年版。

之间则信任度较低。其次，受宗法等级制的影响，诚信的主体往往有内外、尊卑之分，缺乏主体意识和平等观念。最后，将诚信视为一种美德，对违背诚信的行为往往只重视道德惩戒，而忽视法律或制度手段的运用。

# 第四节　理性主义的伦理精神

在韦伯看来，宗教理性化的实质是为世界祛除巫魅，人不必再像野蛮人那样相信神秘力量的存在，不再诉诸巫术手段去支配和祈求神灵，技术手段和计算可以为人效力，这就是理性化的要义。

## 一　理性主义与巫术传统

韦伯对比了儒教与新教，认为二者都兼有理性主义和非理性主义的因素。从非理性的特征来看："一个系于巫术，一个系于一位超凡的上帝最终不可探究的旨意。"① 儒教存在巫术传统，为避免冒犯鬼神，巫术是不可动摇、不可变更的；新教则认为超世俗的上帝是不可怀疑、不可臆测的。

从理性主义的倾向来看，韦伯认为："儒教是如此理性，同时，在没有和抛弃了一切非功利主义标准的意义上是如此清醒，以至于除了边沁的伦理系统以外，还没有一个伦理系统能与之相比。"② 在韦伯看来，儒教的理性主义不像新教那样贬低世俗生活，而表现出对现世生活的接受和喜爱，"现世是一切可能的世界中最好的世界，人性本善，人与人之间在一切事情上只有程度的差异，原则上则都是平等的，无论如何都能遵循道德规则，而且有能力做到尽善尽美"③。基于对现实世界的肯定，儒家并没有像清教徒那样运用理性去支配和改造世界的迫切愿望，而是主张理性地适应世界。"正确的救世之路是

---

① ［德］马克斯·韦伯：《儒教与道教》，王容芬译，商务印书馆1995年版，第293页。
② ［德］马克斯·韦伯：《儒教与道教》，王容芬译，商务印书馆1995年版，第32—33页。
③ ［德］马克斯·韦伯：《儒教与道教》，王容芬译，商务印书馆1995年版，第280页。

适应世界永恒的超神的秩序：道，也就是适应由宇宙和谐中产生的共同生活的社会要求，主要是：虔敬地服从世俗权力的固定秩序。对于具体的个人来说，与此相应的理想就是把自己改造成为一种各方面和谐平衡的人，改造成大宇宙的缩影"①。所以，韦伯指出，儒教与清教的理性主义的根本区别在于："儒教理性主义意味着理性地适应世界；清教理性主义则意味着理性地把握世界。"② 无论是儒家对世界的适应，还是清教徒对现世的支配和改造，都表现一种理性的"清醒"，只不过清教徒的"清醒"带有一种强力的激情，而儒者则表现得较为温和、优雅、彬彬有礼。

李泽厚并不赞同韦伯的观点，在他看来，儒家并不认为现实世界是所有可能世界中最好的一个，他指出：

> 对儒家来说，恰好相反，现实世界是非常不完善的，最好的世界有待于通过人们的努力去创造和复兴。因此，在儒家思想中，真正的紧张仍存乎理想的乌托邦远古世界与污浊的现实世界之间。……去创造一个不同于现实世界的理想世界，在地上建立天国，实现大同太平，这构成了中国士大夫知识分子的伟大的使命感。这使命（mission）虽属人事，却关乎天命。因为这种使命感并不只是纯粹的主观意愿和主观理想，而是来自一种宇宙律令，一种神圣的召唤或天职（calling）。中国知识分子勇于献身的热情及其信仰心态绝不亚于宗教徒，"救民于水火""以天下为己任"这类信仰、目标和行动，可以同任何宗教对救赎的关注相提并论。③

李泽厚先生认为儒家并不像韦伯所说的那样只是去适应现实世界。一方面，儒家以三代为社会理想，从来没有认为现实世界尽善尽美，而

---

① ［德］马克斯·韦伯：《儒教与道教》，王容芬译，商务印书馆1995年版，第280页。
② ［德］马克斯·韦伯：《儒教与道教》，王容芬译，商务印书馆1995年版，第299页。
③ 李泽厚：《实用主义与乐感文化》，生活·读书·新知三联书店2005年版，第327—328页。

是努力改造现实世界，使之符合他们向往的理想社会。也就是说，儒家没有新教关于此岸世界与彼岸世界的对立，却有理想大同世界与不完善的现实世界之间的巨大差异。另一方面，历代儒家知识分子在圣王理想的激励下，以不同的方式和途径致力于实现内圣外王之道，其救世的热情及其内心的紧张感、使命感并不逊色于任何宗教徒。它虽不具备西方宗教的外在形式，却具有一定的宗教品格，表现为中国式的政教合一，将伦理与政治结合，伦理政治化，政治伦理化，在特殊历史时期亦焕发出某种准宗教式的激情与狂热。

李泽厚先生所论的这两方面特点在儒家事功派学者身上体现得尤为突出。一是经世事功之学的理论着眼点正是不尽人意的现实世界，其为学的最终目标亦是变革现实世界。虽然心性之学亦有变革现实的诉求，但其主要借助于个体道德的完善来实现，事功派则直指现实问题，倡导学习实际有用的知识来推动问题的解决，他们反对一切无益于直接解决问题的做法，包括道德的手段，具有重实用、重功利的倾向。二是事功派学者身上所体现的救世的紧迫感十分强烈。南宋事功派的陈亮与朱熹虽为好友，但为了表达其救世主张和理论诉求，与朱熹展开激烈的辩论，不惜伤害二人的友情。明末清初的颜元、李塨也对心性之学进行了言辞激烈的批判，梁启超对此给予高度评价，认为这一批判"对于二千年来思想界，为极猛烈极诚挚的大革命运动"[1]。清末的谭嗣同更是为了维新变法不惜放弃生命，以鲜血唤起世人变革社会的使命感。

韦伯还提出了宗教理性化程度的标准，他指出："在判断一种宗教代表的理性主义阶段时，有两个彼此有多方面内在联系的标准。第一个是宗教脱掉巫术的程度；第二个是宗教将神同世界的关系以及与此相对立的宗教本身同世界的伦理关系系统地统一起来的程度。"[2]依照第一个标准，新教反对多神崇拜，要求信徒只能信仰上帝，比较

---

① 朱维铮校注：《梁启超论清学史二种》，复旦大学出版社1985年版，第215页。
② ［德］马克斯·韦伯：《儒教与道教》，王容芬译，商务印书馆1995年版，第279页。

彻底地摆脱了巫术信仰，完全否定了一切魔力存在的现实性，具备了较为彻底的理性主义特征，韦伯称之为"入世禁欲主义宗教"；儒家对鬼神持存而不论的态度，虽有"畏天命"的观念，但为了自身的利益实现可以动用鬼神的力量，从而为巫术活动留出了地盘，其理性化程度不及新教，故韦伯称之为"入世神秘主义"。

依照第二个标准，韦伯认为儒教的理性化程度也较新教逊色。新教伦理以原罪说为基础，将人生活的现实世界与上帝置于一种强烈而严峻的紧张状态之中，加尔文的"预定论"进一步加剧了信徒内心的获救焦虑。为获得救赎，就必须将宗教信仰转化为人的内在自觉，用韦伯的话说，新教工作伦理将上帝信仰转化为信徒世俗生活和职业领域内自觉遵守的责任伦理，或者说是将"信念伦理"转化为"责任伦理"，从而克服神圣要求与世俗愿望之间的对立和紧张，使宗教本身与世界的伦理关系获得系统的统一。

相比之下，儒教对人性和现实世界持肯定态度，在天人合一思维方式的指引下，人与社会、自然、宇宙万物可以相互连通、和谐相处。它既没有原罪说亦不需要借助上帝的力量获救，信徒内心世界是和谐宁静的状态，没有像新教徒般的焦虑与紧张。尽管儒学中也有"天"作为伦理规范合理性的终极依据，"获罪于天无所祷也"（《论语·八佾》），但儒家更为突出人的主体性地位，孔子说："为仁由己，而由乎人哉？"（《论语·颜渊》）"天"对世俗生活并没有绝对的统治力，主要体现为一种象征意义，这导致了儒学把世俗伦理追求及其普遍化完全寄托在个人的自觉、自律上，滑入了贵族化的心理特殊主义——神秘主义的歧途，也使得儒家伦理最终失去了社会整合力与普遍性。这是韦伯认为儒教理性化程度较弱的原因之一。

韦伯认为资本主义最本质的特征是理性主义，"对财富的贪欲，根本就不等同于资本主义，更不是资本主义的精神。倒不如说，资本主义更多的是对这种非理性欲望的一种抑制或至少是一种理性的缓解。不过，资本主义确实等同于靠持续的、理性的、资本主义方式的企业活动来追求利润并且是不断再生的利润"①。对财富的贪欲往往呈现为非理性的特征，但这种贪欲任何时代都有，所以不是新教工作伦理的内在精神，他说："事实上，这种伦理所宣扬的至善——尽可能地多挣钱，是和那种严格避免任凭本能冲动享受生活结合在一起的，因而首先就是完全没有幸福主义的（更不必说享乐主义的）成分掺在其中。"② 在韦伯看来，资本主义要得到充分发展，必有赖于这种理性主义伦理精神的滋养。

韦伯通过对比东西方文化发现，这种理性主义精神渗透在西方社会生活的方方面面，包括经济、政治、文化、艺术、建筑等。具体而言，资本主义的经济运作方式就是要理性而精确地计算投入与产出比，以谋求效益最大化；政治上表现为充满理性精神的政治和法律制度；文化上表现为以理性逻辑推理和经验实证为基础的自然科学，具有理性精神的史学、法学、政治学和艺术，以及理性的、系统的、专门化的职业分工和有科学素养的专业人员。相应的，儒教在这方面与新教有很大不同，以中国的文字为例，韦伯说："由于文字拘泥于象形而没有理性化为地中海商业民族所创造的字母文字，所以，中文的文学作品同时作用于人的眼睛和耳朵，而且目睹比耳闻更为重要。"③

韦伯进一步指出，理性主义与非理性主义并非泾渭分明、互不相涉的。"理性主义是一个历史的概念，它包含着由各式各样东西构成的一个完整的世界。"④ 关于职业以及献身职业劳动的观念都由此而来，然而，从追求个体幸福的角度来看，它却是非理性的。"这里我们特别感兴趣的恰恰就是存在于这一观念之中以及存在于每一种关于

---

① ［德］马克斯·韦伯：《新教伦理与资本主义精神》，于晓、陈维纲等译，生活·读书·新知三联书店1987年版，第8页。

② ［德］马克斯·韦伯：《新教伦理与资本主义精神》，于晓、陈维纲等译，生活·读书·新知三联书店1987年版，第37页。

③ ［德］马克斯·韦伯：《儒教与道教》，王容芬译，商务印书馆1995年版，第176页。

④ ［德］马克斯·韦伯：《新教伦理与资本主义精神》，于晓、陈维纲等译，生活·读书·新知三联书店1987年版，第57页。

职业的观念之中的那种非理性因素的起源问题。"① 在韦伯看来，新教工作伦理以赚钱为"天职"，在世俗经济活动中追求财富和利润的最大化，这无疑是一种非常理性化的生活方式，但是，这种理性主义精神是以对上帝的信仰为前提的，在这一意义上，新教的工作伦理又具有一种非理性的因素。这两种态度交织在一起，看似矛盾，但如果从历史发展的视角将新教工作伦理和天主教伦理观念相比较，则会发现新教工作伦理实质上是突显了理性主义特征，也可以说是由上帝信仰向追求世俗幸福的不断前进的"祛魅"过程。

　　韦伯在评价儒教的非理性主义特征时指出，儒教强调顺应现实世界，对传统持十分保守的态度，认为"传统是牢不可破的"，任何对传统的破坏或革新都被认为是不道德的。清教徒对待传统的态度恰恰相反，他们认为"传统绝对不是神圣的，从伦理上理性地征服世界、控制世界是不断更新的工作的绝无止境的任务：这就是'进步的'理性客观性"②。

　　韦伯关于儒教和清教对待传统的态度的观点有一定道理，但也存在一些问题。从中国社会结构的特点来看，中国传统社会建立在血缘制基础上，以家长制为核心，具有韦伯所说的"传统权威主义"特征。为了维护社会秩序的稳定，儒家将社会秩序的安排解释为永恒的宇宙秩序的体现，并制定了一系列伦理规范来保证其有效地运行。在儒家伦理中，确实没有"自然与神、伦理的要求与人类的不完备、今世的作为与来世的报应、宗教义务与政治社会现实之间的任何一种紧张关系，因此也没有任何一种不通过单纯受传统与习惯约束的精神势力来影响生活方式的理由"③。在这一意义上，对传统的固守确实是儒家伦理的一大特色，但是，从儒家思想的发展演变来看，儒学内部也一直存在着一股革新传统的力量，以儒家经世事功派为代表，比

　　① ［德］马克斯·韦伯：《新教伦理与资本主义精神》，于晓、陈维纲等译，生活·读书·新知三联书店 1987 年版，第 57 页。
　　② ［德］马克斯·韦伯：《儒教与道教》，王容芬译，商务印书馆 1995 年版，第 293 页。
　　③ ［德］马克斯·韦伯：《儒教与道教》，王容芬译，商务印书馆 1995 年版，第 288 页。

如：北宋范仲淹的庆历新政和王安石主持的熙宁新政，以及从南宋开始事功派学者对儒学主流形态——理学的批判与反思，都体现了儒学自我革新的重要特征。当然，这种革新确如韦伯所言遭遇了重大阻力，也招致了诸多批评和巨大非议，王安石变法就受到顽固派的抵制和非议而没有成功，南宋事功学派对朱子理学的批评也并没有彻底扭转心性之学过于"内倾"的偏失。

需要指出的是，儒家事功派对于传统的批判并不意味着全面否定，尽管一些学者在批判心性之学时言辞激烈，如陈亮与朱熹的论辩，颜元对理学的批判等，他们在儒学范围内对心性之学的流弊进行纠正，其理论依据与心性之学一样，都是原始儒家经典，只不过对于经典的理解和阐释有所不同。另外，对于儒家的始祖孔子，他们都视为最高权威，没有丝毫怀疑和动摇其地位。

清教徒的反传统态度也应辩证地看待。他们视传统为一种迷信，是对上帝的亵渎，基于主客二元对立的思维方式，为其摆脱传统社会的束缚提供了内在推动力。韦伯进一步指出，在摆脱传统主义的束缚方面，中产阶级比大企业家贡献更大，那些大企业家作为既得利益者总是试图维护已有的利益，是传统主义的拥护者；中小阶层则反对传统社会中一切不合于现代生活的习俗，他们才是革新求变的有力推动者，并创造出了一种合理的经营管理组织，为资本主义发展奠定了基础。从新教改革的实践来看，它的成功也体现了对基督教传统的反动，但是这种反动并没有触及、动摇基督教的上帝信仰，还进一步强化了上帝的权威和地位，上帝依然是不可怀疑、不可妄加猜测的。就此而言，清教徒对于传统的批判和否定更多指向世俗生活，而不是基督教的核心教理和上帝的权威。

## 二 信念伦理与责任伦理

马克斯·韦伯在《以政治为业》一文中提出了信念伦理与责任伦理的区分，他说："一切有伦理取向的行为，都可以受两种准则中的一个支配，这两种准则有着本质的不同，并且势不两立。指导行为的准则，可以是信念伦理，也可以是责任伦理。这并不是说，信念伦理等于不负责任，或责任伦理就等于毫无信念的机会主义。"① 依照韦伯的理解，信念伦理强调行为者的动机、信念、理想的价值及其在道德评价中的决定性作用，认为行为者应以动机和目的的善为追求目标，自觉认同或接受某种道德准则或价值观，并将其转化为深刻的道德自律，具有明显的唯动机论色彩和自律性特征。责任伦理则强调行为者的责任和行为后果的价值，要求行为者对行为后果承担责任，并依据结果进行道德评价，具有效果论和他律性的特征。

王泽应教授指出，"如果说信念伦理凡不符合主观价值标准不仅无用而且应当加以排斥的观点是一种与彼岸性相通的伦理，那么责任伦理把善恶的准则放在行动后果上，要求行动者审时度势作出自己选择的观点则是一种在世界中思考的此岸性伦理，或者说信念伦理是属于在此岸中生活在世界外思考的伦理，责任伦理是属于一种以超世的方式生活以入世的方式思考的伦理"②。根据信念伦理与责任伦理的差别，韦伯认为儒家的理性主义不够彻底，且缺乏实现自己经世抱负的手段。儒家的内圣之学以"正心诚意"为主旨，作为一种道德理想，既美且善，属于价值合理性的信念伦理，要实现外王事功，则必须转化为一种工具合理性的责任伦理，如同加尔文教的"预选说"转化为清教徒的"天职观"那样。韦伯认为儒家缺少这种转化，导致儒家的内圣之学无法对世俗生活的理性化发挥促进作用。③

信念伦理强调价值合理性，责任伦理则更为重视工具合理性，这种差别体现在对待知识的态度上，儒家在文学、艺术、教育等领域内取得突出成就，韦伯借用"君子不器"这一命题，指出"儒教伦理

---

① ［德］马克斯·韦伯：《学术与政治》，生活·读书·新知三联书店1998年版，第107页。

② 王泽应：《韦伯的新教伦理与儒教伦理比论》，《苏州铁道师范学院学报》（社会科学版）2002年第3期。

③ 参见苏国勋《理性化及其限制》，商务印书馆2016年版。

的这个核心命题反对专业化，反对近代的专业科层和专业训练，尤其反对为营利而进行的经济训练"①。清教徒则相反，他们拒斥哲学与文学教育，认为这些有害于宗教，提倡学习笛卡尔的以理性数学为基础的哲学及其他有用的实际知识。韦伯指出："这些知识，一方面是认识上帝的荣誉和上帝创造的世界天命的唯一道路，另一方面，也是一种能够在职业工作中理性地把握世界并为上帝的荣誉竭尽绵薄的手段。"② 从儒家心性之学来看，确实存在重道德修养而轻视实用型知识的倾向，但韦伯没有看到，儒家事功派学者在批判心性之学时，已经有意识地加以纠正，比如南宋的陈亮和清初的颜元、李塨等人，他们不但重视用于救国治世的实际技能的学习，还特别强调"实行""习行"，追求知行合一。

林毓生对韦伯的观点做了进一步发挥，在比较中西政治文化时，他认为中国政治文化偏重信念伦理，西方政治文化偏重责任伦理，他说："中国人能够以宁可玉碎、不为瓦全的方式造反或搞革命，也能忍气吞声，为了小我的自私承受统治阶级的宰使；但是，中国人就是不易坚持'责任伦理'的精神来建设自由与民主所必需的法治基础。"③ 林毓生将儒家伦理视为信念伦理，以彰显其不同于责任伦理的特质，对人们更好理解中西政治文化的差异具有启发意义，但是，信念伦理与责任伦理并非决然对立，二者在现实生活中能够且应该相互融通。韦伯也看到这一点，他说："能够深深打动人心的，是一个成熟的人（无论年龄大小），他意识到了对自己行为后果的责任，真正发自内心地感受着这一责任。然后他遵照责任伦理采取行动，在做到一定的时候，他说：'这就是我的立场，我只能如此。'这才是真正符合人性的、令人感动的表现。我们每一个人，只要精神尚未死亡，就必须明白，我们都有可能在某时某刻走到这样一个位置上。就

---

① ［德］马克斯·韦伯：《儒教与道教》，王容芬译，商务印书馆1995年版，第298页。

② ［德］马克斯·韦伯：《儒教与道教》，王容芬译，商务印书馆1995年版，第298页。

③ 林毓生：《中国传统的创造性转化》，生活·读书·新知三联书店1988年版，第129—130页。

此而言，信念伦理和责任伦理便不是截然对立的，而是互为补充的，唯有将两者结合在一起，才构成一个真正的人——一个能够担当'政治使命'的人。"① 也就是说，对于一个政治家来说，强化责任伦理虽然重要，信念伦理也不可少，只有把信念伦理与责任伦理结合起来，以一种虔诚的、超功利的态度为信仰献身，依照信仰行动并承担相应的责任，才能更好地完成他所承担的"使命"。

　　韦伯将儒家伦理视为信念伦理，并以此作为阻碍中国资本主义发展的依据，有一定的合理性，但从信念伦理与责任伦理相统一的立场来看，韦伯对儒家伦理的认识并不够全面、准确。事实上，儒家伦理既要求儒者坚定"成圣"的理想信念，也要求儒者在现实生活中切实履行个人应负的道德责任，并积极承担韦伯所谓的"政治使命"。首先，儒者的道德责任表现为对于个体人格的责任，如《大学》所言："自天子以至庶人，壹是皆以修身为本。"修身是实现儒家内圣外王之道的起点，尽管心性之学把修身理解为以涵养心性为主要内容的道德修养，遗落了其事功方面的要求，却无碍于儒者责任感的培养和提升。其次，儒者还要肩负起家国、天下的责任，不仅要有"公而忘私""临患不忘国"的公忠精神，要有"安不忘危，存不忘亡"，"先天下之忧而忧，后天下之乐而乐"的忧患意识，还要有"为万世开太平""民胞物与"的宇宙情怀。正是这种强烈的责任意识，激励着一代又一代儒者为了国家社稷的安危前赴后继、勇往直前。在这个意义上可以说："儒家伦理不仅是一种信念伦理，而且也是一种责任伦理，它从为仁由己的信念出发，强调个人对家族、国家和社会的责任和义务。"② 特别是在社会动荡、民族危亡的紧要关头，这种社会责任感和救世的道德使命感便格外强烈，这一特点从儒家事功伦理的发展脉络中可以清晰地呈现出来。

---

① ［德］马克斯·韦伯：《学术与政治》，生活·读书·新知三联书店 1998 年版，第 116 页。
② 王泽应：《论东亚地区经济发展的伦理动因》，《孔子研究》1997 年第 3 期。

# 第六章

# 儒家事功伦理的理论
# 评析和现代价值

　　儒家事功伦理在不同的历史时期，总会以其鲜明的事功立场和强烈的现实诉求引起世人关注，并对经济社会发展产生广泛而深远的影响。因此，分析其理论得失，不仅有利于更加准确地把握事功伦理的理论特质，对于思考儒家伦理的现代价值及其现实转化也有积极意义。

## 第一节　儒家事功伦理的理论评析

　　儒家事功派学者在批判心性之学的过程中，构建了比较完整的理论体系，展现出关注现实的理论品性和淑世情怀，对儒家伦理思想的丰富和发展发挥了重要作用。当然，透过心性之学的诘难，也可以更加清晰地看到事功伦理自身存在的局限性。客观而言，儒家事功伦理在理论体系的完备性和圆融性方面不及心性之学，呈现粗疏之貌，但其立论的主旨是以务实求功的事功思想矫正心性之学的空疏之弊，体现了鲜明的批判性特征和进取精神，同时，在致思路向上，事功派学者坚持儒家的价值立场，从经典文献中寻求变革现实的理论依据，在政治实践中体现出托古改制的复古主义倾向。

### 一　批判理学，以实黜虚
　　事功之学作为一种比较完整的理论形态，是由南宋时期的陈亮、叶适等浙东学者在批判朱熹理学的基础上形成的。宋儒在复兴儒学的过程中，以二程、朱熹等人为代表的儒者远绍孔子、孟子，并将孟子纳入儒家的传道谱系，奉孟子学说为儒家之正统，始以孔、孟并称。牟宗三指出："宋代以前，一向是周公与孔子并称为周、孔的，自宋代开始，才以孟子与孔子并称为孔孟。……周公创建的政教，究竟属于外王而非内圣的。"① 二程、朱熹等人的这一做法，极大地抬升了孟子及其学说在儒家阵营中的地位，也使思孟一派的心性论发展为更加完备的理论形态，占据儒学的主流舞台。

以内圣外王的立场而论，周公和孔子都十分重视外王事功，如前所述，孔子对"圣"的理解及对管仲的评价都反映出孔子对"博施济众"的圣王事功的推崇。儒家心性之学和事功之学的分离肇始于孟子，经汉儒董仲舒的进一步发展，以朱熹、陆九渊为代表的宋代理学家将其发扬光大，特别是在吸收孟子心性思想的基础上，朱、陆等人援佛、道入儒，建立了系统的理学思想体系，将儒家的内圣之学推向极致。正是在这一背景之下，一些儒家学者有感于理学的空疏之弊，站在外王事功的立场上对其加以批判，陈亮指出："一艺一能皆以为不足自通于圣人之道也。于是天下之士始丧其所有，而不知适从矣。为士者耻言文章、行义，而曰'尽心知性'；居官者耻言政事、书判，而曰'学道爱人'。相蒙相欺以尽废天下之实，则亦终于百事不理而已。"② 在批判理学心性论的基础上，儒家事功派学者提出了务实求功的思想，对先秦以来儒家事功思想进行了系统阐发，甚至借鉴法家的事功思想，建立了较为完整的事功思想体系。

如果从价值理性和工具理性的区分来看，宋明理学无疑更重视价值理性，杜维明认为："价值理性就是一种特殊的人类生命范畴（譬如伦理、艺术、宗教或其他的行为模式如政治等）本身的价值，具有强烈的信仰并且加以肯定。这种强烈的信仰和存在的认可，决定一个

① 牟宗三：《宋明儒学的问题与发展》，华东师范大学出版社 2004 年版，第 11 页。
② （宋）陈亮：《陈亮集》（增订本），邓广铭点校，中华书局 1987 年版，第 271 页。

人的行为态度，这种行为态度不计较功能和效用。这个所谓的价值理论，正如董仲舒所讲的一句名言：正其谊不谋其利，明其道不计其功。这是价值理性的充分体现。"①宋明理学家对义利关系的态度与董仲舒相似，重视"正谊"和"明道"，以此作为儒家思想的内在价值追求，功和利并不具有独立的内在价值，表现为一种工具性特征，它包含在儒家伦理体系之中。只要坚持儒家伦理的基本立场，并发自内心地信仰它，功和利便会自然实现。事功派学者认为儒家之仁、义等道德价值固然重要，功和利的工具性价值亦不可忽视，如果不能获取实际功效和利益，道义便沦为无用之论，其内在价值也就无所依存。所以，理学与事功之学的分歧也体现为价值理性与工具理性的对立。

从内圣与外王的分界看，如果说心性之学发展了儒家的内圣之道，事功之学则坚守儒学的外王追求。李泽厚对于事功之学的贡献给予了高度评价，他说："如果儒学只有子思孟子，可能早已走入神秘主义的迷狂宗教，也就没有汉代以来中国意识形态的局面。同样，如果没有汉代以后不绝如缕的这根'外王'线索来制约宋明理学的'内圣'，也就没有近代以至于今天的救国精神。"②确如李泽厚所言，事功之学这根外王线索"不绝如缕"，对理学的反思和批判从未断绝。

南宋后期，受事功之学的影响，包括一些理学学者在内的许多儒者都十分重视学问的经世致用。以欧阳守道、文天祥为代表的巽斋学派倡导经世致用之学，认为理学不知实行、实得、实用，完全是一种巫觋之学。以王应麟为代表的深宁学派，认为行重于言，侈谈性命道德之学不切于世用的虚诞之风，必然导致亡国的危险，"尚行"则天下治，"尚言"则天下乱；东发学派的黄震批判理学末流"乃缀拾绪余、增衍浮说，徒有终身之议论，竟无一日之躬行，甚至借以文轩，

---

① 杜维明：《现代精神与儒家传统》，生活·读书·新知三联书店2013年版，第89页。
② 李泽厚：《中国思想史论》（上），安徽文艺出版社1999年版，第283页。

转以欺世，风俗大坏，甚不忍言"①。

明代以来，统治者奉程朱理学为正统，之外的其他学术思想均为杂学，嘉靖皇帝曾下诏曰："朕览近代诸儒，惟朱熹之学醇正可师，祖宗设科取士，经书议一以朱子传注为主。比年各处试录文字，往往诡诞支离，背戾经旨。此必有一等奸伪之徒，假道学之名，鼓其邪说，以惑士心，不可不禁。"② 这种文化专制使得大多数知识分子沉迷于性命之学，醉心于功名利禄，毫无经国济世的实际才能。明中期的王廷相深感此弊，他说："历代以来，人主教养人才，盖图以治理天下云尔。故学者读书，当以经国济世为务。"③ 王廷相主张学术应当与事功相统一，强调学术贵在致用，学以经世，对政事、经济、军事、教育等问题做了全面的阐述，形成较为系统的经世思想，开启了明末清初经世实学的先河。

在明清之际"天崩地解"的危局面前，一些信奉理学的士大夫虽有用世之志，却无用世之能，"无事袖手谈心性，临危一死报君王"④。颜元举起了批判理学的大旗，在他看来，无论程朱理学还是陆王心学，都不切实事，流于空疏，是导致民生凋敝，政治腐败，国力衰弱的罪魁祸首。他将汉宋以来的道德性命之学统统斥为"无用之学"而加以清算："迨于秦火之后，汉儒掇拾遗文，遂误为训诂之学，晋人又诬为清谈，汉、唐又流于佛、老，至宋人而加甚矣。仆尝有言，训诂、清谈、禅宗、乡愿，有一皆足以惑世诬民，而宋人兼之，乌得不晦圣道，误苍生至此也！"⑤ 颜元认为，要改变朝廷积贫积弱的局面，必须从"事物之教"出发，抛弃宋明理学以静敬为主的"虚学"，专习以开物成务、"习行经济"为主旨的"实学"。颜元和其弟子李塨并称为颜李学派，他们所倡导的经世实学对明清之际学

① （宋）黄震：《慈溪黄氏日抄分类》卷八十二，光绪年慈溪冯氏耕余楼刻本。

② 余继登：《典故纪闻》，中华书局1982年版，第311—312页。

③ 王廷相：《王廷相集》，中华书局1989年版，第1168页。

④ （清）颜元：《颜元集》，王星贤、张芥尘、郭征点校，中华书局1987年版，第51页。

⑤ （清）颜元：《颜元集》，王星贤、张芥尘、郭征点校，中华书局1987年版，第439页。

术思想的转变产生了重要影响。除颜、李二人外，王夫之、黄宗羲、顾炎武等人亦主张学问的经世致用，共同推动了清初经世思潮发展的繁荣。总之，事功之学自南宋开始形成一种系统的理论体系，走上历史舞台之后，其立论的矛头便指向理学，在后世的发展演变过程中，无论兴衰，都以批判理学、纠正理学的空疏之弊为理论主旨。这种批判客观上促进了理学的自我调整，有益于儒学保持其关怀现世的淑世精神，而不至于陷入心性的泥潭。

从事功学派与心性之学的对立来看，前者大都坚持唯物主义的基本立场，后者则大都属于唯心主义阵营，因此两家在理论上的分歧和相互诘难也体现为唯物主义与唯心主义的对立和斗争。事功派学者在阐发事功伦理的过程中，不仅将眼光向外，瞄准理学之空疏而加以批判，就其自身的理论建设而言，他们并没有忽略对道器、理事等问题的哲学思考，而是基于唯物主义的立场，对天道与人事的关系做了较为全面的阐发，推动了古代唯物主义的发展。

事功学派在讨论道器关系时，并没有做纯粹的、抽象的哲学思考，而是将"道"这一哲学范畴与"事"对应起来，变抽象的道器关系为具有实际意涵的道事关系，更加鲜明地体现了事功之学的语境和特色。陈亮指出："夫盈宇宙者无非物，日用之间无非事。"① 宇宙之间除了具体事物外，并没有什么玄妙的东西，作为事物发展规律的"道"就存在于这些具体事物之中，"非出于形气之表，而常行于事物之间者也。……天下固无道外之事也"②。叶适亦认为，不能离开具体事物而谈论"道"，"古诗作者，无不以一物立义，物之所在，道则在焉，物有止，道无止也，非知道者不能该物，非知物者不能至道；道虽广大，理备事足，而终归之于物，不使散流，此圣贤经世之业，非习为文词者所能知也"③。颜元主张"见理于事"，认为理不是先天就有的，而是存在于具体事物中，通过后天的实践才能知晓，所

---

① （宋）陈亮：《陈亮集》（增订本），邓广铭点校，中华书局 1987 年版，第 103 页。
② （宋）陈亮：《陈亮集》（增订本），邓广铭点校，中华书局 1987 年版，第 100 页。
③ （宋）叶适：《习学记言序目》，中华书局 1977 年版，第 702 页。

以，孔子"只教人习事"，理学家与孔子相反，"只教人明理"，违背了圣人之意，颠倒了"理"和"事"的关系。

总体来看，事功派学者在阐发其唯物主义思想时，始终没有离开"事"的概念，无论"寓道于事"还是"见理于事"，都针对理学"道""理""心""性"等范畴做了有效的批判，并将"事"作为一个哲学范畴引入唯物主义与唯心主义的论争中，推进了古代唯物主义的发展。事功派学者对唯物主义道器观的阐发，并不是他们关注的核心议题，只是出于批判理学、建立事功伦理思想体系的需要，才对"道""事"关系加以厘定，其根本目的是从哲学上为事功伦理提供理论基础。因此，事功派学者的唯物主义思想呈现朴素、直观的特征，并不能从理论上对唯心主义理学构成太大威胁。直到清初的王夫之，以"理"依于"气"、"道"寓于器的气本生化论为基础，从哲学上对理学进行了较为全面的批判和清算，颠覆了朱熹理学的形而上学根基，将古代唯物主义的发展推向高峰，他也因此成为理学批判时期的集大成者。

## 二 学理粗豪，勇于进取

事功派学者对于形而上学的理论沉思不感兴趣，他们更为重视形而下的现实世界，着眼于现实问题的解决，以挽救时弊为己任，将主要的精力用于救世的实践。与朱熹的理学大厦和王阳明的心学殿堂相比，事功之学的理论体系既不够系统完备，也不够周延细腻，呈现粗疏之相。当然，事功伦理在学理上所呈现的粗豪之貌是相对于理学而言的，无论程朱理学还是陆王心学，都建构了一套完备、圆融的形而上学体系。事功派学者大都没有系统的哲学著作，亦没有构建起完整的思想体系。

王安石的荆公新学在宋代盛极一时，但与北宋的其他理学家相比，他将主要精力付诸政治实践，新学也主要服务于变法改革，所以，在理论的系统性和完备性方面要逊色一些；南宋浙东事功派学者尽管高举事功大旗，批判理学的空疏，影响甚大，但其理论的精致程度远比不上理学，即使是对理学批判最为系统的叶适，他的代表作《习学记言序目》实质上是一部思想史性质的著作；倡导经世致用的颜元亦不重著书立说，甚至对读书持否定的态度，其著作多为言行录和札记。不过，事功学派似乎并不以理论的粗疏为缺憾。陈亮说："研究义理之精微，辨析古今之异同，原心于秒忽，较礼于分寸，以累积为功，以涵养为正，睟面盎背，则亮于诸儒诚有愧焉。至于堂堂之阵，正正之旗，风雨云雷交发而并至，龙蛇虎豹变见而出没，推倒一世之智勇，开拓万古之心胸，如世所谓粗块大脔，饱有余而文不足者，自谓差有一日之长。"① 陈亮是儒家事功派阵营中较为激进的一位，他以"粗块大脔"自喻，虽有自谦之意，但也客观反映了其事功之学较为粗豪的特点。

全祖望在《宋元学案》中指出，陈亮之学"更粗莽抡魁"②。明代的李贽却丝毫不以事功之学的粗豪为鄙，他说："异哉！堂堂朱夫子反以章句绳亮，粗豪目亮。悲乎！士唯患不粗豪耳，有粗有豪，而后真精细出矣！不然皆假也。"③ 李贽批判朱熹理学的虚伪性，赞扬了陈亮的真性情，认为陈亮的事功之学虽然看似粗豪，但代表了儒学的"真"精神，所以儒者宁可粗豪，也不能拘泥于性命之学。

总之，事功之学以实现经世事功为第一要务，与把讲求道义作为儒者第一义的理学不同，事功派学者将义理贯通在事功之内，为实现经世致用的理想，对于理论体系的"粗"或"精"并不在意。颜元在论及教育内容和教育方法时，亦强调治学"宁粗而实，勿狂而虚"，以实际效果而不是"粗细"作为判断学问好坏的标准。实际上，事功派学者正是要以"粗"来反对理学过分琐碎细腻的毛病，以矫正其空谈道德性命的流弊。

---

① （宋）陈亮：《陈亮集》（增订本），邓广铭点校，中华书局 1987 年版，第 339—340 页。
② （清）黄宗羲：《宋元学案》，（清）全祖望补修，陈金生、梁运华点校，中华书局 1986 年版，第 1830 页。
③ 张建业主编：《李贽文集》，社会科学文献出版社 2000 年版，第 333 页。

清末永嘉学者宋恕在谈及永嘉事功学与朱子理学之异时，并不认为前者的理论性、系统性较弱，他说："儒家之学皆有条理，何独洛闽！古今无无理之学，别立理学之名，于理学之解且茫然矣。"① 宋恕认为永嘉事功学作为儒学一脉，其理论性无可置疑，绝非粗疏之论。虽然他将理学之"理"解为"条理"，未必妥当，但对于永嘉事功学理论完整性的强调还是比较中肯的。宋恕进一步指出："宋室南渡，瓯学始盛。陈、叶诸子，心期王佐，纯于永康，实于新安。"② 宋恕对于南宋永嘉事功学当时的盛况及其思想特点的概括是比较准确的。以陈傅良和叶适为代表的永嘉事功学在南宋影响很大，尤其叶适作为南宋浙东事功学派的集大成者，其事功思想的系统性、圆融性胜过"专言功利"的永康陈亮，与朱熹理学相比更"实"，突显了永嘉学派务实不务虚的事功特色。

　　永嘉之学的事功精神一直延续到了清初，清代浙东学派的代表人物万斯同批评了一些儒者打着"圣贤之学"的旗号，将学术与经世分离，以经世之学为"粗迹"的观点，认为他们背离了儒家的真精神。他说："吾窃怪今之学者，其下者既溺志于诗文，而不知经济为何事；其稍知振拔者，则以古文为极轨，而未尝以天下为念；其为圣贤之学者，又往往疏于经世，见以为粗迹而不欲为。于是学术与经济，遂判然分为两途，而天下始无真儒矣，而天下始无善治矣。"③ 万斯同继承了黄宗羲经世致用的治学要旨，不但不以经世之学为"粗"，还视其为"儒者之要务"，认为"真儒"须以学术与经世相结合，以经世济民作为最高理想，这与黄宗羲在《〈今水经〉序》中所论"儒、墨诸家，其所著书，大者以治天下，小者以为民用，盖未有空言无事实者"旨趣相合。

　　事功之学一方面呈现"粗疏"之相，另一面则表现出一种"豪

---

① 胡珠生编：《宋恕集》，中华书局1993年版，第89页。
② 胡珠生编：《宋恕集》，中华书局1993年版，第238页。
③ （清）万斯同：《石园文集》卷七《与从子贞一书》，中华民国张氏约园四明丛书影印本。

气"和进取精神。南宋偏安于东南一隅，面对金人的咄咄进逼，朝廷处于风雨飘摇之中，陈亮认为在此"非常之时"，需要"非常之人"来挽救时局，他将希望寄托在英雄身上，他说："且夫天下必有好强不可制之敌，而后天使英雄之士出佐其君，以制天下之变，以息天下之争。"① 陈亮以英雄作为儒者追求的理想人格，在他看来，真正的英雄应当集才、志、用、气于一身，具有独立的人格、过人的胆识和直道而行的气概，绝不拘泥于世俗的偏见和礼法的制约。他对英雄人物的气质做了具体的描绘，"彼英豪者，非即人以求用者也，宁不用死耳，而少贬焉不可也。故饥寒迫于身，视天下犹吾事也；见易于庸人，谓强敌可剿也；信口而言，惟意之为，礼法之不可羁也，死生祸福之不能惧也"② 。陈亮一生命运多舛，数逢牢狱之灾，仕途颇不顺意，晚年得中状元，却病逝于赴任途中。尽管如此，陈亮从没有丧失救国安民的志向，一直希望建立一番经世功业，他曾自赞曰："其服甚野，其貌亦古。倚天而号，提剑而舞。惟禀性之至愚，故与人而多忤。叹朱紫之未服，谩丹青而描取。远观之一似陈亮，近视之一似同甫。未论似与不似，且说当今之世，孰是人中之龙，文中之虎!"③ 陈亮以英雄人物为榜样，自赞为"人中之龙，文中之虎"，虽有自夸的成分，却也体现了他扶危济困、建功立业的雄心壮志。

事功派学者汲汲救世的精神与先秦时期孔子的思想一脉相承，孔子"知其不可而为之"的勇武精神在事功派学者身上得到充分体现。明清之际的颜元评价说："孔子与三千人习而行之，以济当世，是圣人本志本功。"④ 颜元以"济世"作为圣人的职责，他以孔子为榜样，反对儒者空谈心性，提倡勇武有为，以救时弊。他向往的圣贤人格具有开阔的胸襟和气度，他说："人必能斡旋乾坤，利济苍生，方是圣

---

① （宋）陈亮：《陈亮集》（增订本），邓广铭点校，中华书局1987年版，第74页。
② （宋）陈亮：《陈亮集》（增订本），邓广铭点校，中华书局1987年版，第240页。
③ （宋）陈亮：《陈亮集》（增订本），邓广铭点校，中华书局1987年版，第114页。
④ （清）颜元：《颜元集》，王星贤、张芥尘、郭征点校，中华书局1987年版，第157页。

贤。"① 在他看来，圣人作为理想人格，应当具备进取精神，以"狂"和"狷"而论，狂者偏于进取，狷者有所不为。颜元认为，二者体现了不同的人格气质，"天地间惟此两种人，遇大圣人鼓动得起，造就得成，驾驭得出，虽不及'中行'，皆可同心共济，有益苍生也"②。颜元虽然认为"狂"和"狷"较"中行"的人格层次差一些，但因其能利济苍生，所以亦可称为圣贤。他在分析了"狂"和"狷"之后说："总之，'中行'外，除此两者，更无圣贤，并无豪杰矣。"③ 颜元将狂者和狷者都视为圣贤、豪杰，这与孔子推崇"中行"的观点有所不同，朱义禄认为："尽管孔子对'中行'给予最高的赞誉，但颜元对那种一言一行能做到'过与不及'的中庸式的人并不青睐。他对狷者也赋予了圣贤、豪杰的内容，但从他一生言行来看，他更倾心于狂者。……'狂者'有一种豪迈的气概，有着'勇往有为'的品性。遇到事情不是畏葸不前，而是表现出大展宏图的气势，打起精神往前做去，很少考虑后退。"④

与颜元同时的黄宗羲、顾炎武等儒者出于救世的需要，亦表达了对豪杰的仰慕之情。黄宗羲说："天生豪杰，为斯世所必不可无之人，本领阔大，不必有所附丽而起。"⑤ 顾炎武也以豪杰人格作为目标，"天生豪杰，必有所任，如人主于其臣，授之官而与以职。今日者，拯斯人于涂炭，为万世开太平，此吾辈之任也"⑥。可见，在国破家亡之际，经世事功派学者所倾慕的不是醉心于研究义理的文弱儒者，而是具备一身胆气、"本领阔大"的英雄豪杰。

颜元、李塨还特别提倡尚武精神，颜元在主持漳南书院时，设文事、武备、经史、艺能四科，特别注重培养学生的实际技能和尚武精神。李塨批评宋代以来重文轻武的政策，认为"三代最重田猎，所以

---

① （清）颜元：《颜元集》，王星贤、张芥尘、郭征点校，中华书局1987年版，第673页。
② （清）颜元：《颜元集》，王星贤、张芥尘、郭征点校，中华书局1987年版，第661页。
③ （清）颜元：《颜元集》，王星贤、张芥尘、郭征点校，中华书局1987年版，第661页。
④ 朱义禄：《颜元 李塨评传》，南京大学出版社2006年版，第265页。
⑤ 沈善洪主编：《黄宗羲全集》，浙江古籍出版社2005年版，第10册，第662页。
⑥ （清）顾炎武：《顾亭林诗文集》，中华书局1959年版，第48页。

习武备也"①。唐、宋、明以文艺取士，只专注于章句闲文，不尚武力，导致士人渐弱。因此，他将文武合一作为强国之道。颜元本人亦身体力行，年轻时便学习骑射，不仅射术精湛，擅长技击，骑术也很高明，可以在马上舞双刀。《颜习斋先生年谱》记载了一段颜元和武术名家李子青的交往轶事，"（颜元）以'吴名士'刺，拜李子青木天，与言经济，木天是之，先生佩一短刀，木天问曰：'君善此耶？'先生谢不敏。木天曰：'愿君学之，当先拳法，拳法武艺之本也。'时酒酣，月下解衣，为先生演诸家拳法，良久，先生笑曰：'如此可与君一试。'乃折竹为刀、对舞、不数合，击中其腕"②。可见，颜元不仅以其经济之学让李子青信服，在二人的比武较量中，他精湛的武术也让李子青甘拜下风。

总之，对于儒家事功伦理呈现的学理粗豪的特点应当辩证地看待。一方面，建构圆融精致的理论体系不是事功派学者追求的目标，如何救治时弊才是他们思考的核心问题，因此，事功伦理在理论上显得较为粗疏。当然，所谓的粗疏并不意味着事功伦理毫无理论性，只是相对于理学思想体系而言，它既没有对个体的心性修养工夫进行深入分析，也没有建立完善的形而上学体系。另一方面，事功派学者怀着极大的热情投身于变革社会的政治实践，以实现治国平天下为努力方向，展现出不畏险阻、勇于进取、百折不挠的顽强意志和斗争精神。他们的精神气质和理想人格追求赋予事功伦理一种"豪迈之气"，在"治统"丧于外族之时，依然坚定地维护儒家"道统"，保持了儒学生命的活力。

### 三　尊经奉典，托古改制

事功派学者在构建、阐发事功伦理思想体系时，特别重视对儒家经典的研究和诠释，试图从儒家经典中寻找理论资源和合理性依据，

---

① （清）李塨：《李塨集》，陈山榜等点校，人民出版社 2014 年版，第 1189 页。

② （清）颜元：《颜元集》，王星贤、张芥尘、郭征点校，中华书局 1987 年版，第 772 页。

体现了复古主义的倾向。这种复古倾向体现在两个方面。一是事功派学者在为事功伦理进行理论辩护时都将目光转回先秦，从儒家原典和古圣先贤那里寻找理论依据。尊奉儒家经典，极力维护孔子的权威地位，是事功学派和理学诸儒的共同主张。事功学派对心性之学的批判再激烈，一般只会涉及孟子和孔子的弟子，不会触及孔子。二是在解决现实问题，变革现实制度时，主张效法，甚至恢复古代的某些经济、社会制度。

首先，事功派学者在论证事功伦理时，对儒家经典进行再诠释成为一种普遍做法。北宋李觏和王安石十分重视对《周礼》的阐发，二人的经济思想多取自《周礼》的理财思想，李觏在论述经济改革的主张时，常引证《周礼》作为理论依据，王安石也借助《周礼》的权威性，提出了"理财乃所谓义"的思想，他说："理财乃所谓义也。一部《周礼》，理财居其半，周公岂为利哉?"① 李觏的核心思想——礼论，也主要来自《周礼》，以及对荀子礼学的思想的继承和发展。南宋的叶适在其代表作《习学记言序目》中，对儒家经典进行了系统、深入的研究，从而为事功之学的建构获取有益的思想资源和理论支撑，他因此成为南宋事功学派的集大成者。颜元十分重视《大学》，认为《大学》一书得古圣真传，其实质内容是"正德""利用""厚生"。他说："修身者，正身之德，利身之用，厚身之生；齐家者，正家之德，利家之用，厚家之生；推而错之治、平，出其修、齐者，与国、天下共之而已。"② 其实，不只事功派学者在理论建构上具有复古倾向，心性派学者亦是如此，他们都试图回归先秦儒家经典，从经典文献中寻找有益的思想资源和价值合理性。朱熹作《四书章句集注》，对儒家"四书"加以诠释并建构起较为严整的逻辑体系，既没有背离儒家经典的基本立场，也使宋代儒学展现出不同于先秦儒学的精神气质。

---

① （宋）王安石：《王安石全集》，秦克、巩军标点，上海古籍出版社 1999 年版，第73 页。

② （清）颜元：《颜元集》，王星贤、张芥尘、郭征点校，中华书局 1987 年版，第 564 页。

事功派学者和心性派儒者都自觉地维护孔子的地位，他们相互之间的批评都不会殃及孔子，相反，都借助孔子这个权威为自己站脚助威，由此可见，两派的论战并未超出儒学的范围，实质是儒学的一种自我反思。对于理学家推重的先秦时期的其他圣贤（如孟子等人），事功学派的批评也比较谨慎，甚至还有肯定和赞同。王安石就十分推崇孟子，他作诗云："沉魄浮魂不可招，遗编一读想风标。何妨举世嫌愚阔，故有斯人慰寂寥。"对于孟子的"大丈夫"精神和浩然之气，王安石颇为赞赏，并身体力行，以孟子为榜样。对心性之学颇为不屑的陈亮，也发挥了孟子的"浩然之气"，将其作为儒者理想人格——英雄所必不可少的重要特质。从表面上看，事功学派对孔子等圣贤权威的维护，具有保守主义和复古主义倾向，但是，他们维护权威的目的并不是要完全回到古代，而是借助于权威的力量论证自己理论体系的合理性，同时也为现实的社会改革和建设服务。

美国汉学家郝大维、安乐哲在《孔子哲学思微》中指出，在中国传统中，人们总是不断地借助于圣人孔子的权威，掩盖与孔子的学说有重大差别的变革学说；借助于促进传统价值连续性的风俗，从而把自己的学说说成孔子的学说。后世儒者在尊奉孔子的同时，并没有僵守孔子学说，而是通过不断加以诠释，赋予其时代新意。现代新儒家熊十力指出："自汉代迄于清世，天下学术，号为一出于儒，而实则上下相习，皆以尊孔之名，而行诬孔之实。"① 所以，事功学派尊经奉典，并没有走重回经典的老路，而是基于儒家的经世精神，努力推进儒家学说的发展和创新。

其次，事功派学者十分重视对古代制度的借鉴，托古改制成为他们解决内政问题的惯用做法。不同历史时期的社会变革思想和救世方案，都或多或少体现了尊奉三代、效法古制的倾向。颜元明确主张"法三代"，回归周孔之道，在修学校、选人才、重征举、兵农合一等制度设计方面，都有鲜明的复古倾向。他说："昔张横渠对神宗曰：

① 萧萐父主编：《熊十力全集》，湖北教育出版社 2001 年版，第 761 页。

'为法不法三代，终苟道也。' 然欲法三代，宜何如哉？井田、封建、学校，皆斟酌复之，则无一民一物之不得其所，是之谓王道。不然者不治。"① 颜元以"三代之法"为王道，试图用古代的井田制解决土地兼并问题，用三代时期的分封制解决中央与地方权利的不平衡，恢复古代的学制以培养经世致用的人才。颜元还倡导恢复周代的礼制，认为古代圣人所制之礼才是国家治理的基础，周公之制度"尽善尽美"，是最为理想的社会制度，既可以保持国家安定、社会繁荣、家庭和谐，也可以使"身修"而"心泰"，"国尚礼则国昌，家尚礼则家大，身有礼则身修，心有礼则心泰"②。此外，他倡导兵农合一和恢复井田制，视其为"古圣人之精意良法，万善皆备"。

颜元基于对秦汉以降的君主专制制度和宋明理学的系统反思，提出了一系列社会变革的思想和主张，体现了他积极救世的决心和努力，但是，由于时代环境和知识结构所限，他的思想具有浓重的复古情结，没有超出先秦儒学的知识藩篱。梁启超对颜元和其弟子李塨的思想贡献给予了高度评价，他说："有清一代学术……其间有人焉，举朱陆汉宋诸派所凭借者一切摧陷廓清之，对于二千年来思想界，为极猛烈极诚挚的大革命运动。其所树的旗号曰'复古'，而其精神纯为'现代的'。其人为谁？曰颜习斋及其门人李恕谷。"③ 梁启超既指出了颜李之学的复古特征，也肯定了其立足现实、变革社会的"现代性"精神内核，这一评价是十分中肯的。

其实，颜李之学的"现代性"不仅只体现在精神层面，也体现在具体内容上。颜李师徒积极吸收一些现代性知识和技能并纳入教学体系中，比如，颜元关于"六府"（金、木、水、火、土、谷）之说，与西方自然科学的内容十分相似。刘师培指出："近世以来，中土士庶惕于强权，并震于泰西科学，以为颜氏施教，旁及水火工虞，略近

① （清）颜元：《习斋四存编》，陈居渊导读，上海古籍出版社 2000 年版，第 142 页。
② （清）颜元：《颜元集》，王星贤、张芥尘、郭征点校，中华书局 1987 年版，第 410 页。
③ 梁启超：《中国近三百年学术史》（新校本），夏晓虹、陆胤校，商务印书馆 2011 年版，第 132 页。

西洋之致用，而贵兵之论，又足矫怯弱之风，乃尊崇其术，以为可见施行。"①"水火工虞"方面的知识自古以来不立于学宫，刘师培将之归为西方自然科学，有一定道理。朱义禄根据颜元的好友杨计公精通西洋教学，推断颜元的书院制度改革大约受了西洋近代科学的影响。②

以倡导变法改革著称的王安石亦主张"法先王"，不过，他所谓的"法先王"并不是完全照搬"先王之制"，而是法"先王之意"，即效法先王为天下之心，遵循"法意相师"的精神，以回应坚持祖宗之法不可改的反对派的质疑。王安石指出，不同时代的法度应根据当时的社会状况，因时而变。"夫以今之世，去先王之世远，所遭之变、所遇之势不一，而欲一二修先王之政，虽甚愚者，犹知其难也。然臣以谓今之失，患在不法先王之政者，以谓当法其意而已。"③ 在王安石看来，先王之法时代久远，必不能完全合乎当下的社会情势，因此，应当从先王治理天下的理念出发，结合具体的社会现实，医治当世之疾。但是，在反对变法的保守派看来，变革"先王之政"是大逆不道之举。

为了给变法寻找合理性根据，同时回应保守派的反对和质疑，王安石采取托古改制的思路，以《周礼》为主要根据，阐发其改革思想。就此而言，王安石托古改制的真意不在于复古，而是"改制"，复古只是一种手段。晁公武指出了王安石借诠释《周礼》论证变法合理性的真实意图，他说："至于介甫，以其书理财者居半，爱之，如行青苗之类，皆稽焉。所以自释其义者，盖以其所创新法尽传著之，务塞异议者之口。"④《四库全书总目提要》中亦表达了相同观点，"安石之意，本以宋当积弱之后，而欲济之以富强，又惧富强之说必为儒者所排击，于是附会经义，以箝儒者之口，实非真信周礼为可行"。

---

① 刘师培：《非六子论》，载汪宇编《刘师培学术文化随笔》，中国青年出版社 1999 年版，第 204 页。
② 参见朱义禄《颜元 李塨评传》，南京大学出版社 2006 年版。
③ （宋）王安石：《王安石全集》，秦克、巩军标点，上海古籍出版社 1999 年版，第 1 页。
④ （宋）晁公武：《郡斋读书志校证》，上海古籍出版社 2005 年版，上册，第 82 页。

事功学派对古制的向往集中体现在他们对待井田制①的态度上。北宋以来，历代社会危机的发生往往与土地兼并现象的日益严重密不可分，因此，不同时期的事功派学者在解决社会危机时，大都十分重视解决土地兼并问题，主张恢复古代的井田制。李觏认为，周代的井田制是最好的土地制度，"周制井田，一夫百亩。当今四十一亩有奇。人无易业而一心于农，农时不失，农功不粗，则地力可尽也。既又赋之以莱，或五十亩，或百亩，或二百亩，课其余力，治其旷土，则田可垦辟也"②。李觏将后世的土地兼并之风引发的一系列祸患归之于商鞅变法"废井田，开阡陌"之举，认为只有恢复周代的井田制，使民有田可耕、足其食，才能使民有所养。

明清之际的颜元、李塨、黄宗羲等人也主张恢复井田制，颜元认为古代的井田制可以"使民之有恒业者得遂其耕获；无恒业者能免于饥寒，家给人足焉"③。李塨明确表达了对井田制的认同，认为井田制与封建制不同，封建制已经过时，井田制则适合当下情势，仍然有生命力。黄宗羲认为，井田制的初衷是"授田以养民"，但是，"授田之政未成而夺田之事先见"④。后世"董仲舒有'限民名田'之议，师丹、孔光因之"，但都未能解决土地兼并问题。

其实，对古代井田制的向往并不是事功学派的独有之论，而是许多儒者的共同意见，先秦时期的孟子就提出了井田制的方案。漆侠指出："孟轲不仅继续发挥了孔丘的'仁政'学说，而且还提出井田制方案，企图通过这个方案解决由土地买卖而加速的土地兼并问题。这个方案的提出，虽然是对已经崩溃的村社土地制度的一个挽歌式的眷恋，但也不可否认，每当土地兼并成为时代的严重问题时，这个挽歌就会发

---

① 关于井田制是否在历史上存在过，学界有争议。胡适认为，井田制是战国时期的乌托邦。郭沫若、金景芳等人认为战国之前实行过井田制。其实，无论井田制是否真实存在过，并不影响此处的讨论，因为无论其是否存在，事功派学者都将其作为土地制度加以推崇，托古改制的意向十分明确。

② （宋）李觏：《李觏集》，王国轩校点，中华书局1981年版，第135页。

③ （清）颜元：《颜元集》，王星贤、张芥尘、郭征点校，中华书局1987年版，第405页。

④ 沈善洪主编：《黄宗羲全集》，浙江古籍出版社2005年版，第1册，第24页。

生不小的影响……王安石同这些士大夫一样，但比他们似乎更为虔诚，更为笃敬，把'仁政'和'井田'作为解决现实问题的重要手段。正是由于这种关系，历史的绳索就把他与孟轲紧紧地关联在一起了。"①然而，在人口日益增长，土地供应有限的情况下，依靠井田制解决复杂的土地问题，只是儒者的一厢情愿。叶适、唐仲友等人认为井田制虽有合理之处，但由于其年代久远，并不具有现实性和可操作性。清初，恢复井田制的呼声再度高涨，并一度付诸实施。如雍正二年（1724），曾在新城、固安二县做井田制的尝试，但以失败告终。

尊经奉典和托古改制体现了儒家事功学派在推动儒学发展时的基本立场和矛盾心态：一方面极力维护儒家经典的权威和地位，始终坚守儒家的价值立场，在儒学自身之内寻找发展的动力；另一方面积极地推进儒学改造，使之更好地服务于现实社会需求。近代以来，在西方文化的冲击下，儒学的现代化问题成为儒者关注的核心问题。洋务派提出"中体西用"的主张，冯桂芬提倡"以中国伦常名教为原本，辅以诸国富强之术"。张之洞系统阐述了"中学为体，西学为用"的观点，主张"中学为内学，西学为外学；中学治身心，西学应世事"（《劝学篇外篇·会通第十三》）。洋务运动的失败，使康有为、梁启超等人从学习西方的"富强之术"转向学习西方的政治制度，并试图以托古改制的方式实现政治改良。为此，康有为将儒家《周礼》《左传》等经典视为刘歆为王莽篡汉所伪造，在《孔子改制考》中，阐述了孔子的变法思想，将孔子塑造成先秦改革家的形象，并借孔子之名，"把西方近代自由、平等、博爱的观念勉强纳到中国古老传统的格局中去"②，借此为维新变法提供理论依据。

现代新儒家梁漱溟在《东西文化及其哲学》一书中通过比较中西印三种文化，提出了吸收、融合西方文化以实现儒家文化现代化发展的主张。熊十力提出"保内圣，开新外王"的思想，试图将儒家的

---

① 漆侠：《王安石变法》，河北人民出版社2002年版，第75—76页。
② 李泽厚：《中国现代思想史论》，生活·读书·新知三联书店2008年版，第338页。

心性之学与西方的格致之学结合起来，实现儒学的现代化。他的学生牟宗三继承了这一思想，坚持以"内圣开新外王"，所谓的"新外王"，主要指西方的民主和科学两个方面内容。牟宗三认为，儒学没有形成民主和科学的传统，但其包含着"民为贵"和"开物成务、利用厚生"的思想，经过良知"自我坎陷"，是可以开出以民主和科学为内容的、具有现代意义的"新外王"。

　　总之，洋务派、维新派和现代新儒家在思考儒学的现代化问题时，都坚持了"中体西用""返本开新"的基本立场，既坚定地维护了儒学的正统地位，也充分吸收西方文化的有益资源，虽然他们对西方文化可吸收借鉴的内容的理解有所不同，但都体现出开放性和包容性特征。需要指出的是，在"中体西用"的思想框架下，洋务派、维新派和现代新儒家大都把儒学作为"内圣之学"，并与西方文化的致用精神相比照。尽管洋务派的一些学者和维新派的谭嗣同等人也关注儒家经世之学，但总体而言，他们对儒学本身蕴含的经世精神和事功传统重视不够。造成这一现象的原因很多，可能与经世之学的理论性、系统性不足有关，也与事功派学者在历史上的经世实践都不成功有一定关系。

# 第二节　儒家事功伦理的现代价值

　　儒家事功伦理的兴衰与时代发展紧密相连，集中体现了儒学的经世致用精神。在当前的社会历史条件下，深入研究和挖掘事功伦理思想，准确把握其理论特点，对于思考儒学的现代转化，实现传统文化的创造性转化和创新性发展有重要的理论意义，同时也对现实道德建设具有积极价值。

## 一　忧患意识有助于培育当代爱国主义和民族精神

　　忧患意识不仅来自人们对既往历史事件的反思，也是基于现实社会情势的真切感受，主要表现为人们对自身处境和前途、命运的关怀与忧虑。忧患意识作为中国传统文化的重要特质，体现了中华民族的危机意识与防患于未然的生存智慧,是中华民族生存发展的精神源泉和动力。《周易》有云:"君子以思患而豫防之。"(《周易·既济》)患,即忧患,它近可以修身以为君子,远则可以治国以安百姓。钱基博说:"古人以忧患锻炼人生,不以忧患摧毁人生。《易》是觑定一切事实,从忧患中谋生存。"[1] 孔子发挥了《周易》的忧患思想,他抱着强烈的忧患意识,以积极入世的态度,致力于挽救"礼崩乐坏"的社会危局。李学勤指出了孔子与《周易》在忧患意识上的共鸣,他说:"《易》之兴也,专指孔子所读的《周易》,《周易》的兴起在殷末周初,当文王与纣之事,从而其辞带有着忧患危难的色彩,也讲述了如何处于这种境遇的道理,即所说'其辞危'和'危者使平,易者使倾'。孔子到了暮年,有了非常丰富的生活经验,饱经沧桑忧患,与《周易》的这种思想共鸣,是很自然的。"[2]

孔子之后,儒家学者传承并进一步发扬了这种忧患精神,孟子说:"入则无法家拂士,出则无敌国外患者,国恒亡。然后知生于忧患而死于安乐也。"(《孟子·告子下》)孟子指出了忧患意识对于国家兴亡的重要性,丧失忧患意识则"国恒亡",故而发出"居安思危"的警告。国家的兴亡对于忧患意识的强弱亦有重要影响。一般而言,太平盛世弱而逢乱世变强。所以,后世儒家忧患意识的发展,常常与时势的刺激和现实的需要密切关联,即每当社会矛盾激化,显现危机之时,忧患意识便会突显出来。无论心性之学,还是事功派学者,都有强烈的忧患意识,但是他们在面临困境时所体现的态度和摆脱困境的途径有所不同。这种差别在孟荀二人便开始显现,孟子在困境面前强调反求诸己,荀子则强调礼在应对困境的价值,"宜于时通,利以处穷,礼信是也"(《荀子·修身》)。后世心性之学继承了孟子的立场,把德性修养作为应对困境的灵丹妙药,事功派学者延续了荀子的思路,倾心于朝廷内政、外交、军事等方面的具体事务,通过培养经国济世的实用

---

① 钱基博:《周易为忧患之学》,载黄寿祺、张善文编《周易研究论文集》第三辑,北京师范大学出版社1990年版,第1页。

② 李学勤:《周易经传溯源》,高雄:丽文文化公司1995年版,第287—288页。

性技能实现变革社会、挽救时局、富国强兵的目标。

约略而言，儒家的忧患意识一方面表现为"内忧"，即朝廷内政之"忧"，主要涉及国计民生等经济问题；另一方面表现为"外患"，即外族侵犯对国家安全造成威胁的担忧。特别是在两宋和明末清初，国家和民族面临危难之际，这种忧患意识和救世精神空前高涨，以事功派学者为代表，他们高举事功救国的旗帜，一方面积极推行富国强兵之策，革除朝廷的弊政，以求改善国计民生，如北宋的王安石推行熙宁新政；另一方面，抗御外侮，挽救民族于危难之际，维护国家统一，体现了崇高的民族气节和爱国精神，如南宋事功派学者力主抗金、恢复中原，清初儒者投身于反清斗争，都是如此。

宋儒范仲淹对于儒者的忧患意识做了精确的描绘，"居庙堂之高，则忧其民，处江湖之远，则忧其君，是进亦忧，退亦忧"（《范文正公文集·岳阳楼记》）。王安石以忧国忧民作为儒者之分内事，"夫所谓儒者，用于君则忧君之忧，食于民则患民之患，在下不用则修身而已"[1]。他本人在一生的仕途生涯中，始终以社稷安治为忧，这种深沉的忧患意识从他所作的《感事》诗中体现出来。

> 贱子昔在野，心哀此黔首。丰年不饱食，水旱尚何有，虽无剽盗起，万一且不久。特愁吏之为，十室灾八九。原田败粟麦，欲诉嗟无赇。间关幸见省，笞扑随其后。况是交冬春，老弱就僵仆。州家闭仓庾，县吏鞭租负。乡邻铢两征，坐逮空南亩。取赀官一毫，奸桀已云富。彼昏方怡然，自谓民父母。竭来佐荒郡，懔懔常惭疚。昔之心所哀，今也执其咎。乘田圣所勉，况乃余之陋。内讼敢不勤，同忧在僚友。[2]

---

① （宋）王安石撰，李之亮笺注：《王荆公文集笺注》，巴蜀书社 2005 年版，中册，第 975 页。

② （宋）王安石撰，（宋）李壁注，李之亮补笺：《王荆公诗注补笺》，巴蜀书社 2002 年版，第 319 页。

　　王安石生活的时代，国家积贫积弱的问题日益严重，同时，伴随着他从政日久，对于朝廷的弊政也有更深的感触，在"上仁宗皇帝言事书"和"本朝百年无事札子"中，王安石总结了五个忧：一忧法度废弛，理财无方；二忧人才缺少，用人取士无法；三忧民生疾苦，治民无策；四忧兵衰将弱，守国无力；五忧朝廷上下怠惰守旧，治国无能。宋神宗对王安石忧国忧民的情怀给予充分肯定，他说："卿所以为朕用者，非为爵禄，但以怀道术可以泽民，不当自埋没，使人不被其泽而已。"① 即使在王安石被罢官期间，对国事仍念念不忘，"尧舜是非犹入梦，因知馀习未全忘"②，王安石这种忧国忧民的爱国情怀，并没有停留在意识当中，而是转化为积极的政治实践和变法改革，尽管由于种种原因，变法失败，但他不畏艰阻，"执拗"前行的变法之举，赢得了世人赞誉，就连反对变法的论敌司马光在王安石病逝后也给予了很高的评价，认为他只是过于"执拗"而已。

　　北宋末年，发生靖康之变，徽、钦二宗被掳，风雨飘摇中的宋室被迫南迁，朝廷上下弥漫着苟且偷安、空谈心性的气氛。这种状况激发、砥砺了一些士大夫的爱国情怀、忧患意识和强烈的使命感，以南宋事功学派的陈亮、叶适等人为代表，他们积极投身于恢复中原的大业之中，通过改革弊政，实现富国强兵、抗金复土的目标。南宋事功派学者都反对议和，力主对金开战，陈亮将恢复中原作为一生之中最大的心愿，他在诗中写道："复仇自是平生志，勿谓儒臣鬓发苍。"③陈亮认为抗金是一项十分急迫的任务，"南渡已久，中原父老日以殂谢，生长于戎，岂知有我！……过此以往而不能恢复，则中原之民乌知我之为谁！纵有倍力，功未必半"④。陈亮指出了人心向背在抗金斗争中的重要作用，如果中原地区的百姓长期处于金人统治之下，就

----

①　（宋）李焘：《续资治通鉴长编》卷二三三，熙宁五年五月壬子，中华书局1978年版。
②　（宋）王安石撰，（宋）李壁注，李之亮补笺：《王荆公诗注补笺》，巴蜀书社2002年版，第772页。
③　（宋）陈亮：《陈亮集》（增订本），邓广铭点校，中华书局1987年版，第506页。
④　（宋）陈亮：《陈亮集》（增订本），邓广铭点校，中华书局1987年版，第22页。

会渐渐忘记国耻家仇，认同其统治的合法性，归心于金人，如此一来，收复中原的任务将更加艰巨。陈亮的抗金主张没有停留在口头上，他发起成立了"保社"，取保卫社稷之义，为抗金斗争积蓄力量。

叶适也将抗金作为南宋朝廷面临的头等大事，"二陵之仇未报，故疆之半未复，此一大事者，天下之公愤，臣子之深责也；或知而不言，或言而不尽，皆非人臣之义也"①。为了抗金复土，叶适不仅数次上书朝廷，力主武力抗金，他还亲自参加了开禧北伐。他说："夫复仇，天下之大义也；还故境土，天下之尊名也。以天下之大义而陛下未能行，以天下之尊名而陛下未能举……陛下若欲教天下以为人子之义，使枕戈北首，虑不顾身，天下之人其又何辞！"② 事功学者之所以将抗金作为头等大事，是从国家、民族的整体利益出发，意在维护国家的领土完整，而更深层的原因在于文化意识。由于对以儒家思想为代表的中原文化的强烈认同感和优越感，他们视金人为夷狄，不能容忍一个野蛮民族侵占自己的大好河山，更不甘心儒家文化败于野蛮民族之手。

明末清初，清军入关后，在亡国灭种的危险面前，经世事功派学者的忧患意识再次高涨，表现为一种高昂的民族气节和爱国主义精神。以黄宗羲、顾炎武、王夫之、颜元等人为代表的儒家士大夫，基于对社会现实的关切和强烈的历史使命感，努力维护儒家传统价值观，一方面，坚持儒家的内圣外王之道，内以修身，外以济民，追求治国平天下的政治理想；另一方面，发挥了儒家的夷夏之辨思想，尊夏而贱夷，反对清朝统治，以不同方式从事反清复明的政治斗争。

黄宗羲一生积极从事政治活动，明亡之前参加结社，明亡之后，黄氏兄弟三人致力于反清复明的军事斗争。顾炎武发出了"天下兴

---

① （宋）叶适：《叶适集》，刘公纯、王孝鱼、李哲夫点校，中华书局1961年版，第830页。

② （宋）叶适：《叶适集》，刘公纯、王孝鱼、李哲夫点校，中华书局1961年版，第754页。

亡，匹夫有责"的呼声，他区分了"国家"和"天下"的概念，认为"易姓改号，谓之亡国，仁义充塞，而至于率兽食人，人将相食，谓之亡天下。……保国者，其君其臣，肉食者谋之；保天下者，匹夫之贱与有责焉耳"①。亡国指改朝换代，君主一家一姓之亡；统治者为满足一己私利，不顾人民死活，导致道德沦丧，"人将相食"的局面，是为"亡天下"，亦即文化之亡、民族之亡。由此来看，顾炎武"亡天下"的忧虑实质上是一种儒家文化或华夏文化的危机意识。此外，顾炎武母亲不食清粟而死，留下"勿事二姓"的遗训，进一步激发了顾炎武的反清壮志，他遵照母训，一生与清廷势不两立。王夫之在"衡山举义反抗"，失败后他退而著书，然而"故国之戚，生死不忘"。颜元虽然因年龄问题没有参加反清斗争，但他始终拒绝出仕做官，为清廷效力，转而开办书院、收徒讲学，以培养经世致用人才。可见，清初经世学者对国家、民族的忧患意识不仅彰显了强烈的爱国主义精神，也突显了夷夏之防在儒家知识分子心中的重要性，具有一定的大汉族主义色彩。

在民族大融合的历史潮流中，北方少数民族已经逐渐和汉族融合在一起，共同成为中华民族的一部分，所以，南宋事功学派的抗金斗争和清初经世学者反对清朝统治的斗争，似乎都具有某种狭隘民族主义的特征。其实，这种机械的历史观看似有一定道理，实则站不住脚。"民族主义"这一概念并非古已有之，而是与近代民族国家的诞生密切相关，就此而言，古代国家并非现代意义上的民族国家，自然也就没有现代意义上的民族主义了。所以，爱国主义和民族主义都是历史性很强的概念，一定不能脱离特定的历史背景对其做抽象的理解，更不能以现代人的国家、民族观念来度量古人。否则，中华民族历史上抵御外族侵略，维护民族、国家利益的行为便失去正当性，甚至成为破坏民族团结和国家统一的行为，这显然是荒谬的。因此，无论是南宋事功学派对待金人的态度还是清初儒者对待清朝的态度，都

---

① （清）顾炎武：《日知录集释》，岳麓书社1994年版，第471页。

具有鲜明的时代特征，从捍卫主权和领土完整的立场上看，其爱国主义精神无可置疑。

但是，如果从族群伦理的视角来看，事功派学者体现了一种"地域中心"观念，即以汉族作为中心，离自己越远的民族便越低贱。这种观念在今天看来大有问题，一方面，每个民族生存发展的环境不同，并不完全是他们自由选择的结果，所以不能以地域差别来判断一个民族的优劣；另一方面，每个民族都有自己的生产、生活方式，他们各自创造了与其生存环境和生产力发展水平相适应的文化形式，彼此之间虽有文明程度的不同，却没有优劣、高下之别。因此，无论从地理还是文化上所做的优劣判断都是不合理的。在这一意义上说，事功派学者在对待夷夏冲突的问题上，虽然表达了强烈的民族意识，却也存在一定的局限性，既要看到其爱国主义精神实质，不能把抗金、反清视为狭隘民族主义，也要对其给予理性的认识和评价。

## 二 重视民生思想为经济伦理建设提供了理论资源

北宋以来，儒家事功派学者在发展商业、理财富民等问题虽有不同主张，但他们大都秉持以民为本的理念，坚持富国与富民的辩证统一，使财富在国家和民众之间进行合理分配。

王安石在推行变法新政时，十分重视减轻人民的赋税，把生财作为理财的首要任务，实施富民之政。他以生财为本，以课税为末，主张通过"修法度"，"以使本盛而末衰，则天下之财不胜用"①，所谓"理天下之财"实质就是增加社会财富，以达到"民不加赋而国用饶"的目标。梁启超指出，"公之事业，诚强半在理财，然其理财也，其目的非徒在国帑之岁入而已，实欲苏国民之困而增其富，乃就其富取赢焉，以为国家政费。故发达国民经济，实其第一目的，而整理财政，乃其第二目的也"②。梁启超此语道出了王安石理财思想的

---

① （宋）王安石：《王安石全集》，秦克、巩军标点，上海古籍出版社 1999 年版，第275 页。

② 梁启超：《王安石传》，商务印书馆国际有限公司 2015 年版，第 107 页。

真实意图，即以解民之困、增民之富为先，民富则课税足，国自富。王安石看到严重的土地兼并现象造成大量农民失去土地，沦为佃农、流民，再加上高利贷盛行，农民生活困苦不堪。因此，他把抑制土地兼并作为理财富民的一项重要任务，"又论理财，以农事为急，农以去其疾苦，抑兼并，便趣农为急"①。为抑制兼并，王安石动用国家权力限制富豪权贵对土地的垄断，同时解决农民生产和生活中的实际困难，如保甲法的实施，为农民营造了一个安心从事农业生产的良好环境。

南宋事功学派进一步发展了富民为先的思想。叶适认为国家治理的基础在于百姓，"为国之要，在于得民"②。不仅要顺应民意、得民心，还要与民以利，行养民、宽民之政。只有百姓富足，安居乐业，才能提供充足的税赋、劳动力和兵源。因此，叶适主张"裕民力"，反对统治者任意搜刮百姓，他说："人之养六畜，未有不时其饥饱，为之圈牢，求所以利之，而民之饮食居处，上则夺之以自利，是不如六畜也；人之用草木，未有不顺其已成，随其所宜，以遂其材，而民则斩刈不顾，喜近怒远，进亲退疏，以枉阔之，是不如草木也。"③叶适以圈养牲畜为喻，批评统治者为满足自己的私欲而侵夺百姓利益的做法是视百姓不如"六畜"。唐仲友援引儒家经典，告诫统治者要重视百姓利益，他说："'民惟邦本，本固邦宁。'故国家之益，莫大于益民；国家之利，莫大于利民。在《易》：益以兴利。其《象》曰：'损上益下，民说无疆。'盖益民乃所以自益，利民乃所以自利也。"④

南宋以后，事功学派倡导的重利、重商和富民观念在浙东地区得到广泛传播，从明清之际的黄宗羲到晚清时期的孙诒让、宋恕等永嘉

---

① （宋）李焘：《续资治通鉴长编》卷二二〇，中华书局1986年版，第16册，第5351页。
② （宋）叶适：《叶适集》，刘公纯、王孝鱼、李哲夫点校，中华书局1961年版，第653页。
③ （宋）叶适：《习学记言序目》，中华书局1977年版，第45页。
④ （宋）唐仲友：《悦斋文钞》卷一《馆职备对劄子四》，续金华丛书。

学者，都继承和发扬了这种观念，经过数代浙东学人的努力，重视民生的观念逐渐深入浙东文化的方方面面，成为浙东精神的重要组成部分，不断推动着浙江的经济发展和社会进步。

在这种精神的影响下，陈亮的家乡——永康的手工业非常发达，以五金制造最为有名，在元末明初就有了"百工之乡"的美誉。① 时至今日，五金制造业仍是永康的特色产业，永康也因此被称为"五金之都"。浙江经济的另一个重镇——温州，近些年经济迅速崛起，也受益于浙东地区长期以来形成的商业精神。温州人不仅善于经商，有"中国的犹太人"之称，还特别勤奋，他们的足迹遍及世界各地。早在 20 世纪 80 年代，就有四万多温州人在云南昆明、大理等地开辟了十几条温州人集居的温州街。目前，有一百多万温州人在世界各地从事商业活动。②

温州经济以富民为核心，被人称为"民营经济"或"老百姓经济"③，这与永嘉事功派"藏富于民"的富民思想一脉相承。作为经济活动的管理者，温州市政府特别重视对"民利"的保护，"从承认'商户'到扶植'两户'，从保护'挂户'再到支持'联户'等形式的股份合作制，在温州经济前进的每个关节上都甘为民仆，保驾护航，充分展示了温州政府执政为民的现代风范，也弘扬了温州本土永嘉学术以民为本、德政双修的传统官德"④。为鼓励民营经济的发展，保护个体经营者的合法权益和生产积极性，20 世纪 80 年代，温州市委、市政府就出台了一系列政策措施，如《温州市挂户经营管理暂行规定》《关于鼓励个体和私营经济进一步发展的决定》等，充分体现了永嘉事功学派的富民为先的思想传统对温州经济社会发展的深远

---

① 参见胡国钧《"农商互籍说"：手艺人的哲学》，载卢敦基、陈承革主编《陈亮研究——永康学派与浙江精神》，上海古籍出版社 2005 年版。

② 参见陈安金、王宇《永嘉学派与温州区域文化崛起研究》，人民出版社 2008 年版。

③ 陈安金、王宇：《永嘉学派与温州区域文化崛起研究》，人民出版社 2008 年版，第 308 页。

④ 陈安金、王宇：《永嘉学派与温州区域文化崛起研究》，人民出版社 2008 年版，第 309 页。

影响。

事功伦理也是一把双刃剑，它带给浙东地区的并不全是积极影响，由于自身的理论局限性，事功伦理对浙东经济和社会发展也产生了一些消极影响。事功学派力图将道德与事功统一起来，把事功标准纳入道德评价中，在理论上是合理的，但是，当重实事、求实功的事功精神落实到社会实践中时，容易使人在追求功利时忽视道义原则。一旦将事功追求凌驾于道德原则之上，为求一己私利而损害社会公共利益时，便会引发社会冲突，最终使个人的正当利益也无法实现。以温州为例，在温州经济迅速崛起的同时，也有少数温州商人急功近利，生产假冒伪劣产品，或者偷税漏税，或者利用政策和制度的不完善，投机钻营，获取不义之财。近年来，更有一些企业不顾社会责任，为了最大限度地获取利润，置国家的环境保护政策于不顾，将生产过程中的污水、废气违规排放，严重破坏了生态环境。在一定意义上说，这些行为与事功伦理存在着某种联系，也可以说是事功伦理带来的负面效应，但是，如果将这些行为完全归咎于事功伦理，也是不恰当的，因为事功学派的事功伦理，不是教人追逐个人私利，也不是教人见利忘义，损人利己，他们提倡的事功指国家的事功、社会的事功，实质是一种公利主义伦理。所以，对于事功伦理的实际影响应当给予客观公正的评价，既不能过分抬高它的现实价值，也不能因为一些负面效应而否认其对现实社会的积极意义。

重视民生、以富民为先的思想不仅对浙东经济产生了重要影响，在全面建成小康社会的新的历史时期，也具有普遍意义。首先，从对社会主要矛盾的认识变化来看，党中央越来越重视民生问题。党的十一届六中全会将我国社会主要矛盾界定为：人民日益增长的物质文化需要同落后的社会生产之间的矛盾。因此，解放和发展社会生产力成为解决这一矛盾的首要任务。经过不懈的努力，我国经济建设取得了巨大成就，社会生产力水平显著提高，国内生产总值已稳居世界第二。然而，在以经济建设为中心，提升生产力发展水平的同时，一些地方和政府出现了唯GDP论，忽视民生福祉的倾向，再加上地理、环境等因素的影响，经济社会发展不平衡和民生领域的短板开始凸显。为此，党的十九大将我国社会主要矛盾表述为：人民日益增长的美好生活需要和不平衡不充分的发展之间的矛盾。对社会主要矛盾认识的变化"反映了以习近平同志为核心的党中央，始终紧紧地与中国人民站在一起，带着不变的殷殷初心、深厚的为民情怀、强烈的使命担当治国理政，坚持把人民日益增长的美好生活需要作为一面镜子去映照现实。因此，这一基于事实的科学判断，体现出以人民为中心的执政宗旨"①。

其次，从发展理念来看，从以人为本，全面、协调、可持续的发展观到五大发展理念，都体现了对于民生福祉的重视。2004 年 3 月 10 日，胡锦涛同志在中央人口资源环境工作座谈会上的讲话中指出："坚持以人为本，就是要以实现人的全面发展为目标，从人民群众的根本利益出发谋发展、促发展，不断满足人民群众日益增长的物质文化需要，切实保障人民群众的经济、政治和文化权益，让发展的成果惠及全体人民。"党的十八届五中全会提出了"创新、协调、绿色、开放、共享"的五大发展理念，特别是"共享"理念的提出，体现了我们解决社会公平正义，追求以民富为先的价值导向。习近平总书记在中央政治局就马克思主义政治经济学基本原理和方法论进行了第二十八次集体学习时的讲话中强调："要坚持以人民为中心的发展思想，这是马克思主义政治经济学的根本立场。要坚持把增进人民福祉、促进人的全面发展、朝着共同富裕方向稳步前进作为经济发展的出发点和落脚点。"也就是说，经济发展必须以人民的利益和幸福的实现为最终目标，发展的成果由人民共享。

总之，事功学派看到了人民群众对于国家存在和发展的重要性，其重视民生的富民思想确有其积极的意义和价值，但是，由于时代的局限，他们不能准确地认识和评价人民群众在历史发展中的重要地

---

① 刘光明：《准确理解新时代我国社会主要矛盾的科学内涵》，《光明日报》2017 年 10 月 22 日第 8 版。

位，在解释历史发展的动力时，将社会变革的重任寄希望于圣贤或英雄人物，不可避免地陷入了唯心主义的英雄史观。马克思主义唯物史观认为，人民群众是历史的创造者，是真正的英雄。因此，在理解和把握事功学派重视民生，以富民为先的思想时，既要看到它的合理性和重要价值，也要认识到它的时代性和理论局限性。唯有如此，才能在马克思主义的唯物史观指导下，对这一思想进行合理的吸收、转化和运用。

### 三　变革精神为现代国家治理提供了有价值的思考

事功派学者在实现其事功追求的过程中，都十分重视对现实社会制度的改造，体现了强烈的因时、因势而变的变革精神。《周易》就蕴含着丰富的权变思想，从字义上看，"易"即为变易，有周流变化之意。《周易·系辞上传》曰："爻者，言乎变者也。"又谓："通变之谓事。"《周易·系辞下传》曰："易穷则变，变则通。"又曰："《易》之为书也，不可远，为道而屡迁，变动不居，周流六虚，上下无常，刚柔相易，不可为典要，唯变所适。"司马迁也认为："《易》著天地阴阳四时五行，故长于变。"① 儒家十分重视权变，但是将行权的权力赋予了圣人，只有圣人才能"执权"。孔子说："可与共学，未可与适道；可与适道，未可与立；可与立，未可与权。"（《论语·子罕》）孔子认为，在学道、行道的过程中，虽然共同学习，却未必能把握道；能通晓道，未必能践行道；能行道，却未必能掌握道的变化而加以灵活运用。最难的是"权"，它不是普通人能够做到的。朱熹亦认为："所谓经，众人与学者皆能循之；至于权，则非圣贤不能行也。"② 朱熹也肯定权变的重要性，但是他的权变思想与事功派学者的权变思想有所不同。一方面，朱熹把行权求变的权力交付给圣贤，普通人只能循"经"而为，要想取得行权变的资格，

---

① （汉）司马迁：《史记》，岳麓书社1988年版，第944页。
② （宋）黎靖德编：《朱子语类》，王星贤点校，中华书局1986年版，第989页。

便只能是成为圣贤，而成圣成贤的唯一途径是涵养心性，这是事功学派所坚决反对的。另一方面，朱熹坚持以义行权，将义作为把握权变的标准，"以义权之，而后得中。义似称，权是将这称去称量，中是物得其平处"①。事功派学者则以是否合于世用，即以治世的实际效果为权变的标准。

王尔敏认为行权求变是经世事功派学者的共同诉求，他说："经世乃儒家入世为政宗旨，志在治天下于太平，登万民于席衽。必定力求革除弊政，他筹良策。但凡经世思想家，虽守六经典训，而必识世变之乘。各当不同时会，不同难题，思考适应治术，进求改革。此即中国儒生固有之改革动力。"② 在追求经世事功的学者阵营中，最具变革精神的当属北宋的王安石，他反对因循守旧，积极地推进政治改革，在中国历史上掀起了一场声势浩大的变法运动。在王安石看来，"天下事物之变相代乎吾之前；如吾知'恒'而已，则吾之行有时而不可通矣；是必度其变而时有损益而后可。故君子不可不知'损''益'"③。天下事物处于不断的运动发展变化之中，"变"是事物存在的常态，要把握其规律，就必须"新故相除"，有所"损益"，这种求变思维成为王安石变法的思想基础。漆侠认为王安石吸收了道家的辩证思想，他指出："熙宁时代是历史上著名的变法革新时代，同时也是老庄哲学复活，辩证法流行、发展的时代。"④ 王安石"通过对道德之意、性命之理的探索，找到了辩证法，从而成为变法革新的一个思想武器"⑤。王安石在哲学上走了一条援道入儒的路子，将道家的辩证法与儒家思想结合起来，为他所创立的荆公新学奠定了理论基础，也为其变法实践提供了有效的理论支撑。

王安石变法失败了，但是他十分幸运地获得了施展其变革社会抱

---

① （宋）黎靖德编：《朱子语类》，王星贤点校，中华书局1986年版，第987页。
② 王尔敏：《经世思想之义界问题》，《近代史研究所集刊》1984年第十三期。
③ （宋）王安石撰，李之亮笺注：《王荆公文集笺注》，巴蜀书社2005年版，第1046页。
④ 漆侠：《宋学的发展和演变》，河北人民出版社2002年版，第321页。
⑤ 漆侠：《宋学的发展和演变》，河北人民出版社2002年版，第320页。

负的机会和舞台。后世事功派学者大都没有这么幸运，无论是南宋事功学派陈亮、叶适等人，还是明末清初的经世学者，虽然他们一些人也出仕为官，治理一方百姓，但其政治实践的平台和所获得的支持远不如王安石，他们的社会变革理念多体现在理论著作中。陈亮和叶适以古今相继，今胜于昔的历史观为基础，表达了通古今之变以达于时措之宜的现实诉求。叶适认为："不深于古，无以见后；不监于后，无以明前；古今并策，道可复兴，圣人之志也。"① 陈亮主张"考古今之变，取其宜于时而可行，验于经而不悖者"②，在比较古今历史情势之同异，总结历史经验的基础上，以古鉴今，做到"善可为法，恶可为戒，文足以发其君子小人疑似之情，治乱兴衰之迹"③，从而为后世的政策制定提供借鉴。明清之际，经世儒者在批判理学的过程中进一步发展了权变思想，他们"从理论上详细论证了经和权的对立统一关系，批判了宋儒的'执理无权'的形而上学，并且揭露了宋明理学的保守性和反动性，为地主阶级改革派的'经世致用'和'趋势变法'的政治主张提供了理论根据"④。

事功伦理体现的权变精神对于现代国家治理具有重要的方法论意义。首先，改革开放四十多年来，我国的发展理念和改革实践充分体现了唯实求变的精神。社会主义现代化建设进入新时代，面临着诸多新问题，必须进一步解放思想，更新发展理念，转变思想作风，突破因循守旧、不合时宜的各种落后的条条框框，锐意改革，开拓进取。当前，改革开放进入深水区，各个领域的制度建设和改革的任务异常繁重，更要勇于冲破利益的藩篱和旧有体制的束缚。党的十八届三中全会对全面深化改革做出了部署，提出全面深化改革的总目标是完善和发展中国特色社会主义制度，推进国家治理体系和治理能力现代化。为实现这一目标，提出了经济、政治、文化、社会、生态文明和

① （宋）叶适：《习学记言序目》，中华书局 1977 年版，第 269—270 页。
② （宋）陈亮：《陈亮集》（增订本），邓广铭点校，中华书局 1987 年版，第 152 页。
③ （宋）陈亮：《陈亮集》（增订本），邓广铭点校，中华书局 1987 年版，第 177 页。
④ 葛荣晋：《中国古代经权说的历史演变》，《孔子研究》1987 年第 2 期。

党的建设等全方位的改革措施。2013 年 12 月，中共中央政治局决定成立中央全面深化改革领导小组，由习近平总书记担任组长，显示了全面深化改革的重要性、艰巨性和严肃性，也体现了中央推进改革开放的坚定决心。

其次，对传统文化的继承和发展要遵循"双创"原则，适当损益。马克思指出，人们创造自己的历史，不是随心所欲地创造，并不是在他们自己选定的条件下创造，而是在自己直接碰到的既定的、从过去继承下来的条件下创造。在新的历史条件下，推进马克思主义中国化，为现代国家治理提供理论指引，必须注重借鉴儒家传统文化中的思想资源。当然，对于儒家文化的继承不能照抄照搬，必须根据社会发展和需要，不断地变革、丰富、发展它，才能使其保持鲜活的生命力。

事功伦理之所以历经不同时代，数次沉寂，却始终没有消亡，一个很重要的原因就在于它坚守儒学传统的同时，注重根据"时""势"和"事"的发展进行自我批判和革故鼎新。因此，发展新时代中国特色社会主义思想，应当根据改革开放这一伟大实践的需要，对儒家传统伦理的经世事功精神进行批判性借鉴和吸收，遵循创造性转化和创新性发展的原则，对其加以改造并赋予其新的时代内涵，从而为现代国家治理提供思想资源。

## 四 现实品性是实现儒家伦理现代转化的重要向度

事功之学始终坚持从现实立论，以解决现实社会问题为依归，其理论诉求体现了强烈的现实感和时代感。儒家从孔子开始，就以解决现实问题作为主要诉求。孔子十分推崇周礼，以恢复周代礼乐制度为己任，但他并没有原封不动地照抄照搬，而是根据现实情况对周礼加以损益，使其适应时代的发展和现实社会的需求。也就是说，儒家从孔子开始，就坚持现实主义立场，在理想与现实之间，尽管强调理想的重要性，但更为重视对现实世界具体事务的考量。他们立足现实，在现实世界中追逐理想，而不是用理想裁剪现实。

事实上，儒家作为一个学术流派，从一开始就具有强烈的现实品性，《汉书》有云："儒家者流，盖出于司徒之官。"[1] 刘师培在解释"儒家出于司徒之官"时说："夫儒家出于司徒之官者，以儒家之大要在于教民。……盖以道教民者谓之儒，而总摄儒者之职者则为司徒。说者以司徒为治民之官，岂知司徒之属，均以治民之官而兼教民之责乎。舍施教而外，固无所谓治民之具也。"[2] 刘师培以教化民众为司徒的主要职责，认为儒者应以亲治民事、化民成俗为己任，而不能醉心于性理之探究，只知通经而不能致用，并非儒者之真义。

从儒家事功伦理的发展进程来看，无论哪个时期，事功伦理的兴起大都离不开时势的刺激，不同时期的事功派学者都以解决当下面临的具体问题为己任，体现出强烈的时代性特征和问题意识。宋儒在复兴儒学的过程中表达了这种以救世为宗旨的实用精神，钱穆指出："宋朝的时代，在太平景况下，一天一天地严重，而一种自觉的精神，亦终于在士大夫社会中渐渐萌生。所谓'自觉精神'者，正是那辈读书人渐渐自己从内心深处涌现出一种感觉，觉到他们应该起来担负着天下的重任。"[3] 牟宗三指出："外王学一面亦常因迫切之需要而为人所注意，而且常在华族受欺凌于夷狄而覆亡于夷狄时，如南宋时永嘉派之薛士龙、陈君举、叶水心，以及永康陈同甫，明末之时顾亭林、黄犁洲、王船山，以及颜习斋、李恕谷等皆其重此一面。"[4] 牟宗三所谓的"外王学"大体上便是儒家事功学，它与时势的激荡和现实的需要密切联系在一起，具体而言，这种现实品格主要体现在两个方面。

其一，时代性特征使事功伦理在不同历史时期呈现不同的理论形态。不同历史时期的事功派学者在思想上互相影响、彼此呼应，在师承和门户上却未必有从属关系，如南宋浙东事功之学和明末清初颜元

---

[1] （汉）班固：《汉书》，中华书局1962年版，第1728页。
[2] 刘师培：《儒家出于司徒之官说》，《国粹学报》光绪三十三年八月刊第三十三期。
[3] 钱穆：《国史大纲》，商务印书馆2010年版，下册，第415—416页。
[4] 牟宗三述，蔡仁厚撰述：《心体与性体》，台北：台湾学生书局1977年版，第194页。

的经世实学都重视事功，却在理论的阐述和表达上有所不同，陈亮、叶适等人以务实事、求实功为主要诉求，旨在解决南宋朝廷面临的内政、外交和抗金等问题。颜元十分推崇陈亮的事功之学，他更加重视"习行"，强调"学问以用而见其得失"，以六德、六行、六艺及兵农、钱谷、水火、工虞之类教其门人。因此，判断某家学说是否属于事功之学的阵营，并不能以其理论体系的外在形式而定，应当以这一阵营中的各个群体是否坚持共同的事功立场，是否在思想实质上存在继承性。

其二，事功派学者往往依据问题立论，无论是出于批判理学的目的，还是挽救时局的需要，事功派学者提出的解决问题的方法往往因时而异、因势而异，实现事功的路径也有所差异，甚至存在相互矛盾之处。因此，事功派学者在解决同一时代问题时会有不同的主张，在不同历史时期的事功派学者之间，其理论的差异性就更加明显，或者说，他们之间的思想承继关系并不明晰。

田浩以南宋事功学派和明末清初经世实学之间的关系为例解释了这一现象，他说："人们或许想寻出证据，如颜元的例子一样，来证明陈亮对后世在不同背景下有类似思想的学者和官僚的影响，然而，考虑到他们重解决实际的社会政治问题，考虑到有许多更早的思想榜样，以及丰富的汉、唐、宋的历史，明清思想家很少直接引用陈亮便不是一件值得惊讶的事。"① 事功派学者就社会现实情境立论，追求治世的实际功效，他们不以抽象的哲学思辨为理论诉求，而是根据现实来裁制理论。任何理论，无论属于哪家、哪派，只要能对现实经济、政治、民生等问题的解决有所助益，都可以纳入事功之学的理论体系之中。叶适认为，只有"因时施智，观世立法"②，方为儒学之

---

① ［美］田浩：《陈亮论公与法》，载［美］田浩编《宋代思想史论》，杨立华、吴艳红等译，社会科学文献出版社 2003 年版，第 560 页。

② （宋）叶适：《叶适集》，刘公纯、王孝鱼、李哲夫点校，中华书局 1961 年版，第 657 页。

真义,然而,"秦汉以后,儒者守师传而遗实用"①,只注重师传谱系,忽略了学术的经世致用,为此,他提出"修实政""行实德"的主张。此外,事功派学者不拘泥于门户之见,广泛借鉴、吸收历史诸家思想的做法,也是造成事功派学者之间思想差异较大的重要原因。

总之,事功伦理因时而起、因事立论,对于解决时代问题提出了积极的、有效的解决方案,然而,一旦时过境迁,事功伦理要解决的社会问题变化、消解后,它的自身价值和影响力便会相应衰减。需要指出的是,事功派学者务实不务虚的治学宗旨,并没有沦为一般的时务策论,更不同于自私自利的功利之论,陈黻宸指出:"夫事功者为天下,非一己也,出于不得已之心,而非好事之心也。天下太平,国家又安,民宁其居,乐其业,亦何事功之云。"② 尽管如此,在把握事功伦理的现实品性时,仍要警惕将其混同为唯功利论或世俗功利主义的危险。

实际上,经世事功精神是儒学的生命力所在。宋明理学重塑儒家道统,将儒学从隋唐佛教的笼罩下解放出来,开创儒学发展的新局面,其成就和贡献是巨大的。然而,理学将理论重心置于内圣成德方面,轻视现实事功,通过心性之学来求得外王事功的路子无异于一条无法走通的"死胡同",这条路在明末清初就已经走到尽头。

近代以来,儒学的现代转化问题始终是儒者关注的重要问题,尤其是鸦片战争之后,中国在军事上弱于西方列强的耻辱感加速了知识分子对传统儒家伦理的系统反思和批判,到五四新文化运动时达到高潮。从表面上看,新文化运动提出打倒孔家店的口号,全面否定儒家思想的价值合理性,但实际上,这也成为儒家思想现代转化的动力。以梁漱溟、张君劢、熊十力、冯友兰、贺麟、唐君毅、牟宗三、徐复观等人为代表的新儒家积极探索儒学现代转化的途径,开出了第三期儒学。这些当代新儒家拓展儒学的路径不同,思想差异也很大,但他

---

① (宋)叶适:《习学记言序目》,中华书局1977年版,第418页。
② 陈德溥编:《陈黻宸集》,中华书局1995年版,第642页。

们都以儒家作为中国传统文化的主干，特别重视阐发儒家传统的心性之学。梁漱溟和熊十力由佛入儒；冯友兰接着宋学理学讲，建立了新理学体系；贺麟则是新心学的创始人。如果从德性伦理与事功伦理的角度看，当代新儒家在发展儒学时，无疑仍以阐发德性伦理为主，尽管他们也重视儒学的外在开展，但只是将这种外在努力放在社会文化和教育事业的发展上，比如牟宗三等人曾创办《历史与文化》杂志，徐复观创办《学原》杂志，钱穆等人在中国香港创办新亚书院等，这些努力都在试图由内圣开出新外王。

然而，不得不承认，当代新儒家意识到了专注于内圣成德的德性伦理的不足和外在事功的重要性，但在内圣与外王的关系上仍然延续了传统儒学由内圣开外王的老路，开来开去，仍然无法成功，他们的贡献主要体现在儒家文化的传承方面，对中国社会的现代化进程并未提供太多助益。当然其中有许多原因，既有新儒家自身的原因，也有政治、经济和意识形态等方面的原因。从新儒家自身来看，一个很重要的原因就是对儒家事功伦理的挖掘和开发不够。如果能将儒家的事功伦理加以深入阐发和系统论证，使其摆脱学理粗疏和系统性不足的弊病，彰显其现实品性，并找到事功伦理与德性伦理的契合点，将二者有机统一起来，架起内圣与外王之间的桥梁，儒学的现代转化就可能取得突破性的进展。

# 参考文献

## 第一部分  典籍

（汉）班固：《汉书》，中华书局 1962 年版。

（汉）刘敞：《公是集》，中华书局 1985 年版。

（汉）司马迁：《史记》，岳麓书社 1988 年版。

（汉）许慎撰，（清）段玉裁注：《说文解字注》，上海古籍出版社 1981 年版。

（汉）扬雄：《法言注》，韩敬注，中华书局 1992 年版。

（唐）韩愈：《昌黎先生集》，四部丛刊集部。

（宋）晁公武：《郡斋读书志校证》，上海古籍出版社 2005 年版，上册。

（宋）陈傅良：《陈傅良先生文集》，浙江大学出版社 1999 年版。

（宋）陈亮：《陈亮集》（增订本），邓广铭点校，中华书局 1987 年版。

（宋）程颢、程颐：《二程集》，王孝鱼点校，中华书局 2004 年版。

（宋）范浚：《香溪集》，中华书局 1985 年版。

（宋）冯辰、刘调赞：《李塨年谱》，陈祖武点校，中华书局 1988 年版。

（宋）高斯得：《耻堂存稿》，中华书局 1985 年版。

（宋）黄震：《黄氏日抄》，上海古籍出版社 1987 年版。

（宋）黎靖德编：《朱子语类》，王星贤点校，中华书局1986年版。

（宋）李觏：《李觏集》，王国轩校点，中华书局1981年版。

（宋）李心传：《建炎以来朝野杂记》，徐规点校，中华书局2000
年版。

（宋）林希逸：《竹溪鬳斋十一稿续集》，线装书局2004年版。

（宋）刘宰：《漫塘集》，上海古籍出版社1987年版。

（宋）陆九渊：《陆九渊集》，中华书局1980年版。

（宋）司马光编著：《资治通鉴》，中华书局1956年版。

（宋）唐仲友：《悦斋文钞》，续金华丛书。

（宋）王安石：《王安石全集》，秦克、巩军标点，上海古籍出版社
1999年版。

（宋）王安石：《王文公文集》，上海人民出版社1974年版。

（宋）王安石撰，（宋）李壁注，李之亮补笺：《王荆公诗注补笺》，
巴蜀书社2002年版。

（宋）王安石撰，李之亮笺注：《王荆公文集笺注》，巴蜀书社2005
年版，中册。

（宋）薛季宣：《薛季宣集》，上海社会科学院出版社2003年版。

（宋）叶适：《习学记言序目》，中华书局1977年版。

（宋）叶适：《叶适集》，刘公纯、王孝鱼、李哲夫点校，中华书局
1961年版。

（宋）曾巩：《曾巩集》，陈杏珍、晁继周点校，中华书局1984年版。

（宋）张载：《张载集》，中华书局1978年版。

（宋）朱熹：《四书章句集注》，中华书局1983年版。

（宋）朱熹：《朱子全书·晦庵先生朱文公集》，刘永翔、朱幼文校
点，上海古籍出版社、安徽教育出版社2002年版。

（元）刘埙：《隐居通议》，商务印书馆1937年版。

（元）脱脱等撰：《宋史》，中华书局1977年版。

（明）陈邦瞻编：《宋史纪事本末》，中华书局1997年版。

（明）李贽：《藏书》，中华书局1959年版。

（明）王廷相：《王廷相集》，中华书局 1989 年版。

（明）王阳明撰，吴光等编校：《王阳明全集》，上海古籍出版社 2012 年版。

（明）王瓒、（明）蔡芳编：《弘治温州府志》，上海社会科学院出版社 2006 年版。

（明）余继登：《典故纪闻》，中华书局 1982 年版。

（明）俞天舒编：《黄体芳集》，上海社会科学院出版社 2004 年版。

（清）戴震：《戴震集》，汤志钧校点，上海古籍出版社 1980 年版。

（清）顾炎武：《顾亭林诗文集》，中华书局 1959 年版。

（清）顾炎武：《日知录集释》，岳麓书社 1994 年版。

（清）顾炎武：《日知录校注》，陈垣校注，安徽大学出版社 2007 年版。

（清）黄宗羲：《宋元学案》，全祖望补修，陈金生、梁运华点校，中华书局 1986 年版。

（清）李塨：《李塨集》，陈山榜等点校，人民出版社 2014 年版。

（清）李塨：《平书订》，商务印书馆 1937 年版。

（清）李塨：《恕谷后集》，冯辰校，中华书局 1985 年版。

（清）李塨：《颜元年谱》，王源订，陈祖武点校，中华书局 1992 年版。

（清）阮元等撰集：《经籍纂诂》，中华书局 1982 年版。

（清）孙衣言：《逊学斋文钞》，清同治十二年刻增修本

（清）唐甄：《潜书》，吴泽民编校，中华书局 1963 年版。

（清）颜元：《颜元集》，王星贤、张芥尘、郭征点校，中华书局 1987 年版。

（清）颜元撰：《习斋四存编》，陈居渊导读，上海古籍出版社 2000 年版。

（清）张伯行：《正谊堂文集》，中华书局 1985 年版。

（清）章学诚：《文史通义》，上海书店 1988 年版。

（清）朱舜水：《朱舜水集》，中华书局 1981 年版。

陈德溥编：《陈黻宸集》，中华书局 1995 年版。

国学整理社编：《诸子集成》，中华书局 2006 年版。

胡珠生编：《陈虬集》，中华书局 2015 年版。

胡珠生编：《宋恕集》，中华书局 1993 年版。

黄灵庚、吴战垒主编：《吕祖谦全集》，浙江古籍出版社 2008 年版。

康有为：《康有为全集》，中国人民大学出版社 2007 年版。

李学勤主编：《十三经注疏》，北京大学出版社 1999 年版。

梁启超：《饮冰室合集》，中华书局 1989 年版，第 2 册。

刘兴隆：《新编甲骨文字典》增订版，国际文化出版公司 2005 年版。

沈善洪主编：《黄宗羲全集》，浙江古籍出版社 2005 年版。

谭嗣同：《谭嗣同全集》（增订本），中华书局 1981 年版。

汪叔子、张求会编：《陈宝箴集》（下），中华书局 2005 年版。

夏东元编：《郑观应集》，上海人民出版社 1982 年版。

徐中舒主编：《甲骨文字典》，四川辞书出版社 1989 年版。

张建业、张岱注：《李贽全集注·焚书注》，社会科学文献出版社
　　2010 年版。

张建业主编：《李贽文集》，社会科学文献出版社 2000 年版。

赵树贵：《陈炽年谱简编》，载《陈炽集》，中华书局 1997 年版。

## 第二部分　中文著作

陈大齐：《孟子义利学说的探讨》，载《中国学术史论文集》第一集，
　　台北：中华文化出版事业委员会 1958 年版。

陈钟凡：《两宋思想述评》，东方出版社 1996 年版。

陈寅恪：《金明馆丛稿二编》，上海古籍出版社 1980 年版。

陈瑛、温克勤、唐凯麟、徐少锦、刘启林：《中国伦理思想史》，贵
　　州人民出版社 1985 年版。

陈鼓应、辛冠洁、葛荣晋主编：《明清实学简史》，社会科学文献出
　　版社 1994 年版。

陈安金、王宇：《永嘉学派与温州区域文化崛起研究》，人民出版社
　　2008 年版。

陈来：《朱子哲学研究》，华东师范大学出版社 2000 年版。

陈廷湘：《宋代理学家的义利观》，团结出版社 1999 年版。

陈乔见：《公私辨：历史衍化与现代诠释》，生活·读书·新知三联
　　书店 2013 年版。

邓广铭：《陈龙川传》，生活·读书·新知三联书店 2007 年版。

董平、刘宏章：《陈亮评传》，南京大学出版社 1996 年版。

董平：《浙江思想学术史——从王充到王国维》，中国社会科学出版社
　　2005 年版。

窦炎国：《情欲与德性——功利主义道德哲学评论》，高等教育出版社
　　1997 年版。

杜维明：《儒教》，陈静译，上海古籍出版社 2008 年版。

杜维明：《新加坡的挑战：新儒家伦理与企业精神》，高专诚译，生
　　活·读书·新知三联书店 2013 年版。

杜维明：《现代精神与儒家传统》，生活·读书·新知三联书店 2013
　　年版。

董金裕：《宋儒风范》，台北：东大图书公司 1979 年版。

冯友兰：《中国哲学史新编》，人民出版社 1999 年版。

方如金等：《陈亮与浙东学派研究》，人民出版社 1996 年版。

范立舟：《理学的产生及其历史命运》，陕西人民出版社 2000 年版。

郭沫若：《十批判书》，东方出版社 1996 年版。

葛荣晋：《中国哲学范畴导论》，台北：万卷楼图书公司 1993 年版。

葛荣晋主编：《中国实学思想史》，首都师范大学出版社 1994 年版。

葛荣晋：《中国实学文化导论》，中共中央党校出版社 2003 年版。

葛荣晋：《论中国实学》，载中国实学研究会编《浙东学术与中国实
　　学——浙东学派与中国实学研讨会论文集》，宁波出版社 2007
　　年版。

龚群：《当代西方道义论与功利主义研究》，中国人民大学出版社

2002 年版。

高春花：《荀子礼学思想及其现代价值》，人民出版社 2004 年版。

管敏义主编：《浙东学术史》，华东师范大学出版社 1993 年版。

顾忠华：《韦伯〈新教伦理与资本主义精神〉导读》，广西师范大学出版社 2005 年版。

侯外庐主编：《中国思想通史》，人民出版社 1960 年版。

侯外庐、邱汉生、张岂之主编：《宋明理学史》，人民出版社 1984 年版。

胡适：《中国古代哲学史》（三），台北：台湾商务印书馆 1966 年版。

胡寄窗：《中国经济思想史》，上海财经大学出版社 1998 年版，下册。

胡寄窗：《中国经济思想史导论》，台北：五南出版社 1998 年版。

胡国钧：《"农商互籍说"：手艺人的哲学》，载卢敦基、陈承革主编《陈亮研究——永康学派与浙江精神》，上海古籍出版社 2005 年版。

何俊：《南宋儒学建构》，上海人民出版社 2004 年版。

何炳松：《浙东学派溯源》，广西师范大学出版社 2004 年版。

黄伟合，赵海琦：《善的冲突——中国历史上的义利之辨》，安徽人民出版社 1992 年版。

黄云明：《宗教经济伦理研究》，人民出版社 2010 年版。

黄进兴：《优入圣域：权力、信仰与正当性》，中华书局 2010 年版。

黄进兴：《从理学到伦理学：清末民初道德意识的转化》，中华书局 2014 年版。

焦国成：《中国古代人我关系论》，中国人民大学出版社 1991 年版。

焦国成、龚群主编：《儒门亚圣：孟子》，中国华侨出版社 1996 年版。

焦国成：《中国伦理学通论》，山西教育出版社 1997 年版，上册。

焦国成主编：《中国社会信用体系建设的理论与实践》，中国人民大学出版社 2009 年版。

姜国柱：《李觏评传》，南京大学出版社 1996 年版。

姜广辉：《颜李学派》，中国社会科学出版社 1987 年版。

姜义华主编：《胡适学术文集·中国哲学史》，中华书局 1991 年版。

贾维：《谭嗣同与晚清士人交往研究》，湖南大学出版社 2004 年版。

吕思勉：《理学纲要》，江苏文艺出版社 2008 年版。

卢云昆编选：《社会剧变与规范重建——严复文选》，上海远东出版社 1996 年版。

罗国杰主编：《伦理学》，人民出版社 1989 年版。

罗国杰：《中国伦理思想史》，中国人民大学出版社 2008 年版。

罗义俊编著：《评新儒家》，上海人民出版社 1989 年版。

柳诒徵编著：《中国文化史》，东方出版中心 1988 年版。

梁启超：《中国历史研究法补编》，台北：台湾商务印书馆 1933 年版。

梁启超：《中国近三百年学术史》，山西古籍出版社 2001 年版。

梁启超：《王安石传》，陕西师范大学出版社 2010 年版。

李学勤：《周易经传溯源》，高雄：丽文文化公司 1995 年版。

李泽厚：《中国思想史论》（上），安徽文艺出版社 1999 年版。

李泽厚：《实用主义与乐感文化》，生活·读书·新知三联书店 2005 年版。

李泽厚：《中国现代思想史论》，生活·读书·新知三联书店 2008 年版。

李承贵：《德性源流中国传统道德转型研究》，江西教育出版社 2004 年版。

李祥俊：《王安石学术思想研究》，北京师范大学出版社 2000 年版。

李纪祥：《明末清初儒学之发展》，台北：文津出版社 1992 年版。

林毓生：《中国传统的创造性转化》，生活·读书·新知三联书店 1988 年版。

林聪舜：《明清之际儒家思想的变迁与发展》，新北：花木兰文化出版社 2009 年版。

汪宇编：《刘师培学术文化随笔》，中国青年出版社 1999 年版。

牟宗三述，蔡仁厚撰述：《心体与性体》，台北：台湾学生书局 1977
　　年版。

牟宗三：《宋明儒学的问题与发展》，华东师范大学出版社 2004
　　年版。

牟宗三：《政道与治道》，广西师范大学出版社 2006 年版。

牛京辉：《英国功用主义伦理思想研究》，人民出版社 2002 年版。

潘富恩、徐余庆：《吕祖谦评传》，南京大学出版社 1992 年版。

平准学刊编辑委员会编：《平准学刊——中国社会经济史研究论集》
　　第三辑，中国商业出版社 1986 年版。

钱穆：《中国思想史》，台北：台湾学生书局 1977 年版。

钱穆：《中国学术思想史论丛》，台北：东大图书公司 1984 年版。

钱穆：《朱子新学案》，巴蜀书社 1986 年版。

钱穆：《中国近三百年学术史》，商务印书馆 1997 年版。

钱穆：《国史大纲》，商务印书馆 2010 年版，下册。

钱穆：《宋明理学概述》，九州出版社 2010 年版。

漆侠：《王安石变法》，河北人民出版社 2002 年版。

漆侠：《宋学的发展和演变》，河北人民出版社 2002 年版。

乔洪武：《正谊谋利：近代西方经济伦理思想研究》，商务印书馆
　　2000 年版。

齐婉先：《黄宗羲之经世思想研究》，新北：花木兰文化出版社 2008
　　年版。

钱基博：《周易为忧患之学》，载黄寿祺、张善文编《周易研究论文
　　集》第三辑，北京师范大学出版社 1990 年版。

沈善洪、王凤贤：《中国伦理思想史》，人民出版社 2005 年版。

苏国勋：《理性化及其限制》，商务印书馆 2016 年版。

盛庆琜：《功利主义新论——统合效用主义理论及其在公平分配上的
　　应用》，顾建光译，上海交通大学出版社 1996 年版。

唐君毅：《中国哲学原论·原教篇》，中国社会科学出版社 2006
　　年版。

唐凯麟、曹刚：《重释传统——儒家思想的现代价值评估》，华东师范
　　大学出版社 2000 年版。

唐凯麟、陈科华：《中国古代经济伦理思想史》，人民出版社 2004
　　年版。

唐贤秋：《道德的基石——先秦儒家诚信思想论》，中国社会科学出版
　　社 2004 年版。

田广兰：《功利主义伦理之批判》，吉林人民出版社 2008 年版。

韦政通：《中国思想史》，上海书店出版社 2003 年版。

韦政通：《中国哲学辞典》，吉林出版集团有限责任公司 2009 年版。

王尔敏：《中国近代思想史论》，社会科学文献出版社 2003 年版。

王尔敏：《中国近代思想史论续集》，社会科学文献出版社 2005
　　年版。

王凤贤、丁国顺：《浙东学派研究》，浙江人民出版社 1993 年版。

王大庆：《本与末——古代中国与古代希腊经济思想比较研究》，商务
　　印书馆 2006 年版。

万俊人：《义利之间：现代经济伦理十一讲》，团结出版社 2003
　　年版。

吾淳：《中国社会的伦理生活——主要关于儒家伦理可能性问题的研
　　究》，中华书局 2007 年版。

吾淳：《中国哲学的起源：前诸子时期观念、概念、思想发生发展与
　　成型的历史》，上海人民出版社 2010 年版。

吴雅思：《颜李学派伦理思想研究》，中国人民大学出版社 2016
　　年版。

吴春山：《陈同甫的思想》，台北：精华印书馆股份有限公司 1971
　　年版。

夏健文：《南宋永嘉永康学派之经世致用论》，新北：花木兰文化出
　　版社 2009 年版。

夏长朴：《李觏王安石研究》，台北：大安出版社 1989 年版。

熊十力：《读经示要》，上海书店出版社 2009 年版。

徐嘉：《中国近现代伦理启蒙》，中国社会科学出版社 2014 年版。

徐复观：《中国人性论史》，华东师范大学出版社 2005 年版。

萧公权：《中国政治思想史》，台北：联经出版事业公司 1986 年版。

姚新中、焦国成：《中西方人生哲学比论》，中国人民大学出版社
  2001 年版。

颜虚心：《陈龙川年谱》，商务印书馆 1940 年版。

尹协理、魏明：《王通论》，中国社会科学出版社 1984 年版。

叶坦：《叶坦文集——儒学与经济》，广西人民出版社 2005 年版。

朱伯崑：《先秦伦理学概论》，北京大学出版社 1984 年版。

朱维铮编校：《周予同经学史论》，上海人民出版社 2010 年版。

朱维铮校注：《梁启超论清学史二种》，复旦大学出版社 1985 年版。

朱贻庭：《中国传统伦理思想史》（增订本），华东师范大学出版社
  2003 年版。

朱义禄：《颜元 李塨评传》，南京大学出版社 2006 年版。

张岱年：《中国哲学大纲》，中国社会科学出版社 1982 年版。

张岱年：《中国伦理思想研究》，江苏教育出版社 2005 年版。

张鸿翼：《儒家经济伦理》，湖南教育出版社 1989 年版。

张锡勤、柴文华主编：《中国伦理道德变迁史稿》，人民出版社 2008
  年版。

张义德：《叶适评传》，南京大学出版社 1994 年版。

张立文：《朱熹评传》，南京大学出版社 1998 年版。

张立文：《宋明理学研究》，人民出版社 2002 年版。

张祥浩、魏福明：《王安石评传》，南京大学出版社 2006 年版。

张曙光：《外王之学：荀子与中国文化》，河南大学出版社 1995
  年版。

张鸣华编著：《清代永嘉之学：纪念张振夔先生诞辰210周年》，南京
  大学出版社 2008 年版。

张跃：《致富论——中国古代义利思想的历史发展及其对日本义利观
  的影响》，中国社会科学出版社 2001 年版。

周梦江：《叶适年谱》，浙江古籍出版社 1992 年版。

周梦江、陈凡男：《叶适研究》，人民出版社 2008 年版。

周敏凯：《十九世纪英国功利主义思想比较研究》，华东师范大学出版社 1991 年版。

周学武：《唐说斋研究》，台北：精华印书馆股份有限公司 1973 年版。

赵靖：《中国经济思想史述要》（上），北京大学出版社 1998 年版。

赵璐：《中国近代义利观研究》，中国社会科学出版社 2007 年版。

# 第三部分　中文译著

［澳］斯马特、［英］威廉斯：《功利主义：赞成与反对》，牟斌译，中国社会科学出版社 1992 年版。

［德］马克斯·韦伯：《伦理之业：马克斯·韦伯的两篇哲学演讲》，王容芬译，中央编译出版社 2012 年版。

［德］马克斯·韦伯：《儒教与道教》，王容芬译，商务印书馆 1995 年版。

［德］马克斯·韦伯：《新教伦理与资本主义精神》，于晓、陈维纲等译，生活·读书·新知三联书店 1987 年版。

［德］马克斯·韦伯：《学术与政治》，生活·读书·新知三联书店 1998 年版。

［美］安靖如：《当代儒家政治哲学》，韩华译，江西人民出版社 2015 年版。

［美］斯坎伦：《一种契约论理论》，载［美］德马科、［美］福克斯编《现代世界伦理学新趋向》，中国青年出版社 1990 年版。

［美］田浩：《陈亮论公与法》，载［美］田浩编《宋代思想史论》，杨立华、吴艳红等译，社会科学文献出版社 2003 年版。

［美］田浩：《功利主义儒家——陈亮对朱熹的挑战》，姜长苏译，江苏人民出版社 1997 年版。

［美］田浩：《朱熹的思维世界》（增订版），江苏人民出版社 2009 年版。

［英］边沁：《道德与立法原理导论》，时殷弘译，商务印书馆 2000 年版。

［英］边沁：《政府片论》，沈叔平译，商务印书馆 1995 年版。

［英］托尼：《宗教与资本主义的兴起》，赵月瑟译，上海译文出版社 2007 年版。

［英］休谟：《人性论》，关文运译，商务印书馆 1980 年版。

［英］约翰·穆勒：《功利主义》，徐大建译，商务印书馆 2014 年版。

［英］约翰·穆勒：《功用主义》，唐钺译，商务印书馆 1957 年版。

《马克思恩格斯文集》第 1 卷，人民出版社 2009 年版。

周辅成主编：《西方伦理学名著选辑》上卷，商务印书馆 1964 年版。

周辅成主编：《西方伦理学名著选辑》下卷，商务印书馆 1987 年版。

# 第四部分　论文

蔡方鹿、邓洁：《南宋时期理学与功利学关系探讨》，《社会科学战线》2016 年第 2 期。

蔡乐苏、刘超：《政术　心术　学术——梁启超、严复评王安石之歧异探微》，《浙江大学学报》（人文社会科学版）2010 年第 3 期。

曹在松：《叶适经世思想研究》，博士学位论文，台湾大学历史研究所，1989 年。

陈训慈：《清代浙东之史学》，《史学杂志》1931 年第 2 卷第 6 期。

陈永杰：《义务论还是功利论？——从道德两难考察孟子道德哲学的性质》，《河北学刊》2016 年第 3 期。

陈德述：《论唐甄关于"心性"和"事功"相统一的学说》，《中华文化论坛》2015 年第 4 期。

陈安金、王宇：《贯通内圣外王的努力——评永嘉学派的思想历程》，《哲学研究》2002 年第 8 期。

陈安金：《从对立到整合：永嘉学派研究的基本路向》，《哲学动态》
　　2004 年第 5 期。

陈安金：《薛季宣学术思想及其事功特质》，《浙江社会科学》2011 年
　　第 8 期。

陈国灿：《80 年代以来南宋浙东事功学派研究概述》，《中国史研究动
　　态》1996 年第 3 期。

陈国灿：《略论"朱陈之辨"——兼谈南宋理学与事功之学对立的实
　　质》，《国际社会科学杂志》（中文版）2011 年第 4 期。

杜慧：《从思潮到事功：民国建设思潮的历史探研与反思》，《人文杂
　　志》2015 年第 1 期。

邓广铭：《朱陈论辨中陈亮王霸义利观的确解》，《北京大学学报》
　　（哲学社会科学版）1990 年第 2 期。

范建文：《两宋之际政治与王安石新学流变》，《南昌大学学报》（人
　　文社会科学版）2015 年第 6 期。

范立舟：《〈周易〉与南宋功利学派》，《人文杂志》2004 年第 6 期。

傅玲玲：《从朱熹与陈亮之辩论论朱熹之价值观》，《哲学与文化》
　　2005 年第 7 期。

方同义：《历史化的道德和道德化的历史——陈亮、朱熹历史哲学比
　　较》，《学术月刊》1993 年第 5 期。

郭畑：《李觏非孟动因再探》，《孔子研究》2015 年第 6 期。

葛荣晋：《中国古代经权说的历史演变》，《孔子研究》1987 年第
　　2 期。

胡正之：《儒家圣人观念在战国之发展》，《辅仁国文学报》2006 年第
　　22 期。

何隽：《论南宋的永嘉事功学》，《浙江大学学报》1994 年第 4 期。

何俊：《叶适论道学与道统》，《中山大学学报》（社会科学版）2009
　　年第 1 期。

焦国成：《儒家经世学派考原》，《中州学刊》2014 年第 12 期。

焦秀萍：《李觏"礼顺人情"的伦理观》，《山西大学学报》（哲学社

会科学版）2010 年第 3 期。

孔祥华：《陈亮"义利双行"刍议》，《山东师范大学学报》（人文社
　　会科学版）2006 年第 3 期。

孔定芳：《清初的经世致用思潮与明遗民的诉求》，《人文杂志》2004
　　年第 5 期。

刘师培：《儒家出于司徒之官说》，《国粹学报》光绪三十三年八月刊
　　第三十三期。

刘元青：《颜元论"恶"的来源及其意义》，《中国哲学史》2015 年
　　第 2 期。

刘丰：《王安石礼乐论与心性论》，《中国哲学史》2010 年第 2 期。

刘立夫：《王夫之夷夏之辨与民族爱国主义》，《衡阳师范学院学报》
　　2010 年第 5 期。

刘光明：《准确理解新时代我国社会主要矛盾的科学内涵》，《光明日
　　报》2017 年 10 月 22 日第 8 版。

吕锡琛：《王安石对老子思想的阐发》，《哲学研究》2014 年第 8 期。

冷成金：《事功精神的新开展》，《人文杂志》1998 年第 4 期。

林聪舜：《传统儒家经世思想的困境》，《哲学与文化》1987 年第 14
　　卷第 7 期。

林保淳：《旧命题的全新架构——明清之际的经世思想》，《幼狮学
　　志》1987 年第 4 期。

蒙培元：《叶适的德性之学及其批评精神》，《哲学研究》2001 年第
　　4 期。

毛锡学、李中琳、马尽举：《宋代功利主义思想研究》，《河南大学学
　　报》（社会科学版）1993 年第 4 期。

牟宗三：《中国文化发展中义理开创的十大净辩》，《鹅湖月刊》1987
　　年第 12 卷第 11 期。

漆侠：《浙东事功派代表人物陈亮的思想与朱陈"王霸义利之辨"》，
　　《河北大学学报》（哲学社会科学版）2001 年第 3 期。

孙金波：《叶适事功思想研究》，博士学位论文，南京大学，2004 年。

孙占元：《儒学经世传统的复兴与近代中国的中学和西学观》，《东岳论丛》2009 年第 11 期。

田勤耘：《颜元的批判精神与泥古情结——兼论清初士人的"文化宿命"》，《华中科技大学学报》（社会科学版）2014 年第 6 期。

王尔敏：《经世思想之义界问题》，《近代史研究所集刊》1984 年第十三期。

王锟：《事功与心性的离合：历史、思想语境中的浙东学派建构》，《浙江社会科学》2016 年第 3 期。

王鲲徒：《浙江学术之渊源与其经世精神》，《国风月刊》1936 年第 8 卷第 10 期。

王处辉、陈亮：《中国传统"经世"意涵演变考论》，《福建论坛》（人文社会科学版）2015 年第 8 期。

王季香：《先秦诸子之人格类型论》，博士学位论文，台湾中山大学，2004 年。

王淑芹：《诚信道德正当性的理论辩护——从德性论、义务论、功利论的诚信伦理思想谈起》，《哲学研究》2015 年第 12 期。

王泽应：《论东亚地区经济发展的伦理动因》，《孔子研究》1997 年第 3 期。

王泽应：《韦伯的新教伦理与儒教伦理比论》，《苏州铁道师范学院学报》（社会科学版）2002 年第 3 期。

王泽应：《韦伯命题的世纪论争与理性反思》，《南通大学学报》（社会科学版）2010 年第 3 期。

王兴国：《略论近代湖湘文化的经世致用特点》，《湖南大学学报》（社会科学版）2004 年第 6 期。

王健：《事功精神：秦兴亡史的文化阐释》，《江海学刊》2002 年第 2 期。

王中江：《中国哲学中的"公私之辨"》，《中州学刊》1995 年第 6 期。

万国崔、何晓明：《张之洞道统思想的现代转型与洋务事功》，《湖北大学学报》（哲学社会科学版）2012 年第 3 期。

夏长朴：《王安石的经世思想》，博士学位论文，台湾大学中文研究
所，1980 年。

徐玖平、李诗和：《孔子伦理思想的功利主义特征》，《伦理学研究》
2016 年第 4 期。

徐海燕：《孔子仁的概念中的事功含义》，《浙江学刊》2007 年第
3 期。

许凌云：《儒家文化与忧患意识》，《齐鲁学刊》2000 年第 2 期。

许道勋：《论经史关系的演变》，《复旦学报》（社会科学版）1983 年
第 2 期。

肖群忠：《论"道德功利主义"：中国主导性传统伦理的内在运行机
制》，《哲学研究》1998 年第 1 期。

杨绍成、徐媛媛：《李觏新功利主义民生经济思想探究》，《思想战
线》2015 年第 1 期。

杨绪敏：《明代经世致用思潮的兴起及对学术研究的影响》，《江苏社
会科学》2010 年第 1 期。

叶岗：《论原始儒学中的内圣与外王》，《学术月刊》1999 年第 6 期。

叶坦：《宋代浙东实学经济思想研究——以叶适为中心》，《中国经济
史研究》2000 年第 4 期。

叶建华：《宋代浙江事功学派述评》，《浙江月刊》1989 年第 6 期。

叶仁昌：《先秦儒家的财富思想》，《人文及社会科学辑刊》1995 年第
18 卷第 3 期。

允春喜：《在道义与事功之间——黄宗羲伦理政治思想新探》，《北京
行政学院学报》2014 年第 2 期。

颜炳罡：《返本开新与儒学再造——论颜元的习行哲学及其历史命
运》，《山东大学学报》（哲学社会科学版）2012 年第 3 期。

张海晏：《颜李学派的实学精神》，《光明日报》2015 年 12 月 26 日第
11 版。

张学亮：《明中后期士大夫社会交往与事功追求论析》，《东北师大学

报》（哲学社会科学版）2014 年第 5 期。

张灏、苏鹏辉：《儒家经世理念的思想传统》，《政治思想史》2013 年
第 3 期。

张晋藩：《清初经世致用思想的内涵与价值》，《史学月刊》2011 年第
4 期。

诸葛忆兵：《范仲淹变革思想论——兼论与王安石变革之异同》，《北
京大学学报》（哲学社会科学版）2008 年第 3 期。

周梦江：《永嘉之学如何从性理转向事功》，《孔子研究》2006 年第
2 期。

周学武：《南宋朱陆叶三家说"克己复礼"》，《书目季刊》1975 年第
9 卷第 2 期。

赵炎才：《中国近代经世致用思想基本特征刍议》，《安徽史学》2003
年第 2 期。

朱汉民：《朱熹陈亮论战的文化意义》，《船山学刊》2001 年第 4 期。

郑吉雄：《陈亮的事功之学》，《台大中文学报》1994 年第 6 期。

衷尔钜：《薛季宣、陈傅良哲学思想初探》，《浙江学刊》1994 年第
1 期。

# 第五部分　外文文献

Chu, Ping-tzu, *Tradition Building and Cultural Competition in Southern Song China*（1160 – 1220）: *The way, the Learning, and the Texts*, Harvard University, the degree of Doctor of Philosophy of East Asian Languages and Civilizations, May 1998. Niu, Pu, *Confucian statecraft in Song China: Ye Shi and the Yongjia school*, Ph. D. Dissertation, Arizona State University, 1998.

Weber, Max, *Anticritical Last Word on the Spirit of Capitalism*, American Journal of Sociology, Chicago: Vol. 83, 1978.

# 后　记

　　本书是在国家社会科学基金青年项目"儒家事功伦理及其现代价值"结项成果的基础上修改而成的。对儒家事功伦理的研究源自多年前博士学位论文的选题。攻读博士学位期间，我开始关注中国传统伦理思想中的功利思潮，特别是以陈亮、叶适为代表的南宋事功学派与朱子理学之间的论争，于是萌生了博士学位论文选题的构想。2009年5月的一天晚上，我在导师焦国成教授家里汇报博士学位论文选题情况，拟以"南宋事功学派的伦理思想研究"作为博士学位论文题目，获得焦老师的肯定和支持，彼时情景，至今仍记忆犹新。在焦老师的悉心指导下，博士学位论文《南宋事功学派伦理思想研究》顺利通过答辩。

　　2011年，我进入河北师范大学法政学院任教。在从事伦理学教学与研究的过程中，围绕儒家伦理的"事功"精神做了进一步研究，遂产生了由点及线，对先秦以来儒家事功伦理进行系统梳理的想法。翌年，以"儒家事功伦理及其现代价值"为题申报了国家社会科学基金青年项目并获批立项。项目研究期间，琐事缠身，时有懈怠，既有思之不得的苦闷，亦有豁然开朗的喜悦，可谓甘苦自知。

　　儒家事功伦理思想兴于南宋，以陈亮和叶适为代表的事功学派进行了系统的阐发，其思想主旨是务实事、求实功，反对儒者空谈道德性命和心性修养，主张积极投身于救国济民之事，通过经世实践实现国富民强的社会理想。其实，经世济民一直是儒家高举的大旗，无论是孔子一生的政治实践，还是其弟子、后儒的政治热情，都充分展现了儒家积极入世的态度。但是，如何实现经世济民的社会理想？儒家阵营内存在不同意见，形成了德性修养与事功追求之间的紧张关系。儒家经典《大学》中"三纲领""八条目"的确立，试图在内圣成德与外王事功之间搭起连接的桥梁，但以内圣为核心，由内圣开外王，将外王事业看作内圣的自然结果，似乎是孟子之后以至于宋明儒学的主流思想。

本书旨在从源头上探寻儒家事功伦理的基本概念、发展脉络、思想主旨以及与德性伦理之间的关系，以求更为准确地理解儒家伦理的内在精神，并就实现儒家伦理的创造性转化和创新性发展进行探索。一方面，厘清中国传统伦理语境中的"事功"和"功利"概念以及与西方功利主义的"功利"概念的异同，推进事功伦理的深入、系统研究，更加全面、准确地理解儒家伦理精神。另一方面，从经济发展的视角分析事功伦理对商品经济发展的促动作用，并将其与韦伯的新教工作伦理进行比较研究，以期更好地为社会主义市场经济实践提供伦理支持。同时，揭示事功伦理蕴含的民族精神、忧患意识、变革精神和现实品性对于推进国家治理和社会道德建设亦有重要的现实意义。

本书得以付梓，首先要感谢我的导师焦国成教授和师母赵艳霞教授，焦老师带我进入了中国传统伦理研究的广阔天地，指导我确立了自己的研究领域，并在这片学术园地里不断耕耘；在英国访学期间，师母赵老师给予我学术上的启迪、生活上的关照，让我永远感铭于心。

感谢我的硕导黄云明教授，黄老师是我进入伦理学研究的领路人，多年来一直默默地关心我、帮助我；感谢河北师范大学田秀云教授，田老师虽已退休，仍认真审读了书稿，提出了很好的修改意见；感谢河北师范大学马克思主义学院执行院长李素霞教授，在本书的修改和出版期间，提供了许多有益的建议和大力支持。

感谢我的家人，妻子于萍承担了大量的家务，女儿蔚言和儿子恺易的点滴成长为家庭带来了许多欢乐。这本书算是对家人关爱的一点小小回报吧。

最后还要特别感谢中国社会科学出版社郝玉明编辑。本书编校期间，正逢新冠肺炎疫情肆虐，她克服重重困难，凭借良好的伦理学专业素养，勘正了诸多谬误，提出了许多指导性的意见和建议，她耐心细致的工作为本书增色良多。

由于学力所限，本书还存在许多不足之处，甚至谬误，这些问题留待今后的研究加以解决，恳请学界专家、同仁不吝赐教，给予批评、指正。

李雪辰
2021 年 3 月于河北师范大学公寓